"十四五"职业教育国家规划教材

职业教育·道路运输类专业教材

工程地质

Engineering Geology

第2版

张丽萍 ▲ 主　编

邹艳琴 ▲ 副主编

吕远强 ▲ 主　审

人民交通出版社股份有限公司

北　京

内 容 提 要

本书为"十四五"职业教育国家规划教材。本书系统地介绍了工程地质学的基本知识和公路工程地质勘察内容，简明扼要，深入浅出，具有一定的系统性和实用性特点。本书内容包含工程地质条件辨识、常见不良地质现象认知以及公路工程地质勘察三大项目，细分为十四个任务。

本书可作为道路运输类高职高专院校工程地质课程教材，也可供城市规划、水利水电等相关专业的工程技术人员参考。

本书配套有在线精品课程，书中大多数重要知识点配套了微课视频。读者可通过扫描二维码免费观看。另外，本书有配套课件，教师可通过加入职教路桥教学研讨群（QQ：561416324）获取。

图书在版编目（CIP）数据

工程地质 / 张丽萍主编. — 2版. — 北京：人民交通出版社股份有限公司, 2021.11（2025.7重印）

ISBN 978-7-114-17368-4

Ⅰ.①工… Ⅱ.①张… Ⅲ.①工程地质 Ⅳ.①P642

中国版本图书馆CIP数据核字(2021)第098890号

"十四五"职业教育国家规划教材

职业教育·道路运输类专业教材

Gongcheng Dizhi

书　　名：工程地质（第2版）
著 作 者：张丽萍
责任编辑：刘　倩　陈虹宇
责任校对：孙国靖　龙　雪
责任印制：张　凯
出版发行：人民交通出版社股份有限公司
地　　址：（100011）北京市朝阳区安定门外外馆斜街3号
网　　址：http://www.ccpcl.com.cn
销售电话：（010）85285911
总 经 销：人民交通出版社股份有限公司发行部
经　　销：各地新华书店
印　　刷：北京印匠彩色印刷有限公司
开　　本：787×1092　1/16
印　　张：17.75
字　　数：316千
版　　次：2018年8月　第1版
　　　　　2021年11月　第2版
印　　次：2025年7月　第2版　第4次印刷　总第8次印刷
书　　号：ISBN 978-7-114-17368-4
定　　价：42.00元

工程地质是高职高专院校道路与桥梁工程技术、铁道工程技术、城市轨道交通工程技术、高速铁路施工与维护等专业的一门专业基础课程。

通过本课程的学习，学生应能够准确认识工程建设中经常遇到的工程地质现象和问题，正确分析这些现象和问题对工程设计、施工和运营的影响，合理运用国家现行公路、铁路、地铁等行业规范、规程和标准解决工程地质问题；学生应具有甘于奉献、为国筑基的家国情怀，求真务实、勇于探索的职业精神，敬畏自然、节约环保的工作理念；为工程测设、施工、检测、养护及管理等职业核心能力的培养奠定坚实基础。

修订后的教材具有以下特色：

1. 以项目任务的形式重构课程内容

本次教材修订根据道路与桥梁工程技术专业相关岗位群的典型工作任务和职业技能培养目标，结合课程思政要求，以"工程建设中有哪些工程地质条件，会遇到哪些工程地质问题，以及如何查明工程地质条件并评价工程地质问题"三条主线为引领，将教学内容对应分为工程地质条件辨识、常见不良地质现象认知以及公路工程地质勘察3大项目，细分成14个任务。将教学的重难点转化为项目任务，有效激励学生自主合作探究；每个任务都有明确的学习目标、任务描述、相关知识及任务实施，便于教师开展项目化教学。

2. 挖掘思政元素落实课程思政

本次教材修订依托陕西高等教育教学改革研究项目——"工程地质课程思政教学研

究与实践(19GY019)",旨在探索专业课课程思政改革的方法和路径,将教材建设作为专业课课程思政改革的抓手,解决课程思政改革落脚点的问题。

教材每个任务后都附有拓展内容,其中包括对我国伟大工程、科学名家、英雄事迹、先进技术、名山大川等的文字或视频介绍,以及对工程事故、地质资料涉密规定的讲解等。这些内容蕴含政治认同、家国情怀、民族精神、法治意识、工匠精神、文化素养等思政元素,使学生通过学习,丰富学识、增长见识、塑造品格,也为教师开展课程思政教学提供素材。

3.配套丰富的数字资源

本版教材配套有在线开放课程,该在线课程已在中国大学慕课平台进行了5轮开放共享,效果较好,可以有效支撑院校开展线上或线上线下混合式教学。此外,教材中嵌入了微课视频二维码,涵盖了书中绝大多数重要知识点,读者通过扫码即可观看。编写团队还为本教材配套了高质量PPT课件、习题和试卷等,便于教师组织教学和学生自学,提升学习效果。

本书由陕西交通职业技术学院张丽萍担任主编,陕西交通职业技术学院邹艳琴担任副主编,陕西交通职业技术学院赵国刚参编,中煤西安设计工程有限责任公司勘察所吕远强主审。具体编写分工如下:项目一中任务一、任务三、任务四、任务五由邹艳琴编写,项目一中任务二由赵国刚编写,项目二和项目三由张丽萍编写。陕西瑞毅阳岩土有限公司李毅在教材编写过程中提供了许多工程案例和修改建议,在此表示衷心的感谢!

由于时间仓促,编者水平有限,书中不妥之处在所难免,敬请读者批评指正。

编　者

2021年4月

本书在编写过程中，力求做到结合高职教育特点，围绕高等职业教育专业培养目标，理论与实践并重，突出学生实践技能培养，注重学生综合素质提高。

全书共分为 7 章，内容包括矿物与岩石、地质构造、地貌与第四纪地质、认识地下水、土的工程分类和特殊性土、常见不良地质现象、公路工程地质勘察。每章都将基本知识、工程案例和技能训练紧密结合，目的是全面提升学生的综合应用能力，并精心选配了思考题，便于学生自学，及时巩固重点内容，具有科学性、系统性的特点。

本书由陕西交通职业技术学院张丽萍担任主编，邹艳琴担任副主编，赵国刚参编。具体编写分工如下：导言、第二章、第六章由邹艳琴编写；第一章由赵国刚编写；第三章、第四章、第五章、第七章由张丽萍编写。

由于时间仓促，编者水平有限，书中不妥之处在所难免，敬请读者批评指正。

编　者

2017 年 12 月

本教材配套微课二维码索引

资源编号	教 材 内 容	微 课 名 称	对应本书页码
1	认识工程地质	认识工程地质	002
2	认识矿物与岩石	地球圈层构造	012
3		地质作用	015
4		矿物概述	019
5		常见造岩矿物	025
6		岩浆岩概述	035
7		常见岩浆岩	039
8		沉积岩成因和物质组成	044
9		沉积岩结构和构造	048
10		常见沉积岩	052
11		变质岩概述	056
12		常见变质岩	059
13		岩石的工程分类	063
14	认识地质构造	地质年代	072
15		岩层产状	075
16		水平构造、倾斜构造与直立构造	076
17		褶皱构造	077
18		节理	081
19		断层	083
20	认识水文地质作用	坡流和洪流	098
21		河流地质作用	100
22		地下水概述	104
23		孔隙水	106
24		包气带水	110
25		潜水	111
26		承压水	115
27		泉	119
28		地下水的物理性质和化学性质	122
29		地下水对工程的不良影响	127

续上表

资源编号	教材内容	微课名称	对应本书页码
30	认识地貌与第四纪地质	地貌概述	133
31		山地地貌	137
32		垭口	140
33		山坡	142
34		平原地貌	144
35		河谷	148
36		第四纪地质	151
37		阅读地质图	158
38		阅读宁陆河地区地质图	163
39	认识土	土的工程分类	167
40		黄土	171
41		软土	174
42		盐渍土	178
43		冻土	183
44	常见不良地质现象认识	崩塌	190
45		岩堆	194
46		滑坡	198
47		泥石流	208
48		岩溶	213
49		沙漠	220
50	公路工程地质勘察	公路工程地质勘察概述(一)	233
51		公路工程地质勘察概述(二)	233
52		公路工程地质问题与勘察	250
53		桥梁工程地质问题与勘察	260
54		隧道工程地质问题与勘察	265
55		不良地质现象的勘察	270

注:直接扫描对应二维码观看学习

目录
CONTENTS

工程地质条件辨识

项目一

任务一　认识工程地质

学习目标	● 知识目标	了解工程地质研究任务和方法，了解常见的工程地质条件和问题。
	● 能力目标	能举例说出公路、铁路、地铁等工程建设中的工程地质条件和常见工程地质问题。
	● 素质目标	培养工程与自然和谐共生的工程地质工作理念，培养通过工程建设造福人类的工程伦理理念，培养严谨求实的工匠精神，树立为国筑基的家国情怀。

任务描述

1. 分析加拿大特朗斯康谷仓地基失稳倾倒事故，谷仓建设前没有查明建筑场地的哪些工程地质条件？谷仓建成使用时出现了怎样的工程地质问题，最终导致谷仓倾斜无法使用？

2. 分析意大利瓦伊昂拱坝事故，拱坝建设忽略了哪些工程地质问题，从而导致了事故的发生？

相关知识

微课：
认识工程地质

一、地质学与工程地质学

1. 地质学

地质学是一门关于地球的科学，它研究的对象主要是固体地球的上层。地质学主要研究以下几方面内容：

（1）研究组成地球的物质。矿物学、岩石学、地球化学等分支学科承担这方面的研究。

（2）阐明地壳及地球的构造特征，即研究岩石或岩石组合的空间分布。这方面的分支学科有构造地质学、区域地质学、地球物理学等。

（3）研究地球的历史以及栖居在不同地质时期的生物及其演变。研究这方面问题的分支学科有古生物学、地史学、岩相古地理学等。

（4）探究地质学的研究方法与手段，如同位素地质学、数学地质学及遥感地质学等。

（5）研究应用地质学以解决资源探寻、环境地质分析和工程防灾问题。从应用方面来说，地质学对人类社会有重大意义，主要有两方面：一是以地质学理论和方法可以指导人们寻找各种矿产资源，这是矿床学、煤田地质学、石油地质学、铀矿地质学等研究的主要内容；二是运用地质学理论和方法可以研究地质环境，查明地质灾害的规律和制定相应的防治对策，以确保工程建设安全、经济和正常运行。

2. 工程地质学

工程地质学是一门研究与人类工程建筑等活动有关的地质问题的科学，它是地质学的一个分支学科。

工程地质学被广泛应用于各类工程，如公路工程、铁路工程、水利水电工程、工业与民用建筑工程、矿山工程、港口工程等，随着生产力的发展和研究的深入，一些新的分支学科随之产生，如环境工程地质、海洋工程地质、地震工程地质等。工程地质学的特点是始终与工程实践紧密相联。

二、工程地质学发展简介

工程地质学产生于地质学的发展和人类工程活动经验的积累中。17世纪以前，许多国家成功地建成了迄今仍享有盛誉的伟大建筑物，当时人们在建筑实践中对地质环境的考虑，完全依赖于建筑者个人对工程地质学的感性认识。

17世纪以后，由于产业革命和建设事业的发展，人们逐渐积累了关于地质环境对建筑物影响的文献资料。第一次世界大战结束后，整个世界开始进入大规模建设时期。1929年，奥地利的太沙基出版了世界上第一部《工程地质学》；1937年苏联人萨瓦连斯基的《工程地质学》一书问世。20世纪50年代以来，工程地质学逐渐吸收土力学、岩石力学与计算数学中的某些理论和方法，完善和发展了其本身的内容和体系。

20世纪初，我国的工程地质工作仅限于对少量工程项目的勘察，缺乏系统的理论指导。1949年以后，随着国家建设的发展，尤其是大量基础工程设施的兴建，一系列大型工程场址的勘察、评估及工程建设，促进了工程地质学在我国的发展。例如，大量的工业与民用建筑、铁路、公路、桥梁、隧道、水利水电工程等的兴建，尤其是对武汉长江大桥这样的大型工程和三峡水利枢纽工程这样的巨型工程的勘察、规划、设计和施工，促进了我国自20世纪60年代以来工程地质学科的飞速发展，并逐渐形成具有自身特色的分支学科，如水利水电、铁路、矿山、公路、地下工程、地震等工程地质分支学科。另外，许多新的具有指导作用的工程地质思想和理论逐渐形成，例如：1976年陶振宇编著了《水工建设中的岩石力学问题》；谷德振先生提出了岩体结构的概念，为研究工程岩体变形破坏机理提供了重要的理论依据；刘国昌先生从区域工程地质条件出发，指出了区域稳定性的研究方向；胡海涛先生继承和发展了李四光先生的地质力学理论，结合大型工程的选址，坚持在活动区寻找相对稳定地块——"安全岛"的思想。我国还逐步建立了一套比较完整的工程地质勘察规程规范，例如：《岩土工程勘察规范》《公路工程地质勘察规范》《堤防工程地质勘察规程》《港口岩土工程勘察规范》《铁路工程地质勘察规范》《市政工程勘察规范》等。

三、工程地质学的任务和研究方法

1. 工程地质学的任务

工程地质学的主要任务是查明建设地区或建筑场地的工程地质条件，分析、预测和评价存在和发生的工程地质问题及其对建筑物和地质环境的影响和危害，提出防治不良地质现象的措施，为保证工程建设的合理规划以及建筑物的正确设计、顺利施工和正常使用提供可靠的地质科学依据。

工程地质学的具体任务是：

（1）评价工程地质条件，阐明地上和地下建筑工程建设和运营的有利和不利因素，选定建筑场地和适宜的建筑形式，保证规划、设计、施工、使用、维修能顺利进行。

（2）从地质条件与工程建筑相互作用的角度出发，论证和预测有关工程地质问题发生的可能性、发生的规模和发展趋势。

（3）提出改善、防治或利用有关工程地质条件的措施，制订加固岩土体和防治地下水的方案。

（4）研究岩体、土体分类和分区及区域性特点。

（5）研究人类工程活动与地质环境之间的相互作用与影响。

2. 工程地质学的研究方法

工程地质勘察是工程地质学的重要研究方法和技术手段。工程地质学在工程规划、设计以及解决各类工程建筑物的具体问题时，必须开展详细的工程地质勘察工作。工程地质勘察的目的是取得有关场地工程地质条件的基本资料和进行工程地质论证。

工程地质学的研究对象是复杂的地质体，所以其研究方法是地质分析法与力学分析法、工程类比法与试验法等的密切结合，即通常所说的定性分析与定量分析相结合的综合研究方法。

要查明建筑区工程地质条件的形成和发展，以及它在工程建筑物作用下的发展变化，首先必须以地质学和自然历史的观点分析研究周围其他自然因素和条件，了解在历史进程中工程地质条件受到的影响和制约程度，这样才有可能认识它形成的原因和预测其发展趋势及变化，这就是地质分析法。它是工程地质学的基本研究方法，也是进一步定量分析评价的基础。

对工程建筑物的设计和运用的要求而言，只有定性的论证是不够的，还要求对一些工程地质问题进行定量预测和评价。在阐明主要工程地质问题形成机制的基础上，建立模型进行计算和预测，例如地基稳定性分析、地面沉降量计算、地震液化可能性计算等。当地质条件十分复杂时，还可根据条件类似地区已有资料对研究区的问题进行定量预测，即采用类比法进行评价。

采用定量分析方法论证地质问题时，都需要采用试验测试方法，即通过室内或野外现场试验，取得所需要的岩土的物理性质、水理性质、力学性质数据。通过长期观测得出地质现象的发展速度，这也是常用的试验方法。

综合应用上述定性分析和定量分析方法，才能取得可靠的结论，对可能发生的工程地质问题制订出合理的防治对策。

四、工程地质条件和工程地质问题

1. 工程地质条件

工程地质条件是指工程建筑物所在地区地质环境各项因素的综合。这些因素包括：

（1）地层岩性。这是最基本的工程地质因素，包括岩石的成因、时代、岩性、产状、成岩作用特点、变质程度、风化特征、软弱夹层和接触带以及物理力学性质等。

（2）地质构造。这也是工程地质工作研究的基本对象，包括褶皱、断层、节理构造的分布和特征。地质构造，特别是形成时代新、规模大的优势断裂，对地震等灾害具有控制作用，因而对建筑物的安全稳定、沉降变形等具有重要意义。

（3）水文地质条件。这是重要的工程地质因素，包括地下水的成因、埋藏、分布、动态和化学成分等。

（4）地表地质作用。这是现代地表地质作用的反映，与建筑区地形、气候、岩性、构造、地下水和地表水作用密切相关，主要包括滑坡、崩塌、岩溶、泥石流、风沙移动、河流冲刷与沉积等，对评价建筑物的稳定性和预测工程地质条件的变化意义重大。

（5）地形地貌。地形是指地表高低起伏状况、山坡陡缓程度与沟谷宽窄及形态特征等，地貌是地球表面各种形态的总称，地貌能说明地形形成的原因、过程和时代。平原区、丘陵区和山岭地区的地形起伏、土层厚度和基岩出露情况，以及地下水埋藏特征和地表地质作用现象都具有不同的特征，这些因素都直接影响到建筑场地和路线位置的选择。

2. 工程地质问题

已有的工程地质条件在工程建设和运行期间会产生一些新的变化和发展，构成威胁工程建筑安全的地质问题，这些问题称为工程地质问题。

由于工程地质条件复杂多变，不同类型的工程对工程地质条件的要求又不尽相同，所以工程地质问题是多种多样的。

就土木工程而言，主要的工程地质问题包括：

（1）地基稳定性问题。这是工业与民用建筑工程常遇到的主要工程地质问题，包括强度和变形两个方面。此外，岩溶、土洞等不良地质作用和现象都会影响地基稳定。铁路、公路等工程建筑则会遇到路基稳定性问题。

（2）斜坡稳定性问题。自然界的天然斜坡是经受长期地表地质作用达到相对协调平衡的产物，而人类工程活动尤其是道路工程需开挖和填筑人工边坡（路堑、路堤、堤坝、基坑等），所以斜坡稳定对防止地质灾害发生及保证地基稳定十分重要。斜坡地层岩性、地质构造特征是影响其稳定性的物质基础，风化作用、地应力、地震、地表水和地下水等对斜坡软弱结构面的作用往往会破坏斜坡稳定，而地形地貌和气候条件是影响其稳定性的重要因素。

（3）洞室围岩稳定性问题。地下洞室被包围于岩土体介质（围岩）中，在洞室开挖和建设过程中，破坏了地下岩体原始平衡条件，便会出现一系列不稳定现象，例如围岩塌方、地下水涌出等。一般在工程建设规划和选址时，要进行区域稳定性评价，研究地质体在地质历史中受力状况和变形过程，研究岩体结构特性，预测岩体变形破坏规律，进行岩体稳定性评价以及考虑建筑物和岩体结构的相互作用。这些都是防止工程失误和事故、保证洞室围岩稳定必不可少的工作。

（4）区域稳定性问题。通常指地震、震陷和液化以及活断层对工程稳定性的影响，此类问题自1976年唐山地震后引起土木工程界越来越多的注意。对于大型水电工程、地下工程以及建筑群密布的城市地区，区域稳定性问题应该是首先需要论证的问题。

任务实施

大量的国内外工程建设实践证明，工程地质勘察做得好，设计、施工就能顺利进行，建筑物的安全运营就有保证。相反，对工程地质勘察工作忽视或重视不够，使一些严重的地质问题未被发现或发现了而未进行可靠的处理，都会给工程带来不同程度的影响，轻则修改设计方案、增加投资、延误工期，重则使建筑物完全不能使用或埋下隐患。

查阅资料，分析以下工程事故发生的原因。

一、加拿大特朗斯康谷仓的地基失稳倾倒事故

（一）工程事故概况

加拿大特朗斯康谷仓于1911年开始施工，1913年秋完工。谷仓整体平面形状为矩形，长59.44m、宽23.47m、高31.00m，容积36368m³。谷仓由5排、每排13个圆筒仓共65个圆筒仓组成。谷仓的基础为钢筋混凝土筏形基础，厚61cm，基础埋深3.66m。谷仓自重20000t，相当于装满谷物后满载总质量的42.5%。1913年9月起，谷仓开始装谷物，10月当谷仓装了31822m³谷物时，发现1h内地基垂直沉降达30.5cm，如图1-1-1所示，并在24h内向西倾斜达26°53′。谷仓西端下沉7.32m，东端上抬1.52m。1913年10月18日谷仓倾倒后，上部钢筋混凝土筒仓坚如磐石，仅有极少的表面裂缝。

图1-1-1 加拿大特朗斯康谷仓倾倒前后图

（二）事故原因分析

二、意大利瓦伊昂拱坝事故

（一）工程事故概况

意大利瓦伊昂拱坝建于 1956 年，坝高 262m，是当时世界上最高的拱坝，如图 1-1-2 所示。1957 年在该拱坝施工时即发现岸坡不稳定。1960 年 2 月水库蓄水，同年 10 月，当水库水位高程为 635m 时，左岸坡地面出现长达 1800 ～ 2000m 的 M 形张开裂缝，并发生了 70 万 m³ 的局部崩塌。当地随即采取了一些措施，例如，限制水库蓄水位；在右岸开挖一条排水洞，洞径 4.5m，长 2km。1963 年 10 月 9 日晚上 10 点 41 分，岸坡发生了长约 2km、宽约 1.6km 的大面积整体滑坡，滑坡体积达 2.4 亿 m³。滑坡体将坝前 1.8km 长的库段全部填满，

图 1-1-2　意大利瓦伊昂拱坝

淤积体高出水库水面 150m，致使水库报废（当时的库容为 1.2 亿 m³）。当时涌水的涌浪高达 250m，漫过坝顶，漫顶水深约 150m。涌水淹没了对岸高出水库水面 259m 的凯索村。涌浪还向水库上游回溯到拉瓦佐镇，波高仍有近 5m。滑坡时，约有 300 万 m³ 的水注入深 200 多米的下游河谷，涌浪前锋到达下游距坝 1400m 的瓦依昂峡谷出口处，立波依旧高达 70m。在汇水口处，库水涌入皮亚韦河，使汇水口对岸的兰加隆镇和附近 5 个村庄大部分被冲毁，此事故共造成 1925 人死亡。

（二）事故原因分析

◨ **拓展内容** ⅢⅢⅢ▶

1. 陇海铁路线上的"盲肠"——宝（鸡）天（水）铁路

新中国成立前修建的宝（鸡）天（水）铁路，地处陇山秦岭山地中山区域，沟深

坡陡，断裂发育，岩体破碎，风化严重，多V形沟谷，加之修建铁路时爆破施工，开挖严重，破坏了沿线岩、土体的稳定性，一旦降雨就会发生大量崩塌、滑坡、泥石流的现象（图 1-1-3），导致线路无法正常运营，因此该线路也被称为陇海铁路线上的"盲肠"。

图 1-1-3　宝（鸡）天（水）铁路沿线崩塌

新中国成立后至 1980 年，宝天铁路历经五次大改造，总投资约 1.8 亿元（其中，基建投资约 1.4 亿元，大修费 3787.66 万元，防洪抢修费 353.60 万元），平均每公里改造费用 118.21 万元（不含电气化改造投资），超过了修建时的造价。从 1950 年至 1985 年，国家先后投资 3.59 亿元，用于宝天铁路的病害整治、电气化建设、水毁修复和技术改造，平均每公里投资 233 万元，从根本上改变了线路质量差的状况，使该线路的运输能力大幅度提高，昔日的"陇海盲肠"今日变通途。

纵观宝天铁路的历史，就是一部线路运营与维护的历史，也是历代铁路员工与大自然较量的历史。几十年来，塌方、滑坡、泥石流是常态，病害整治是永恒的主题。

2. 20 世纪人类征服自然的三大奇迹之一——成（都）昆（明）铁路

始建于 1958 年的成（都）昆（明）铁路（图 1-1-4），其沿线的新构造运动（见第 134 页）十分强烈，其中约 200km 的地段位于 Ⅷ~Ⅸ 度地震烈度区，因此地质构造极为复杂。沿线区域内地形险峻，大断裂纵横分布，岩层破碎严重，加之该地区雨量充沛，山体不稳，各种不良地质现象十分发育。成昆铁路建设时，上级主管部门对工程地质勘察工作十分重视，提出了地质选线的原则，动员和组织全国的工程地质专家和技术人员进行大会战，并多次组织相关专家、学者及技术人员进行现场考察和研究，解决了许多工程地质难题，保证了成昆铁路顺利建成通车。1984 年，成昆铁路被联合国评为"象征 20 世纪人类征服自然的三大奇迹"

图 1-1-4　成（都）昆（明）铁路一线天桥

之一。《过山车——成昆铁路》纪录片链接网址：http://jishi.cntv.cn/2015/04/29/VIDA1430301507184791.shtml。

由此可见，为保证工程的正常施工、运行，地质勘察工作是非常重要的，它已成为工程建设中不可缺少的一个重要组成部分。随着我国经济建设的发展和科学技术的进步，工程建设的规模越来越大，数量越来越多，工程复杂程度也越来越高，甚至集"长隧道、深基坑、高边坡"于一体的巨型工程也屡见不鲜，其建设与工程地质的关系更是密不可分。鉴于工程地质对工程建设的重要作用，我国规定任何工程建设必须进行相应的地质勘察工作，提出必要的地质工作原则，在可靠的地质资料的基础上，才能进行工程设计和施工作业。

思考 与 练习

1. 试说明工程地质学与地质学之间的关系。

2. 试说明工程地质学的主要任务与研究方法。

3. 什么是工程地质条件和工程地质问题？它们具体包括哪些因素和内容？

任务二　认识矿物与岩石

学习目标	● 知识目标	❶ 了解地球圈层。 ❷ 掌握地质作用的分类。 ❸ 了解矿物的概念及分类。 ❹ 了解岩浆岩、沉积岩、变质岩三大岩类的一般特征，了解其成因和分类，并能区别大类，认识石灰岩、花岗岩等常见岩石。 ❺ 掌握岩石的工程分类。
	● 能力目标	❶ 能识别常见造岩矿物。 ❷ 能区分岩石大类，能识别常见岩石。 ❸ 能查阅相关规范对岩石进行工程分类。
	● 素质目标	培养实事求是、严谨认真的科学精神。

┤ 任 务 描 述 ├

1. 完成不少于 12 种主要造岩矿物标本的认识与鉴定。

2. 完成不少于 8 种岩浆岩标本的认识与鉴定。

3. 完成不少于 8 种沉积岩标本的认识与鉴定。

4. 完成不少于 6 种变质岩标本的认识与鉴定。

▌▌相关知识

一、地球概述

地球是宇宙中一个运动着的球状体，是太阳系的一颗行星。地球一边绕太阳公转，一边绕地轴自转。

地球最初形成时，是一颗温度非常高的火球，地球上的物质处于熔融状态。随着地球逐渐冷却，较重的物质沉到中心，形成地核；较轻的物质浮在上面，冷却后形成了地壳；地核和地壳中间的物质称为地幔。大约在 45 亿年以前，原始的地球就有现在的大小。原始的地球上既无大气，又无海洋。在最初的数亿年里，小天体不断撞击地球，地球内部的熔融岩浆不断上涌，地震、火山喷发随处可见。蕴藏在地球内部的水合物，在火山喷发的过程中变成水汽升到空中,又通过降雨回到地面。降落到地球表面的水,在洼地连成一片,形成原始的海洋。

原始地球形成后,在重力分异和化学分异等作用下,经历了大约45.5亿年的演化过程,从均匀混合的物质状态逐渐分化成为今天这样由不同状态和不同物质组成的非均质圈层构造的椭球体。地球是扁率不大的梨状三轴旋转椭球体,由于地球椭球体的扁率很小,故在一般计算时,常视地球为一圆球体,取其平均半径值为6371km。

(一)地球圈层

地球的圈层构造以地表为界,分为外部圈层和内部圈层。

1. 外部圈层

外部圈层包含大气圈、水圈和生物圈,如图1-2-1所示。

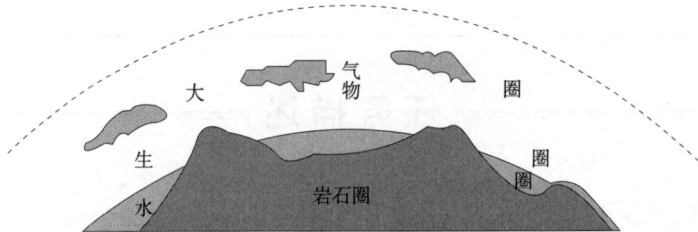

图1-2-1 地球的外部圈层示意图

(1)大气圈

大气圈是环绕地球的空气层,一般以海陆表面为其下限。随着高度的增加,大气密度逐渐变小,无明显上限。其质量为5.136×10^{21}g,约为地球总质量的百万分之一。

大气圈按物理性质自下而上分为对流层、平流层、电离层和扩散层四层。大气圈是由氮气、氧气、二氧化碳和少量的水汽、尘埃等组成的混合物。氮气和氧气约占98.2%,由于受地心引力作用,四分之三的大气质量集中在对流层。

对流层是大气圈的最底层,其厚度不均,在赤道为17km,两极约为9km,中纬度地区为10.5km。氮是植物制造蛋白质的主要原料;氧是生物生命活动的重要条件,也是促进岩石等氧化分解的重要成分;位于大气圈最底部的二氧化碳(约占0.03%)主要来自有机物的氧化和生物的呼吸,它强烈吸收地面长波辐射并放出热量,因而对地表起着一种保温的作用,同时也是促使岩石风化分解的重要因素之一;水汽的含量变化很大,一般为0~4%,主要来自水圈的蒸发,它润湿空气,保持空气的湿度,并能吸收地面长波辐射的热能。水汽在物态变化过程中要放热或吸热,从而使地面附近昼夜温差减小,保持土壤中的温度。水汽还以固态杂质为核心,凝聚成云、雾、雨、雪等,对气候变化起着重要作用。对流层中的各种组成物质都直接或间接影响着外动力地质作用的进行。

对流层的温度主要来自太阳对地面辐射热，故气温随高度而递减，平均每升高100m，气温降低0.6℃。地表辐射热不均匀是各种气候变化的主要原因。

平流层中存在大量臭氧，它对太阳辐射紫外线的大量吸收构成了对生物的有效天然保护层，使生物免受强烈紫外线的伤害。

（2）水圈

水圈由地球表面的水体组成。水大部分在海洋里，其余分布在大陆上的河流、湖泊以及近地表的岩石和土壤的空隙中，或以固体的形式（冰川）分布在两极和高山地区。其总体积为 $1.37 \times 10^9 km^3$，其中海水占总体积的97.2%，大陆水体占2.8%。在大陆水体中，极地和高山地区的冰体约占其总体积的78.6%。

地球表面的海洋面积约占地球表面积的70.78%，通常人们把地球表面的海洋、河流、湖泊及地下水看成是包围地球表面的闭合圈。在自然界水分的循环过程中，大陆降水量只占总降水量的20.6%，然而这一水量却是改变地貌的重要动力因素。河流、冰川、地下水等水体在其流动过程中，不断改造地表，塑造出各种地表形态。同时，水圈为生命的生存、演化提供了必不可少的条件，因此，水圈是外动力地质作用的主要动力来源。

（3）生物圈

地球表面凡是有生命活动的范围称为生物圈。生物圈与水圈、大气圈、地壳之间并没有严格的界限。大量生物集中在地表和水圈中。

生物包括动物、植物和微生物。自地球上出现生物以来，其通过生命活动不断直接和间接地改造大气圈和水圈，并产生复杂的化学循环，并影响和改变地壳表层的物质成分和结构。生物还直接参与风化、成岩等一系列地质作用。生物活动成为改造大自然的一个积极因素。例如，生物的繁殖活动和生物遗体的堆积，为形成有用矿产提供物质基础。

2. 内部圈层

根据对地震资料的研究，发现地球内部地震波的传播速度在两个深度的界面上会发生显著跳跃式变化，这两个界面即莫霍面和古登堡面。莫霍面位于地表以下平均深度33km处，古登堡面位于地表以下平均深度2900km处。根据这两个面，把地球的内部圈层分为地壳、地幔和地核，如图1-2-2所示。

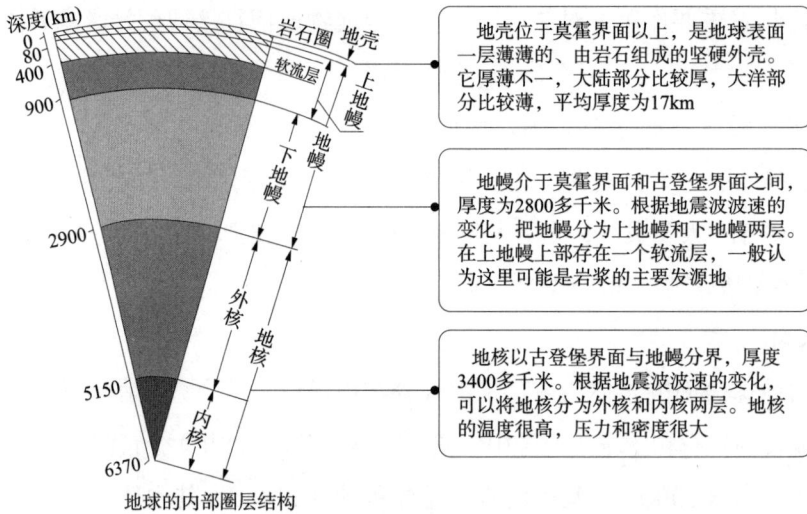

图 1-2-2 地球的内部圈层

（1）地壳

地壳指地球外表的一层薄壳，按分布状态分为大陆地壳和大洋地壳。大陆地壳厚度大，平均厚度为33km，大洋地壳较薄，平均厚度为5～6km，地壳平均厚度16km，大致为地球半径的1/400。其地震波波速一般为5～7km/s，最高不超过7.6km/s，密度一般为2.6～2.9g/cm³。

地壳主要由固体岩石组成，根据岩石的物质组成，地壳可分上、下两层。上部地壳平均密度2.65g/cm³，仅在大陆上才有，而在大洋底基本缺失。该层因岩石的成分、密度等与以硅、铝为主的花岗岩近似，又称花岗岩质层或硅铝层。下部地壳平均密度2.9g/cm³，直接出露于洋底，因其密度、地震波波速均与由硅、铁、铝、镁组成的玄武岩相当，又称玄武岩质层或硅镁层。

组成地壳的化学元素有百余种，但各元素的含量极不均匀，其中最主要的是下列几种：氧（O）46.95%；硅（Si）27.88%；铝（Al）8.13%；铁（Fe）5.17%；钙（Ca）3.65%；钠（Na）2.78%；钾（K）2.58%；镁（Mg）2.06%；钛（Ti）0.62%；氢（H）0.14%，它们占地壳总质量的99.96%。

（2）地幔

地幔是莫霍面以下、古登堡面以上的部分，其体积约占地球体积的83%，质量约占地球质量的68.1%，是地球的主体部分，主要由固态物质组成。以984km为界分为上地幔和下地幔两个次级圈层。上地幔的物质成分是含铁、镁的硅酸盐矿物，与超基性岩类似，上地幔的平均密度为3.5g/cm³。下地幔的物质成分一般认为以含铁、镁的硅酸盐为主，硅酸盐结构类似致密氧化物的紧密堆积结构，下地幔的平均密度为 $5.1g/cm^3$。需要指出的是，地壳下部、地幔、地核的物质均是推测得出的。

（3）地核

地幔下界至地心部分称为地核，约占地球总质量的 31.5%、总体积的 16%。按地震波波速分布，分为外核和内核。一般认为内核由以铁、镍等成分为主的固态物质组成。

（二）地质作用

地壳是地球外部的坚硬外壳，自形成以来其表面形态、结构和物质成分在不断变化和发展。这种由自然动力促使地壳的物质组成、结构和地表形态变化和发展的作用，称为地质作用。引起地质作用的能量，有的来自地球内部，有的来自地球以外，据此可以把地质作用分为内动力地质作用和外动力地质作用，见表 1-2-1。

微课：
地质作用

地 质 作 用 分 类　　　　　表 1-2-1

地质作用	内动力地质作用	地壳运动	水平运动、垂直运动
		岩浆作用	侵入作用、喷出作用
		变质作用	
		地震	构造地震、火山地震、陷落地震
	外动力地质作用	风化作用	物理风化作用、化学风化作用、生物风化作用
		剥蚀作用	风的吹蚀作用、河流的侵蚀作用、地下水的潜蚀和溶蚀作用、湖泊和海洋的剥蚀作用、冰川的刨蚀作用
		搬运作用	风的搬运作用、河流的搬运作用、地下水的搬运作用、湖泊和海洋的搬运作用、冰川的搬运作用
		沉积作用	风的沉积作用、河流的沉积作用、地下水的沉积作用、湖泊和海洋的沉积作用、冰川的沉积作用、洞穴的沉积作用
		成岩作用	压实作用、胶结作用、结晶作用

1. 内动力地质作用

主要由地球内部的能源如旋转能、重力能、放射性元素衰变产生的热能等引起，作用于整个地壳甚至整个岩石圈的地质作用，称为内动力地质作用，简称内力作用。按其表现形式主要分成地壳运动、岩浆作用、变质作用和地震四类。

（1）地壳运动

由地球内部能源引起的地壳结构和面貌发生改变或相对位移的运动，称为地壳运动。根据运动的方向不同，又可分为垂直运动和水平运动。实际上，地壳的运动远比我们想象的复杂，所谓垂直运动和水平运动是相对而言的，指某一时期以垂直运动或水平运动为主。目前，我国地势西部总体相对上升，而东部相对下降。同一地区构造运动的方向随着时间的推移而不断变化，某一时期以水平运动为主，另一时期则以垂直运动为主，且水平运动的方向和垂直运动的方向也会发生更替。

地壳运动不断地改变地壳的原始状态，当地壳受到挤压、拉张、扭转等应力时，便形成各种各样的构造形态。在内动力地质作用中，地壳运动是诱发地震、影响岩浆作用和变质作用的重要条件，也影响外动力地质作用的强度和变化。因此，地壳运动在地质作用中占据主导地位。

（2）岩浆作用

岩浆，通常是指地壳下面呈高温黏稠状的、富含挥发组分、成分复杂的硅酸盐物质。岩浆在高温高压下常处于相对平衡状态，当地壳运动使地壳出现破裂带，或其上覆物质受外力地质作用发生转移时，造成局部压力降低，打破了岩浆的平衡状态，岩浆就会向低压方向运动，这种现象称为岩浆活动。由于岩浆侵入地壳上部或喷出地表冷凝而成的岩石称岩浆岩。岩浆活动还会使围岩发生变质现象，同时引起地形改变。

（3）变质作用

由于地壳运动、岩浆作用等引起地壳物理和化学条件发生变化，促使岩石在固体状态下改变其成分、结构和构造的作用称为变质作用。变质作用形成各种不同的变质岩。

（4）地震

地震是由内动力地质作用引起岩石圈快速震动的现象，地壳运动和岩浆作用都能引起地震。

2. 外动力地质作用

外动力地质作用，简称外力作用，是由来自外部能源所引起的地质作用，主要有太阳辐射能、天体引力、其他行星及恒星对地球的辐射等。按其具体表现方式分成风化、剥蚀、搬运、沉积和成岩作用。

（1）风化作用

在太阳辐射、大气、水和生物等风化营力的作用下，地壳表层的岩石在原地发生崩解、破碎以至逐渐分解等物理和化学的变化，称为风化作用。风化过程破坏原有在较高温度和压力下形成的矿物、岩石，又形成一些在常温常压下稳定的新矿物。风化作用在地表最显著，随着深度的增加，其逐渐减弱直至消失。风化作用是普遍、持续且极其缓慢的，它形成的产物基本上残留在原地。风化作用使岩石逐渐破裂，转变为碎石、砂和黏土。

风化作用使坚硬致密的岩石松散破坏，改变了岩石原有的矿物组成和化学成分，使岩石强度和稳定性大大降低，对工程建筑条件起着不良的影响。此外，像滑坡、崩塌、碎落、泥石流等不良地质现象，大部分都是在风化作用的基础上逐渐形成和发展起来的。所以，了解风化作用，认识风化现象，分析岩石的风化程度，对评价工程建筑条件是十分必要的。风化作用按其占优势的营力及岩石变化的性质不同，可分为物理风化、化学风化及生物风化三个相互联系的类型。

①物理风化作用。在地表或接近地表条件下，岩石、矿物在原地发生机械破碎而不改变其化学成分的过程称为物理风化作用。引起物理风化作用的主要因素是岩石释重和温度的变化。

岩石释重也称释荷作用，形成于地壳较深的岩石，因上覆岩石的重力而受到较高的围岩压力。当上覆岩石被剥蚀后，压力减小或消失，岩石体积膨胀，出现平行地面的膨胀裂隙。在温度变化、水和生物等风化营力的作用下，形成岩石表层的层层脱落现象，称为鳞片剥落。

此外，由于温度剧烈变化、岩石迅速热胀冷缩、岩石裂隙中水的冻结与融化、盐类的结晶与潮解等，也能促使岩石发生物理风化作用。如地表岩石的裂隙中，常有水分充填，当温度下降到 0℃时会冻结成冰。水结成冰时，体积可比原来增大 9% 左右，对岩石的裂隙产生很大的压力，使岩石裂隙加宽、加深。当气温回升至 0℃以上，冰体融化，水沿扩大的裂缝更深地渗入岩石内部。充填在岩石裂隙中的水分时而冻结、时而融化，岩石在这样反复的作用下，裂隙不断扩大、加深，从而使岩石崩裂成碎块。

②化学风化作用。化学风化作用主要是水溶液与地表附近的岩石进行化学反应，使岩石逐渐分解的过程。引起化学风化作用的主要因素是水和氧等。

自然界的水，无论是雨水、地面水或地下水，都溶解有多种气体和化合物，因此自然界的水都是水溶液。水溶液可通过溶解、水化、水解、碳酸化、氧化等方式促使岩石发生化学风化，并形成一些新的矿物。如正长石可以水解形成高岭石，黄铁矿氧化形成褐铁矿等。

③生物风化作用。岩石在动植物及微生物影响下发生的破坏作用，称为生物风化作用。生物风化作用既有机械的破坏作用，也有化学的风化作用。

地壳表层的岩石经长期风化作用后，残留在原地的松散堆积物，称为残积物。残积物覆盖在地壳表面的风化基岩上,具有一定厚度的风化岩石层即为风化壳,它是原来岩石在一定的历史时期各种因素综合作用的产物。岩石的风化由表及里,地表部分受风化作用的影响最显著,由地表往下风化作用的影响逐渐减弱以至消失。因此从工程地质的角度出发,一般把风化岩层自下而上分为四个带,即整石带、块石带、碎石带、粉碎带。对整个风化壳剖面按照岩石风化程度的不同进行分带,对建筑场地的选择、工程设计、施工和地基处理等都是十分必要的。

(2)剥蚀作用

剥蚀作用是将岩石风化破坏的产物从原地剥离下来的作用。通过风力、地面流水、地下水、湖泊、海洋和生物等各种外动力因素,把风化后的松散物从岩石表面搬离原地,并以风化物为工具,参与对岩石、矿物进行风化破坏的过程,统称为剥蚀作用。按引起剥蚀作用的动能性质不同,可以分为风的吹蚀作用、河流的侵蚀作用、地下水的潜蚀和溶蚀作用,湖泊和海洋的剥蚀作用和冰川的刨蚀作用等。

(3)搬运作用

风化剥蚀的产物,通过风力、流水、冰川、湖水、海水以及生物的动力,被搬离母岩后,随着动能力量而转移空间的过程,称为搬运作用。搬运与剥蚀往往是在同一种动力下进行的。

(4)沉积作用

被搬运的物质,由于搬运能力减弱、搬运介质的物理化学条件发生变化或由于生物的作用,从搬运的介质中分离出来,形成沉积物的过程,称为沉积作用。按其沉积方式可以分为机械沉积、化学沉积和生物沉积。按其沉积环境又可分为风的沉积、河流沉积、冰川沉积、地下水沉积、洞穴沉积、湖泊和海洋沉积等。如山区洪水,随着流速减慢,大的物质(比如大的卵石)首先沉积下来,随后卵石、粗砂、中砂、细沙、黏土等逐步沉积。山区河流越往上游,河中可见岩石颗粒越大。

(5)成岩作用

使松散堆积物固结为岩石的过程,称为成岩作用。在固结过程中,要经历物理的压实作用和化学的胶结作用、结晶作用。当沉积物达到一定厚度时,上覆沉积物的静压力使矿物颗粒互相靠紧,发生脱水,孔隙减小,体积压缩,密度增大,再通过孔隙中水溶胶结物质的化学沉淀,将松散碎屑凝聚起来;同时,随着沉积物的埋深增加而升温、加压,使其中细粒矿物发生化学反应产生结晶而固化成岩。

外动力地质作用(外力作用):一方面,通过风化和剥蚀作用不断地破坏出露地面的岩石；另一方面，又把高处剥蚀下来的风化产物通过流水等介质搬运到低洼的地方沉积下来，重新形成新的岩石。外力作用的趋势是切削地壳表面隆起的部分，填平地壳表面低洼的部分，不断使地壳的面貌产生变化。

内动力地质（内力作用）：在地壳演化过程中，内力起着主导作用，通过岩浆作用、变质作用和构造运动不断改造地壳，并使地表产生大陆、海洋、山脉、平原等巨型地形起伏，即内力作用总的趋势是形成地壳表层的基本构造形态和地壳表面大型的高低起伏。

尽管各种内力作用和外力作用的能源、部位不同，但在促使地壳演化中所起的作用是相互联系、紧密相关的。

回 拓展内容 ⅢⅢⅢ▶

据人们所知，宇宙中目前只有地球上有生命，是什么让我们的星球与众不同？答案藏在地球的过去，要找到答案，我们必须回到过去，去寻找人类的始祖，去见证陆地的碰撞，去面对凶恶的恐龙，去潜入满是怪异生物的海洋，去感受全球性冰河时期的酷寒，去体验宇宙炸弹轰炸的狂暴，唯有回到地球诞生之初，我们方能拼凑出这颗星球惊涛骇浪般的成长史，才能知道世间万物是如何出现的。

《地球成长史》链接网址：https://search.cctv.com/search.php?qtext=%E5%9C%B0%E7%90%83%E6%88%90%E9%95%BF%E5%8F%B2&type=video。

二、矿物

（一）矿物的概念

地壳是由岩石组成的。岩石是千差万别，多种多样的，有的岩石由比较单一的化合物组成，如石灰岩由方解石（碳酸钙）组成；有的岩石由多种化合物组成，如花岗岩主要由石英（成分为二氧化硅）、长石（钾、钠、钙等的铝硅酸盐）、云母、角闪石（钙、镁、铁等的铝硅酸盐）等组成。

微课：
矿物概述

矿物是组成地壳的基本物质，它是在各种地质作用下形成的具有一定化学成分和物理性质的单质体或化合物。其中构成岩石的主要矿物称为造岩矿物。

矿物是构成岩石的基本单元，目前自然界中已被发现的矿物有 3300 多种（种及亚种），其中常见的 30 余种为组成常见岩石的"造岩矿物"，它们约占地壳质量的 99%。

其余矿物虽然种类很多，但数量很少，总共只占地壳质量的1%左右。造岩矿物主要以硅酸盐为主。

绝大部分矿物是结晶质的，结晶质的基本特点是组成矿物的元素质点（离子、原子或分子）在矿物内部按一定的规律重复排列，形成稳定的格子构造。矿物形成时冷却缓慢，有条件充分结晶。我们把凡是天然产出的具有一定几何形态的固体均称为晶体，如石英晶体、岩盐（食盐）晶体、方解石晶体等。少部分矿物是非晶质体，是指矿物内部质点不是规则排列，也不形成几何多面体外形的固体，如玻璃质，液体和气体。火山作用常形成玻璃质。

矿物的形态是针对矿物的单体及化合物而言。在自然界中矿物多呈集合体出现，少数呈单晶体出现。矿物晶体的形态受生成环境的影响，其形态特征是其结晶结构和化学成分的外在反映。具有一定成分和结晶结构的矿物具有一定的晶体形态特征，在矿物鉴定上具有鉴定意义。

除晶体外，自然界还有隐晶质和胶态集合体。所谓隐晶质就是肉眼看不到的结晶体。常见的胶态集合体有分泌体、结核体、钟乳状集合体等。

分泌体是胶体或晶体矿物由空洞洞壁向中心分泌并逐层沉淀充填而成，中间常见空洞或长有晶簇，如玛瑙等；结核体是围绕某一中心自内而外逐渐生长的球状体，内部呈致密状、同心层状或放射状构造，直径小于2mm的球状结核体称鲕状体，2～5mm称豆状体；钟乳状集合体由同一基底逐层向外生长而成，形成呈圆锥形或圆柱形等形状的集合体，如钟乳石等。

（二）自然界的矿物分类

矿物学中的分类是以化学成分和结晶结构为依据的"晶体化学分类"，即先以化学成分为基础划分出大类和类；再按结晶结构的形式，把同类中具有相同结晶结构的矿物归为一个族；最后按具有一定结晶结构和一定化学成分的独立单位划分种。基于以上原则将矿物划分为五大类：

第一大类是自然元素。本大类是指组成元素以中性状态存在的矿物，可呈单质形式出现，也可以由两种或两种以上元素按被比关系呈金属互化物产出。如自然金（Au）、石墨（C）、金刚石（C）、银金矿（Ag、Au）、金银矿（Au、Ag）等。该类已知矿物约90种。

第二大类是硫化物及其类似化合物。本大类是指金属阳离子与硫、硒、碲、砷化合成的一系列化合物，约350种，如黄铁矿（FeS_2）、黄铜矿（$CuFuS_2$）等。

第三大类是氧化物和氢氧化物。本大类是一系列金属和非金属阳离子和阴离子氧或氢氧根结合而成的化合物，包括水的氧化物矿种。氧化物约 280 种，氢氧化物约 100 种，占地壳质量的 17%。其中硅的氧化物，如石英、蛋白石等分布最广，约占地壳质量的 12%。刚玉（Al_2O_3）、赤铁矿（Fe_2O_3）属于该类。

第四大类是含氧盐。本大类矿物种类繁多，约 1 500 种，占矿物总数的一半左右。其是主要造岩矿物，也是构成地壳的最主要成分，占地壳质量的 80% 以上，由硅酸盐、磷酸盐、硫酸盐、碳酸盐和钨酸盐类等矿物组成。其中长石、橄榄石、辉石、角闪石、白云母、黑云母、滑石、高岭石、蒙脱石等属于硅酸盐类矿物；磷灰石等属于磷酸盐类矿物；石膏等属于硫酸盐类矿物；方解石、白云石等属于碳酸盐类矿物；白钨矿、黑钨矿等属于钨酸盐类矿物。

第五大类是卤化物。本大类是以卤族元素氟、氯、溴、碘为唯一的阴离子或主要阴离子，与金属离子结合形成的矿物，约有 100 种。萤石、岩盐（即食盐）是常见矿物。

一种矿物之所以不同于别的矿物，是由于在化学成分、内部构造和物理性质三个方面有别于其他矿物，而矿物的物理性质主要取决于其内部构造和化学成分。由于物理性质测试简单，常是鉴定和分类的主要依据。

自然界的矿物按其成因可分为以下三大类型。

1. 原生矿物

原生矿物也称内生矿物，在成岩或成矿时期内，由岩浆熔融体经冷凝结晶而形成的矿物。如花岗岩中的长石、石英、角闪石等，辉长岩中的辉石，橄榄岩中的橄榄石等，都是常见的原生矿物；在后期热液成矿过程中形成的黄铁矿、方铅矿等，也是原生矿物。

2. 次生矿物

次生矿物也称外生矿物，是原生矿物遭受化学风化而形成的新矿物，如正长石经水解后形成的高岭石，高岭石再经水解后形成铝土矿。

3. 变质矿物

在变质作用过程中形成的矿物，如硅灰石、石榴子石、蛇纹石、滑石等。

（三）矿物的物理性质

矿物的物理性质主要取决于它的内部构造和化学成分。学习矿物的物理性质主要是为了鉴定矿物。矿物的鉴定有两种主要方法，一般用肉眼观察并借助简单的工具和试剂，这是野外观察常用的方法；另一种是把岩石切片，在偏光显微镜下进行专业鉴定。前一种方法鉴定简单，对常见矿物分类和野外命名很有帮助，但对于部分矿物该方法鉴定准确性差，必须借助偏光显微镜才能进行准确鉴定。

1. 矿物的形状

在液态或气态物质中的离子或原子互相结合形成晶体的过程称为结晶。晶体内部质点的排列方式称晶体结构。不同的离子或原子可构成不同晶体结构，相同的离子或原子在不同的地质条件下可形成不同的晶体结构。晶质矿物因内部结构固定，因此具有特定的外形。常见形状有柱状、粒状、纤维状、板状、片状、结核状等，如图1-2-3所示。矿物在生长条件合适时（有充分的物质来源、足够的空间和时间等）能按其晶体结构特征长成有规则的几何多面体外形，呈现出该矿物特有的晶体形态。矿物的外形特征是其内部构造的反映，是鉴别矿物的重要依据。

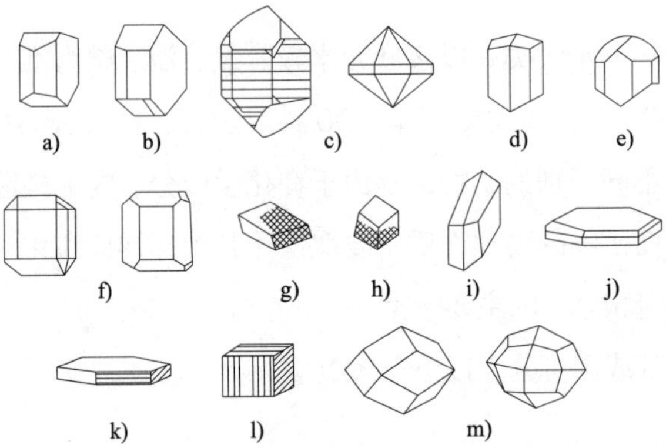

图1-2-3 矿物单体形状

a）正长石；b）斜长石；c）石英；d）角闪石；e）辉石；f）橄榄石；g）方解石；h）白云石；i）石膏；j）绿泥石；k）云母；l）黄铁矿；m）石榴子石

2. 矿物的光学性质

矿物的光学性质是指矿物对自然光的吸收、反射和折射所表现出的各种性质，包括颜色、条痕色、光泽和透明度。

（1）颜色

矿物的颜色是指矿物对可见光中不同光波选择吸收和反射后映入人眼的视觉现象。它是矿物最明显、最直观的物理性质。常以标准色谱的红、橙、黄、绿、蓝、靛、紫以及白、灰、黑来说明矿物颜色，也可以用最常见的实物颜色来描述矿物的颜色。根据矿物颜色产生的原因分为自色、他色和假色。

自色是指矿物本身所固有的颜色，是由矿物中的色素离子所引起的。自色对矿物具有重要的鉴定意义，对同一种矿物，自色具有固定性，如黄铁矿多呈浅铜黄色等。

他色是由矿物含有杂质等机械混入物所引起的，无鉴定意义。如水晶是无色透明的，所含杂质使之呈现各种颜色。

假色是指由矿物内的某些物理原因所引起的颜色，比如光的干涉、内散射等。如方解石内部有细微裂隙面呈"晕色"等。假色只对某些矿物具有鉴定意义。

矿物的颜色往往是原生矿物本身化学特性的直接反映。原生矿物按颜色分为浅色矿物和深色矿物两类。浅色矿物有石英、长石、白云母等含硅铝质为主的矿物；深色矿物有橄榄石、黑云母、角闪石、辉石等含铁镁质为主的矿物。

（2）条痕色

矿物的条痕色是矿物粉末的颜色，一般是指矿物在白色无釉瓷板上擦划所留下的痕迹的颜色。条痕色比颜色更为固定，因其去掉了矿物反射所造成的色差，增加了吸收率，消除了假色的干扰，减弱了他色的影响，保留和突出了矿物的自色。

对于硬度小于白色无釉瓷板硬度的矿物，可以直接观察其条痕；对于硬度大于瓷板硬度的矿物，可以将其碾成粉末在白纸上观察。条痕可以深于、等于、浅于矿物的自色，常与矿物的光泽、透明度有密切联系。透明、具有玻璃光泽的矿物，其条痕是白色或近于白色，对鉴定意义不大；条痕色对金属、半金属光泽的矿物鉴定很重要。如赤铁矿可呈红、钢灰等色，其条痕是樱桃红色；辰砂是鲜红色，其条痕也是鲜红色；自然金的条痕是金黄色。

（3）光泽

光泽是矿物新鲜面对可见光的反射能力。一般来说，矿物表面反射出的光线越多，则透射到矿物内部的光线越少，矿物就越不透明，光泽也越强；反之，光泽就越弱。根据反光强弱用类比方法将矿物分为金属光泽、半金属光泽、金刚光泽和玻璃光泽，或只采用二分法，分为金属光泽（金属光泽、半金属光泽）和非金属光泽（金刚光泽、玻璃光泽）。绝大多数矿物呈非金属光泽。

还有一些特殊的光泽，如丝绢光泽、油脂光泽、蜡状光泽、土状光泽等。

矿物遭受风化后，光泽强度就会有不同程度的降低，如玻璃光泽变为油脂光泽等。

（4）透明度

透明度是指矿物透过可见光波的能力，即光线透过矿物的程度，一般规定以0.03mm的厚度作为标准进行鉴定。肉眼鉴定矿物时，根据透明度的差异分为透明矿物、半透明矿物和不透明矿物。

3. 矿物的力学性质

矿物的力学性质是指矿物在受力后所表现的物理性质。

(1)硬度

硬度是矿物抵抗刻划的能力,即刻划硬度,它是组成矿物的原子间连接力强弱的表现。一般用肉眼鉴定矿物时,常用两种矿物对划的方法确定矿物的相对硬度。

在野外鉴别矿物硬度时,还可采用简易鉴定方法来测试其相对硬度,即利用指甲(2~2.5)、小刀(5~5.5)、玻璃片(5.5~6)和钢刀(6~7)等粗略判定。矿物的硬度是指单个晶体的硬度,而纤维状、放射状等集合方式对矿物硬度有影响,难以测定矿物的真实硬度。

国际公认的摩氏硬度计以常见的10种矿物作为标准,从低到高分为10级,见表1-2-2。这里的硬度是一种相对硬度。

摩 氏 硬 度 计　　　　　　　　　　表 1-2-2

硬度	1	2	3	4	5	6	7	8	9	10
标准矿物	滑石	石膏	方解石	萤石	磷灰石	长石	石英	黄玉	刚玉	金刚石

(2)解理与断口

矿物受到超过质点间联结力的外力作用时,往往发生破裂现象。解理是矿物受打击后,能沿一定晶面裂开成光滑平面的性质。其裂开的面为解理面。解理是结晶物质固有的特征之一,是鉴定矿物的一项重要标志。

矿物晶体并非都有解理,而且不同矿物其解理等级也不相同,与矿物结晶结构和化学键有密切关系。由于晶体具有格子状构造,矿物某方向具有解理,在该方向就有一系列解理面,这些解理面称为一组解理。

根据矿物解理发育的程度分为极完全解理、完全解理、中等解理和不完全解理。具有解理的矿物严格受其内部格子构造的控制,根据解理出现方向数目不同分为:沿着一组平行方向发育的为一组解理,沿两个方向发育的为二组解理,沿三个方向发育的为三组解理(图1-2-4)等。

矿物在外力打击下,沿任意方向发生的不规则裂口称为断口,也称无解理或不完全解理,如黄铁矿、石榴石等。对于某种矿物来说,解理与断口的发生常呈互为消长的关系,越容易出现解

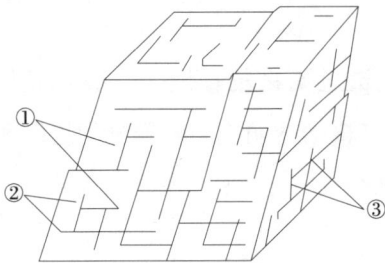

图 1-2-4　方解石的三组解理(①②③)

理的方向越不易发生断口。

4. 其他性质

有些矿物还具有独特的性质，如磁性、放射性、发光性、弹性、挠性、发光性、人的感官感觉等。

矿物的磁性是指矿物晶体在外磁场中被磁化时所表现出来的能被外磁场吸引或排斥或对外界产生磁场的性质，主要是由于矿物含有铁、钴、镍、钛、钒等元素所致。

矿物的放射性是指矿物中的放射性元素（铀、钍、镭等）自发地从原子核内部放出粒子或射线，同时释放出能量的性质。这一过程叫放射性衰变。有些地热的产生就是放射性衰变的结果。利用矿物的放射性可以寻找放射性矿产，根据放射性元素及其衰变物可以计算矿物和岩石的年龄。

矿物的发光性是指矿物在外来能量的激发下发出可见光的性质。激发因素有加热、摩擦、紫外线、阴极射线、X射线等。矿物在激发期间发光，激发中止则发光也中止的现象叫荧光，如白钨矿在紫外线照射下发浅蓝色荧光；当激发因素中止后，矿物发光尚维持一段时间的现象称磷光，如磷灰石可发磷光。矿物的发光性在找矿、选矿和矿物的应用等方面具有一定的意义。

（四）常见的造岩矿物

迄今为止，已知的矿物近3300种。目前，矿物学中的分类是以化学成分和结晶结构为依据的"晶体化学分类"，即先以化学成分为基础划分出大类和类；再按结晶结构的形式，把同类中具有相同结晶结构的矿物归为一个族；最后按具有一定结晶结构和一定化学成分的独立单位划分种。基于以上原则将矿物划分为五大类：

微课：
常见造岩矿物

第一大类是自然元素。本大类是指组成元素以中性状态存在的矿物，可呈单质形式出现，也可以由两种或两种以上元素按被比关系呈金属互化物产出。如自然金（Au）、石墨（C）、金刚石（C）、银金矿（Au、Ag）、金银矿（Au、Ag）等。该类已知矿物有90种。

第二大类是硫化物及其类似化合物。本大类是指金属阳离子与硫、硒、碲、砷化合成的一系列化合物，约350种，如黄铁矿（FeS_2）、黄铜矿（$CuFuS_2$）等。

第三大类是氧化物和氢氧化物。本大类是一系列金属与非金属阳离子和阴离子氧或氢氧根结合而成的化合物，包括水的氧化物矿种。氧化物约280种，氢氧化物约100种，占地壳质量的17%。其中硅的氧化物，如石英、蛋白石等分布最广，约占地壳质量的12%。刚玉（Al_2O_3）、赤铁矿（Fe_2O_3）属于该类。

第四大类是含氧盐。本大类矿物种类繁多，约1500种，占矿物总数的一半左右。是主要造岩矿物，也是构成地壳的最主要成分，占地壳质量的80%以上。由硅酸盐、磷酸盐、硫酸盐、碳酸盐和钨酸盐类等矿物组成。其中，长石、橄榄石、辉石、角闪石、白云母、黑云母、滑石、高岭石、蒙脱石等属于硅酸盐类矿物；磷灰石等属于磷酸盐类矿物；石膏等属于硫酸盐类矿物；方解石、白云石等属于碳酸盐类矿物；白钨矿、黑钨矿等属于钨酸盐类矿物。

第五大类是卤化物。本大类是以卤族元素氟、氯、溴、碘为唯一的阴离子或主要阴离子，与金属离子结合形成的矿物，约有100种。萤石、岩盐（即食盐）是此类常见矿物。

一种矿物之所以不同于其他矿物，是由于在化学成分、内部构造和物理性质三个方面有别于其他矿物，而矿物的物理性质主要取决于其内部构造和化学成分。由于物理性质测试简单，常是鉴定和分类的主要依据。

下面介绍几种重要造岩矿物及其物理性质。

1. 石英

石英属于氧化物，是以 SiO_2 为主要成分的一族矿物的统称。石英无色，因含杂质等可呈各种颜色，具有玻璃光泽，无解理，断口呈贝壳状，断口处为油脂光泽，硬度为7，相对密度在2.65左右，透明度较好，晶形为六方柱状、锥状，集合体为晶簇状，如图1-2-5所示。其化学性质稳定，抗风化能力强。含石英越多的岩石，岩性越坚硬。石英广泛分布在各种岩石和土层中，是主要的造岩矿物。

图1-2-5 石英

玉髓，也称石髓，成分也为 SiO_2，是隐晶质二氧化硅纤维状异种的统称。具有不同颜色的条带或花纹相间分布的玉髓称玛瑙。

2. 正长石

正长石属于含氧盐大类，硅酸盐类。长石族矿物（碱性长石和斜长石亚族）是地壳中分布很广的造岩矿物之一，在岩浆岩中出现的比例为60%，变质岩中为30%，沉积岩中为10%。正长石是碱性长石亚族代表性的矿物，颜色为肉红色、黄褐色、褐黄色及白色等，透明，具有玻璃光泽，硬度为6，两组解理正交，一组完全、一组中等，相对密度为2.56～2.58，呈短柱状或厚板状，如图1-2-6所示。正长石易于风化，完全风化后形成高岭石、绢云母、铝土矿等次生矿物。

3. 斜长石

斜长石属于含氧盐大类，硅酸盐类，一般为白色，或带灰、浅红、浅绿、浅黄等色调，具有玻璃光泽，硬度为 6 ~ 6.5，两组完全解理，两组解理面呈 86° 左右斜交，相对密度为 2.55 ~ 2.76，晶体呈板状及板柱状，在岩石中呈板状或不规则粒状（图 1-2-7）。斜长石易于风化，解理面上有细条纹。其成分以 Na^+ 为主的是酸性斜长石，以 Ca^{2+} 为主的是基性斜长石，介于二者之间的为中性斜长石。斜长石是构成岩浆岩最主要的矿物之一。在岩石中的斜长石，可根据双晶、有无解理、硬度及透明度，与石英区别。

4. 白云母

白云母属于含氧盐大类，硅酸盐类，一般无色透明，因含有杂质而带不同色调，具有玻璃光泽，解理面呈珍珠光泽、一组极完全解理，薄片具弹性，硬度为 2.5 ~ 3，相对密度为 2.76 ~ 3.10，晶体一般呈片状、鳞片状，集合体呈鳞片状或板状，如图 1-2-8 所示。具有丝绢光泽、呈细小鳞片状产出的白云母称绢云母。白云母具有高的电绝缘性，在自然界分布很广，为花岗岩及花岗伟晶岩等酸性岩浆岩的主要造岩矿物，抗风化能力较强。可根据一组极完全解理和薄片具弹性及较浅的颜色，与其他矿物区别。

图 1-2-6　正长石　　　　　　　图 1-2-7　斜长石　　　　　　　图 1-2-8　白云母

5. 黑云母

黑云母属于含氧盐大类，硅酸盐类，成分不稳定，Mg 与 Fe 之间为完全类质同象，成分中一般为 Mg∶Fe<2。含铁量特别高者为铁黑云母。黑云母一般颜色较深，颜色呈深褐和黑色，有时带有红或绿色调。黑云母透明，具有玻璃光泽，硬度为 2.5 ~ 3，相对密度为 2.70 ~ 3.30，形态特征和白云母相同，呈片状或板状；易风化，风化后可变成蛭石，薄片具弹性。当岩石含云母较多时，强度会降低。黑云母广泛分布于岩浆岩和变质岩中。

6. 角闪石

角闪石属于含氧盐大类，硅酸盐类，颜色暗绿至绿黑色，有时为褐色，具有玻璃光泽，透明至半透明，硬度为5～6，中等解理，两组解理交角为56°，相对密度为3.02～3.45。角闪石族矿物晶体多为长柱状，横截面为近菱形的六边形，集合体呈纤维状、针状等，如图1-2-9所示。角闪石多产于中、酸性岩浆岩和某些变质岩中，易风化，风化后可形成黏土矿物、碳酸盐及褐铁矿等。

7. 辉石

辉石属于含氧盐大类，硅酸盐类，颜色为黑色、绿黑色或褐黑色，少数为褐、灰褐色，具有玻璃光泽，中等解理，两组解理面交角为87°，硬度为5～6，相对密度为3.43～3.6，矿物晶体呈短柱状、粒状，横截面为近正方形的八角形，如图1-2-10所示。辉石较易风化，多产于超基性岩浆岩中，在变质岩中也有产出，是主要造岩矿物。根据晶型、颜色和解理，可将辉石与角闪石区别开来。

8. 橄榄石

橄榄石属于含氧盐大类，硅酸盐类，颜色呈浅黄、黄绿至黑绿色，随含铁量的增加而颜色变深，透明，具有玻璃光泽，含铁多时近金刚光泽，硬度为6.5～7，贝壳状断口，为油脂光泽，相对密度为3.22～4.39，晶型完好者少见，呈短柱状、厚板状，一般呈粒状晶体，如图1-2-11所示。橄榄石主要产于基性、超基性岩浆岩中，一般不与石英共生（铁橄榄石除外）；易风化，可根据粒状外形和特殊的光泽和断口，并结合产状来识别。色彩鲜艳的橄榄石巨晶可作宝石。

图1-2-9　普通角闪石　　　　　图1-2-10　普通辉石　　　　　图1-2-11　橄榄石

9. 方解石

方解石属于含氧盐大类，碳酸盐类，质纯者为无色透明或白色，含杂质时呈浅黄、浅红、紫、蓝、绿和黑色，具有玻璃光泽，三组完全解理，硬度为3，相对密度为2.6～2.9，晶型呈菱面体或六方柱等多种，如图1-2-12所示，与稀盐酸有剧烈起泡反应。方解石是组成石灰岩的主要成分，可用于制造水泥和石灰等建筑材料，也可作电气及炼钢的溶剂等。根据晶型、解理、硬度以及遇盐酸起泡等特征，可将方解石与石英等矿物区别开来。

10. **白云石**

白云石属于含氧盐大类，碳酸盐类，纯者为无色或乳白色，含铁者为灰色，微带浅黄、浅褐、浅绿色调，具有玻璃光泽，硬度为 3.5～4，三组完全解理，解理面常弯曲，相对密度为 2.85，集合体呈粒状、致密块状、肾状、多孔状，如图 1-2-13 所示，遇稀盐酸时微弱起泡。白云石主要作为冶金工业用耐火材料、熔剂，并可作建筑材料和玻璃、陶瓷的配料以及化工原料。

11. **石膏**

石膏属于含氧盐大类，硫酸盐类，产于湖海化学沉积岩中以及硫化矿床氧化带，一般为白色及无色，也呈灰、浅黄、浅褐等色，条痕白色，硬度为 2，具有玻璃光泽，一组极完全解理和两组中等解理，相对密度为 2.317，如图 1-2-14 所示。石膏集合体呈致密块状或纤维状，广泛用于建筑、医学、化肥方面。

| 图 1-2-12　方解石 | 图 1-2-13　白云石 | 图 1-2-14　石膏 |

12. **黏土矿物**

黏土矿物泛指各种形成黏土的矿物。

（1）高岭石

高岭石属于含氧盐大类，硅酸盐类，由富含铝硅酸盐的岩浆岩和变质岩风化形成，如图 1-2-15 所示。其名称来自江西省景德镇的高岭（山名）。高岭石一般为白色，含杂质时呈浅黄、浅褐、红、绿、蓝等色调，土状光泽，常呈致密块状、土状，干燥的土状块体易碾成粉末，硬度为 2～3，相对密度为 2.62～2.68。干燥时有吸水性（黏舌），湿润后具有可塑性，但不膨胀，是陶瓷的主要原料，也可在造纸、橡胶工业中作充填原料。

（2）蒙脱石

蒙脱石属于含氧盐大类，硅酸盐类，由基性的火山凝灰岩和火山灰风化形成，如图 1-2-16 所示，白色，有时为浅灰、粉红、浅绿色，呈土状、块状具有土状光泽，致密块状者显蜡状光泽，硬度为 2～2.5，柔软，有滑感；吸水性很强，吸水后体积可膨胀几倍至十几倍,具有很强的吸附力和阳离子交换性能。蒙脱石是膨润土和漂白土中最主要的矿物。

图1-2-15 高岭石

图1-2-16 蒙脱石

（3）伊利石

伊利石属于含氧盐大类,硅酸盐类,白色,呈块状,不具膨胀性和可塑性,因产于美国伊利诺伊州而得名,如图1-2-17所示。

13.绿泥石

绿泥石(图1-2-18)属于含氧盐大类,硅酸盐类,是含镁或铁的泥质岩石受低温热液作用或浅变质作用而生成,强度较低,在变质岩中分布最多。绿泥石多呈各种不同深浅的绿色,从浅绿到深绿色,含铁多者色深,透明,具有玻璃光泽,解理面呈油脂光泽,一组极完全解理,硬度为2～2.5,相对密度为2.68～3.40,薄片,有挠性、无弹性,集合体为隐晶质片状和隐晶质块状。根据形态、颜色和较低的硬度,可将绿泥石与云母等矿物区别开来。

图1-2-17 伊利石

图1-2-18 绿泥石

14.滑石

滑石属于含氧盐大类,硅酸盐类,为富镁质超基性岩、白云岩等变质后形成的主要变质矿物。质纯者为无色透明、白色或灰白色，有时带淡黄、淡绿、浅褐、粉红等色调。硬度为 1，一组极完全解理，解理面呈珍珠光泽晕彩，富有滑腻感（由此得名），贝壳状断口，相对密度为 2.58 ～ 2.83，呈致密块状，如图 1-2-19 所示。滑石耐酸、耐热，是工业上常用的原料，根据低硬度、滑腻感、片状滑石具极完全解理可与其他矿物区别开来。

15. 石榴子石

石榴子石属于含氧盐大类，硅酸盐类，从变质岩的造岩矿物中产出，如图 1-2-20 所示。其颜色随成分而异，多数是黄褐、褐至褐黑色，也有绿黄、红褐色，具有玻璃光泽，断口为油脂光泽，硬度为 6.5 ～ 8.5，无解理，断口不平坦，相对密度为 3.68 ～ 4.32，多呈晶形完好的晶体，晶形有菱形十二面体或四角三八面体等，集合体为粒状及致密块状，主要用作研磨材料、耐火砖的原料等。石榴子石根据晶形、断口光泽、高硬度、无解理，可与其他矿物相区别。

图 1-2-19　滑石　　　　　　　　　　　图 1-2-20　石榴子石

主要造岩矿物标本鉴定特征见表 1-2-3。

主要造岩矿物标本鉴定特征　　　　　　　　　　表 1-2-3

矿物名称	晶体形状	颜色	条痕	光泽	硬度	比重	解理与断口	其　　他	主要鉴定特征
黄铜矿	四面块体	铜黄色	绿黑	金属	3～4	4.1～4.3	不平坦断口	能溶于硝酸析出硫	晶形，颜色，光泽
黄铁矿	立方体	浅铜黄色	绿黑	金属	6～6.5	4.9～5.2	锯齿，参差，贝壳状断口	性脆，晶面上有条纹，可制硫酸	晶形，光泽，颜色，条痕
萤石	立方体，八面体，菱形十二面体	绿色，紫色，黄色	无	玻璃	4	3.18	三向完全解理，完全八面体解理	制取氟、氢氟酸，无色透明晶体，可作光学材料	晶形，颜色，硬度，解理

续上表

矿物名称	晶体形状	颜色	条痕	光泽	硬度	比重	解理与断口	其 他	主要鉴定特征
赤铁矿	致密块状	红褐,铁黑色	樱红	半金属	5.5～7	5～5.3	土状断口	多呈鲕状,肾状,块状,层状	颜色,条痕
石英	六棱柱,双锥体	无色,乳白色	无	晶面玻璃,油脂断口	7	2.6	贝壳状断口	晶面上有横条纹,化学性质稳定,不易风化	晶形,光泽,断口,硬度
磁铁矿	八面体,常呈块状	金属黑色	灰黑	金属,半金属	5.5～6	4.9～5.2	无	风化后成褐铁矿,具磁性	颜色,光泽,磁性
磷灰石	针状六面柱体	白,绿,黄褐色	无	油脂	5	3.17～3.23	不完全解理,贝壳状断口	加热发磷光	晶形,颜色,光泽
橄榄石	通常为粒状	橄榄绿,浅黄绿,绿黑色	无	玻璃	6.5～7	3.22～4.39	贝壳状断口	脆性,易风化成蛇纹石	颜色,晶形
石榴子石	菱形十二面体,二十四面体	红褐,深褐,绿黄色	无	玻璃	6.5～8.5	3.68～4.32	无解理,不平坦断口	风化后变为褐铁矿	晶形,颜色,比重
蓝晶石	刀片状	蓝色	无	玻璃	4～7	3.53～3.65	完全解理	又称二硬石	颜色,硬度,异向性
辉石	八面短柱体	深黑,褐黑色	灰绿	玻璃	5～6	3.43～3.6	中等解理,两组解理交角近87°	受水热变质成绿泥石或蛇纹石	颜色,晶形,解理
角闪石	六面长柱体	深绿,暗黑色	浅绿	玻璃	5～6	3.02～3.45	中等解理,两组解理交角近56°	受水热变质成绿泥石或蛇纹石,性脆	颜色,晶形
滑石	致密块状	白,浅灰,浅绿,浅黄,浅红色	白	油脂,珍珠	1	2.58～2.83	单向完全解理	性软,具滑感	硬度,滑感
黑云母	片状,鳞片状	黑褐色,黑绿至黑色	浅绿	玻璃,珍珠	2～3	3～3.1	单向极完全解理	薄片具有弹性,绝缘性	晶形,解理,弹性
白云母	片状,鳞片状	无色,含杂质可呈现浅红,浅黄,灰白等色	无	玻璃,珍珠	2～3	2.7～3.1	单向极完全解理	薄片具有弹性,绝缘性	晶形,解理,弹性
绿泥石	片状,鳞片状,板状,块状	浅绿,暗绿色	浅绿	玻璃	2～2.5	2.68～3.40	单向完全解理	薄片具有挠性,有滑感	颜色,晶形,挠性
高岭石	疏松鳞片状,致密细粒状	一般为白色,含杂质呈浅绿,浅褐黄,浅红,浅蓝等色	白	土状	2～3	2.62～2.68	单向完全解理	具吸水性,可塑性,有滑感,黏舌	光泽,硬度,吸水性,可塑性

续上表

矿物名称	晶体形状	颜色	条痕	光泽	硬度	比重	解理与断口	其　　他	主要鉴定特征
蛇纹石	致密块状,片状,纤维状	浅黄绿,暗绿色	灰绿	油脂,丝绢蜡状	3~3.5	2.6~2.9	贝壳状断口	由橄榄石、辉石变质而成,能溶于盐酸	颜色,光泽
正长石	短柱状,厚板状	肉红色,黄褐色,浅黄(白)色等	白	玻璃	6	2.5~2.7	两向完全正交解理,具卡氏双晶	易风化成高岭土	颜色,晶形,解理,光泽
斜长石	柱状,板状	白色,灰白色	白	玻璃	6	2.5~2.7	两向完全斜交解理,断口参差状,具聚片双晶	易风化成高岭土,解理面上有平行条纹	颜色,晶形,解理,双晶
方解石	菱形六面体	无色,含杂质可呈现浅红、浅黄、紫、蓝、绿、黑等色	白	玻璃	3	2.6~2.9	三向完全解理	性脆,遇稀盐酸剧烈起泡,无色透明者为冰洲石	晶形,硬度,遇稀盐酸起泡
白云石	粒状,块状等	白,灰白,浅红色,浅黄,浅褐,灰绿色	白	玻璃	3.5~4	2.85	三向完全解理	遇稀盐酸起泡不明显,粉末遇稀盐酸起泡	晶形,硬度,解理
重晶石	板状	无色或白色	无	玻璃	3~3.5	4.3~4.5	完全、中等解理	集合体钟乳状结核状	比重较大,板状晶形
石膏	块状,纤维状	白,灰白色	白	玻璃	2	2.3	单向完全解理	具滑感,挠性,性脆	晶形,硬度,解理

任务实施1

矿物的鉴别

一、目的要求

通过本次任务训练,要求同学们学会使用一些简单的工具来确定矿物的一般物理性质,最后达到能够用肉眼鉴别主要造岩矿物的目的。正确鉴别矿物是为下一步鉴别各类岩石打下基础。

二、内容与方法

(1)掌握主要造岩矿物的鉴定特征。一种矿物与其他矿物相比较,该矿物所特有的某些物理性质称为它的鉴定特征。例如,白云母的弹性,绿泥石的挠性,自然金的延展性，磁铁矿的磁性，滑石的滑感，岩盐的咸味，重晶石的大比重，硫黄的臭味，方解石、白云石与冷稀盐酸发生化学反应而产生气泡等。

（2）使用简单的工具（小刀、指甲、瓷板、放大镜、稀盐酸等）认识矿物的一般物理性质，如硬度、解理、颜色、形态、条痕、比重、磁性、断口、光泽、透明度及与稀盐酸、镁试剂的反应特征等。

三、观察矿物步骤

（1）辨别矿物，描述特征。一块矿物标本往往有几种矿物共生在一起，从中可辨别矿物的形态和物理性质，边看边记录，描述其特征。

对于单体矿物，描述其形态、晶面条纹等。对集合体的描述从两方面进行，①观察矿物的光学性质：先描述其颜色，若为深色，硬度小于5的矿物，再用条痕板试其条痕色后选择矿物的新鲜面，仔细观察并描述矿物的光泽和透明度；②描述矿物的力学性质：解理、断口、硬度；③描述矿物的其他特征；有些矿物，如碳酸盐类需要用简易化学方法，观察其与稀盐酸的反应加以区别。

（2）仔细对比，找共性。

（3）找个性。对矿物进行类比，找出对比矿物的各项特征，即从共性中求得个性，并从本质上（成分、结构、成因条件等）寻求其个性根源，以便在理解的基础上记忆，同时注意矿物的共生组合关系。

注意区别：黄铁矿与黄铜矿，方解石与萤石，辉石与角闪石，正长石与斜长石。

四、任务要求

要求学生在课堂上单独完成。按标本盒里的标本顺序，依次描述各矿物的物理性质，并完成12种主要造岩矿物的认识与鉴定记录表（表1-2-4），最后经过对比，掌握常见矿物的鉴定特征。

主要造岩矿物的认识与鉴定记录表　　　　　　　表 1-2-4

标本号	主要鉴定特征									矿物名称
	颜色	形态	条痕	光泽	硬度	解理	断口	比重	其他	
1										
2										

续上表

标本号	主要鉴定特征									矿物名称
	颜色	形态	条痕	光泽	硬度	解理	断口	比重	其他	
3										
4										
5										
6										
7										
8										
9										
10										
11										
12										

三、岩石

岩石是矿物（部分为火山玻璃或生物遗骸）的自然集合体。它是在地质作用下由一种或多种矿物组成的、具有一定的结构和构造的自然集合体。根据成因和形成过程，岩石可分为三大类，即由岩浆活动所形成的岩浆岩（火成岩）、由外力作用形成的沉积岩（水成岩）和由变质作用形成的变质岩。

通常用结构和构造来描述岩石的外貌特征。岩石的结构是指岩石中物质的结晶程度、颗粒大小、形状及彼此间的组合方式。岩石的构造是指岩石中矿物集合体之间或矿物集合体与岩石其他组成部分之间的排列和充填方式。

岩浆岩大多具有块状构造；沉积岩是由外力作用将风化侵蚀的物质搬运后逐层沉积形成的，所以具有层状构造；变质岩在变质作用下岩石受到较高的温度和受到一定方向的挤压力作用，其组成矿物则依一定方向平行排列，因而具有片理构造。矿物成分和结构、构造特征是识别岩石类型的主要依据。

（一）岩浆岩

岩浆岩又称火成岩，是由岩浆冷凝固结而成的岩石。

岩浆岩按其生成环境可分为侵入岩和喷出岩。岩浆侵入地壳内部，缓慢冷却结晶而成的岩浆岩，称为侵入岩。岩浆在岩浆源附近凝结而成

微课：
岩浆岩概述

的岩浆岩，称为深成岩；如果在接近地表不远的地段，但未上升至地表面而凝结的岩浆岩，称为浅成岩。喷出地表在常压下迅速冷凝而成的岩石，称为喷出岩。

岩浆岩在地壳中分布十分广泛，按质量计算，约占地壳总质量的65%，在大陆地表出露普遍。世界上的一些著名高原，像印度的德干高原、美国的哥伦比亚高原，均为巨厚的玄武岩(岩浆岩的一种)所覆盖，整个北美洲玄武岩的覆盖面积约占其全球总面积的五分之一。在世界各大洲，花岗岩(岩浆岩的一种)也广泛出露，如北美地区的巨大岩基等。此外，约占地球表面四分之三的洋底地壳几乎全部由玄武岩构成。在我国的大兴安岭、阴山、祁连山、秦岭、南岭诸山脉及东南沿海和西南诸省均有各种岩浆岩出露。据1980年统计资料，我国花岗岩出露的总面积约86万 km^2，约占全国面积的9%；在南岭地区，花岗岩出露面积占湘、粤、赣三省面积的30%，西南地区的"峨眉山玄武岩"遍布云、贵、川三省，其面积约50万 km^2。

1. 岩浆岩的产状

岩浆岩生成的空间位置、形状和大小称岩浆岩的产状，如图1-2-21所示，按形态分述如下。

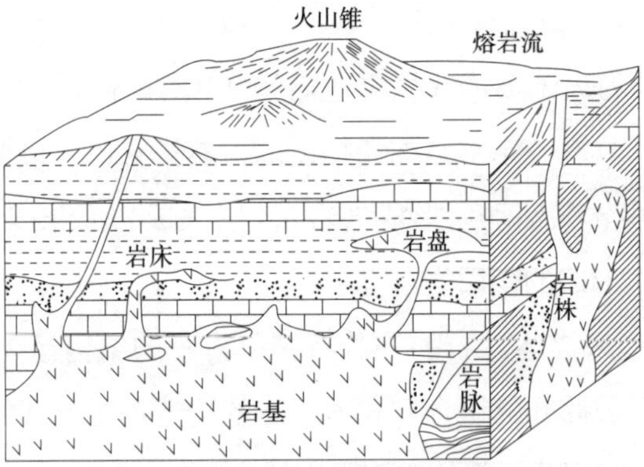

图1-2-21　岩浆岩体的产状

1)深成岩的产状

常见的深成岩的产状有岩基和岩株。

(1)岩基。岩基是一种规模庞大的岩体，分布面积一般大于60km^2，构成岩基的岩石多是花岗岩或花岗闪长岩等，其岩性均匀稳定，是良好的建筑地基。如长江三峡坝址区就是选定在面积约200km^{2}的花岗岩－闪长岩岩基的南部。

(2)岩株。岩株是一种形体较岩基小的岩体，分布面积一般小于60km^2，也是岩性均一的良好地基。

2）浅成岩的产状

常见的浅成岩的产状有岩盘、岩床、岩脉等。

（1）岩盘。岩盘是一种中心厚度较大，底部较平，顶部穹隆状的层间侵入体，分布范围可达数平方公里，多由酸性、中性岩石组成。

（2）岩床。岩床是一种沿原有岩层层面侵入、延伸分布且厚度稳定的层状侵入体，其常见厚度多为几十厘米至几米，延伸长度多为几百米至几千米。组成岩床的岩石以基性岩为主。

（3）岩脉。岩脉是沿岩层裂隙侵入形成的狭长形的岩浆岩体，与围岩层理或片理斜交。

3）喷出岩的产状

岩浆沿火山喷出地表，其喷发方式主要有两种：一是岩浆沿管状通道上涌，从火山口喷发或溢出，称为中心式喷发；二是岩浆沿地壳中狭长的裂隙或断裂带溢出，称为裂隙式喷溢。

喷出岩的产状受其岩浆的成分、黏性、上涌通道的特征、围岩的构造以及地表形态的控制和影响。常见的喷出岩的产状有火山锥、熔岩流和熔岩台地等。

（1）火山锥。黏性较大的岩浆沿火山口喷出地表，猛烈地爆炸喷发火山角砾、火山弹及火山渣，这些较粗的固体喷发物在火山口附近常堆积成火山锥。火山锥的锥体高达数十至数百米，锥体坡角可达30°，锥顶有明显的火山口。

（2）熔岩流和熔岩台地。熔岩流由黏性小、易流动的岩浆沿火山口或断裂喷出或溢出地表形成，厚度较小的熔岩流也称熔岩席或熔岩被。岩浆长时间、缓慢地溢出地表堆积形成的台状高地称为熔岩台地。

2. 岩浆岩的化学成分和矿物成分

（1）岩浆岩的化学成分

绝大多数岩浆以硅酸盐类为主，其中 O、Si、Al、Fe、Ca、Na、K、Mg、H 九种元素占地壳质量的 98.13%，以 O、Si 的含量为最多，占 75.13%，这些元素一般都以氧化物的形式存在。

岩浆岩中的各种氧化物之间有明显的变化规律：当 SiO_2 含量较低时，FeO、MgO 等铁镁质矿物较多；当 SiO_2 和 Al_2O_3 的含量较高时，Na_2O、K_2O 等硅铝质矿物较多。由此根据 SiO_2 的含量把岩浆岩分为四大类，见表 1-2-5。

岩 浆 岩 的 分 类　　　　　　　　表 1-2-5

类型	酸性	中性	基性	超基性
SiO_2 含量(%)	75～65	65～55	55～45	<45

（2）岩浆岩的矿物成分

组成岩浆岩的矿物有 30 多种，但分布最广泛的只有 8 种。这 8 种矿物按颜色深浅分为浅色矿物和深色矿物两类。浅色矿物富含硅、铝，如钾长石、斜长石、石英和白云母等；深色矿物富含铁、镁，如橄榄石、辉石、角闪石和黑云母等。其中，长石占全部岩浆岩矿物总量的 63%，其次是石英，故长石和石英是岩浆岩分类和鉴定的重要依据。

对具体岩石来讲，这些矿物并不是都同时存在，通常岩石仅由其中的两三种主要矿物组成。例如，花岗岩的主要矿物是石英、正长石和黑云母，辉长岩的主要矿物是基性斜长石和辉石。

岩浆岩的矿物组成与其化学成分（硅、铝、铁、镁含量）密切相关，而岩浆岩的颜色则与其矿物组成（浅色矿物、暗色矿物含量）密切相关。从基性岩到中性岩再到酸性岩，岩石中硅、铝含量逐渐增高，铁、镁含量逐渐降低；浅色矿物含量逐渐增多，而暗色矿物含量逐渐减少。所以，从基性岩到中性岩再到酸性岩，岩石的颜色逐渐变浅。

3. 岩浆岩的结构和构造

（1）岩浆岩的结构

岩浆岩的结构指组成矿物的结晶程度、晶粒大小、形态及晶粒之间或晶粒与玻璃质间相互结合的方式。它的结构特征是岩浆冷凝时所处物理化学环境的综合反映。

①岩浆岩按晶粒的绝对大小分为显晶质结构、隐晶质结构和玻璃质结构。

a. 显晶质结构。岩石中的矿物颗粒较大，用肉眼可以分辨并鉴定其特征。一般为深成岩所具有的结构。

b. 隐晶质结构。岩石中矿物颗粒细小，只有在偏光显微镜下方可识别。这种结构比较致密，一般无玻璃光泽和贝壳状断口，常有瓷状断面。

c. 玻璃质结构。岩石由非晶质的玻璃质组成，各种矿物成分混成一个整体，在喷出岩可见。

②岩浆岩按晶粒的相对大小分为等粒结构和不等粒结构。

a. 等粒结构。岩石中同种矿物颗粒大小相近。

b. 不等粒结构。组成岩石的主要矿物结晶颗粒大小不等，相差悬殊。其中晶形完好、颗粒粗大的称斑晶，细粒的微小晶粒或隐晶质、玻璃质叫石基。不等粒结构又分为斑状及似斑状结构。斑状结构是石基为隐晶质或玻璃质的结构，是浅成岩或喷出岩的重要特征。似斑状结构是石基为显晶质的结构，多见于深成岩的边缘或浅成岩中。

（2）岩浆岩的构造

岩石的构造指岩石中各种矿物集合体在空间排列及充填方式上所表现出来的特征。常见的构造形式有以下几种。

①块状构造。矿物在岩石中的排列无一定次序、无一定方向，是不具有任何特殊形象的均匀块体，这是大部分侵入岩所具有的构造。

②流纹状构造。其为在喷出岩中由不同颜色的矿物、玻璃质和拉长气孔等沿一定方向排列，表现出熔岩流动的状态。

③气孔及杏仁状构造。当熔岩喷出时，由于温度和压力骤然降低，岩浆中大量挥发性气体被包裹于冷凝的玻璃质中，气体逐渐逸出，形成各种大小和数量不同的孔洞，称为气孔构造。有的岩石气孔极多，以至岩石呈泡沫状块体，如浮石。如果孔洞中被后期次生方解石、蛋白石等矿物充填，形如杏仁则称为杏仁状构造。

4. 常见的岩浆岩类型

岩浆岩通常根据其成因、矿物成分、化学成分、结构、构造及产状等方面的综合特征分类，见表 1-2-6。

微课：
常见岩浆岩

岩浆岩分类　　　　　　　　　　表 1-2-6

类型			酸性	中性	基性	超基性
SiO$_2$ 含量（%）			75～65	65～55	55～45	<45
化学成分			以 Si、Al 为主		以 Fe、Mg 为主	
颜色（色率，%）			0～30	30～60	60～90	90～100
成因	产状	矿物成分	含长石	含斜长石	不含长石	
		代表岩属	石英 >20%	石英 0%～20%	极少石英	无石英
		结构构造	云母、角闪石	黑云母、角闪石、辉石	角闪石、辉石、黑云母	橄榄石、辉石
喷出岩	喷出堆积	玻璃状或碎屑状	黑耀岩、浮石、火山凝灰岩、火山碎屑岩、火山玻璃			少见

续上表

类型			酸性	中性		基性	超基性
喷出岩	火山锥、岩流、岩被	微粒、斑状、玻璃质结构，块状、气孔状、杏仁状、流纹状等构造	流纹岩	粗面岩	安山岩	玄武岩	苦橄岩
侵入岩	浅成岩	岩基、岩株、岩脉、岩床、岩盘等	半晶质、全晶质、斑状等结构，块状构造	花岗斑岩	正长斑岩	闪长玢岩	辉绿岩	橄玢岩
	深成岩		全晶质、显晶质、粒状等结构，块状构造	花岗岩	正长岩	闪长岩	辉长岩	橄榄岩

（1）酸性岩类

①花岗岩（图1-2-22）。花岗岩属深成岩，多呈肉红色、灰白色，主要矿物（含量≥20%）为石英、正长石和酸性斜长石，次要矿物（含量<20%）有黑云母和角闪石等；全晶质等粒结构，块状构造。花岗岩分布广泛，抗压强度大，质地均匀坚实，颜色美观，是优质的建材。其产状多为岩基、岩株，是良好的建筑物地基。

②花岗斑岩。其成分与花岗岩相似，斑状结构，斑晶主要有钾长石、石英或斜长石，块状构造。

③流纹岩（图1-2-23）。流纹岩呈灰白色、紫红色，斑状结构，斑晶多为斜长石、石英或正长石，流纹状构造，抗压强度略低于花岗岩。

图1-2-22 花岗岩

图1-2-23 流纹岩

（2）中性岩类

①正长岩。正长岩呈肉红色、浅灰色，全晶质等粒结构或似斑状结构，块状构造。其主要矿物为正长石，次要矿物有黑云母、角闪石，含极少量石英，较易风化。正长岩

极少单独产出，主要与花岗岩等共生。

②正长斑岩（图 1-2-24）。正长斑岩为斑状结构，斑晶为正长石，块状构造。

③粗面岩（图 1-2-25）。粗面岩为斑状结构，斑晶为正长石，块状构造，表面具有细小孔隙，表面粗糙。

图 1-2-24　正长斑岩　　　　　　　　图 1-2-25　粗面岩

④闪长岩（图 1-2-26）。闪长岩呈灰色或浅绿灰色，主要矿物为中性斜长石和角闪石，次要矿物有黑云母、辉石等，全晶质等粒结构，块状构造。闪长岩结构致密，强度高，且具有较高的韧性和抗风化能力，是优质建筑石料。

⑤闪长玢岩。闪长玢岩为斑状结构，斑晶为中性斜长石，有时为角闪石，块状构造；常为灰色，如有次生变化，则多为灰绿色。

⑥安山岩（图 1-2-27）。安山岩呈灰绿色、灰紫色，斑状结构，斑晶为角闪石或基性斜长石，块状构造，有时为气孔构造或杏仁构造，是分布较广的中性喷出岩。

图 1-2-26　闪长岩　　　　　　　　图 1-2-27　安山岩

（3）基性岩类

①辉长岩（图 1-2-28）。辉长岩呈灰黑、黑色，主要矿物为基性斜长石和辉石，次要矿物有橄榄石和角闪石，全晶质等粒结构，块状构造。辉长岩强度很高，抗风化能力强。

②辉绿岩(图1-2-29)。辉绿岩呈灰绿色,辉绿结构,块状构造,强度较高,是优良的建筑材料。

③玄武岩。玄武岩呈灰黑色、黑色,隐晶质结构或斑状结构,斑晶为橄榄石、辉石或斜长石,常见气孔状构造、杏仁状构造(图1-2-30)。玄武岩致密坚硬,性脆,强度较高,但是多孔时强度较低,较易风化。

图1-2-28 辉长岩

图1-2-29 辉绿岩

图1-2-30 杏仁橄榄玄武岩

图1-2-31 橄榄岩

(4)超基性岩类

橄榄岩(图1-2-31)呈灰黑、褐至绿色,多为中、粗粒结构,块状构造,主要由橄榄石、镁质辉石等组成,一般无浅色矿物。橄榄石和镁质辉石常因后期变化,部分或全部变为蛇纹石等,使岩石成为石化橄榄岩或蛇纹岩,易于辨认。新鲜的橄榄岩很少见。

5. 岩浆岩的鉴定

一般深成岩常形成岩基等大型侵入体,岩性一般较均一,以中、粗粒结构为主,致密坚硬,空隙率小,透水性弱,抗水性强,故深成岩体常被选为理想的建筑场地。但有些岩体风化层很厚,须采取处理措施。此外,深成岩经过长期地壳变动影响,其完整性和均一性会受到破坏,且有些节理被黏土矿物充填而形成软弱夹层或泥化夹层。

浅成岩以岩床、岩墙、岩脉等状态产出,有时相互穿插。颗粒较细的岩石强度高,不易风化。这些小型侵入体与围岩接触部位岩性不均一,节理发育,岩石破碎,风化蚀变严重,透水性增大。

喷出岩一般原生节理发育,产状不规则,厚度变化大,岩性很不均一,因此强度较低,透水性强,抗风化能力差。但节理不发育、颗粒细或呈致密状的喷出岩,则强度高,抗风化能力强,也属于良好建筑物地基。需注意的是,喷出岩覆盖在其他岩层之上。

常见岩浆岩标本鉴定特征见表 1-2-7。

常见岩浆岩标本鉴定特征　　　　　表 1-2-7

分类	岩石名称	颜色	矿物成分	结　构	构造	鉴别特征	产状	其他地质特征
酸性岩类	花岗岩	肉红色，浅红色，浅黄色，灰白色等	主要为正长石、石英、斜长石，次要为黑云母、角闪石	全晶质等粒(粗、中、细)结构	块状	矿物成分结构	深成岩：岩基	岩性坚硬，强度高，是良好地基和建筑材料，注意节理发育风化
	花岗斑岩	淡红，灰红，肉红，浅红，灰白等色	主要为钾长石、石英、斜长石，次要为黑云母、闪长石	斑状结构：斑晶为正长石、石英，基质是细小的石英、长石、云母	块状	结构上可与花岗岩区别	浅成岩：岩脉，岩墙	野外注意风化厚度
	流纹岩	灰白色、紫红色等	主要为钾长石、石英、斜长石，次要为黑云母、闪长石	斑状结构：斑晶为细小的石英、长石，基质为玻璃质	流纹气孔	流纹结构	喷出岩：熔岩流，岩钟	拉长的气孔不均，大小不等，被沸石填充
中性岩类	正长岩	肉红色、浅灰色等	主要为钾长石和斜长石，次要为角闪石	全晶质等粒(粗、中)结构	块状	与花岗岩的区别：含少量石英或不含	深成岩：岩基，岩株	钾长石具卡氏双晶，斜长石具聚片双晶
	正长斑岩	浅肉红色，灰褐色	主要为钾长石和斜长石，次要为角闪石、黑云母	斑状结构：斑晶为正长石，晶体长板状，卡氏双晶发育，基质为细～微粒结晶或隐晶质	块状	斑状结构	浅成岩：岩墙，岩脉	斑晶自形程度一般较好
	粗面岩	浅灰色，粉红色，淡黄色等	主要为钾长石和斜长石，次要为角闪石、黑云母	斑状结构：斑晶以正长石为主，少量角闪石、黑云母，基质为隐晶、玻璃质	块状	表面粗糙为其特征	喷出岩：岩钟，熔岩流	表面粗糙
	闪长岩	浅灰色，灰色，灰绿色，灰黑色	主要为斜长石、角闪石，次要为黑云母、辉石	全晶质等粒(粗、中)结构	块状	斜长石：灰白色，微带绿，淡红色，多为板状、粒状；角闪石：黑色，墨绿色，长柱状或针状	深成岩：岩基，岩株	有些带白色斑点为方解石加稀盐酸起泡
	闪长玢岩	灰色，灰绿色，灰褐色	主要为斜长石、角闪石，次要为黑云母、辉石	斑状结构：斑晶斜长石，角闪石，有时是辉石或黑云母，故称为玢岩，基质为细晶质或隐晶质	块状	斑状结构，成分与闪长岩相当	浅成岩：岩脉，岩墙	带白色斑点

续上表

分类	岩石名称	颜色	矿物成分	结　构	构造	鉴别特征	产状	其他地质特征
中性岩类	安山岩	灰色，红色，紫色，棕色，灰绿色	主要为斜长石、角闪石，次要为黑云母、辉石	斑状结构：斑晶多为斜长石，有时为角闪石，基质为隐晶质、半晶质、玻璃质	块状、气孔、杏仁状构造	斑晶主要为角闪石或黑云母，宽板状斜长石斑晶	喷出岩：熔岩流，岩钟	柱状节理发育
基性岩类	辉长岩	灰色，灰黑色，暗灰，绿色，黑色	主要为斜长石、辉石，次要为橄榄石、角闪石、黑云母	全晶质中、粗粒结构	块状	斜长石呈厚板状及等轴粒状，聚片双晶发育	深成岩：岩株，岩基	辉石、斜长石经常发生蚀变
	辉绿岩	深灰色，灰绿色，暗绿色，紫灰绿色	主要为斜长石、辉石，次要为橄榄石、角闪石、黑云母	中、细粒结构，隐晶质结构或辉绿结构（岩石由较自形的长条状斜长石微晶和他形粒状微晶的辉石等暗色矿物组成，辉石等暗色矿物充填于杂乱交错的长条状斜长石微晶所组成的空隙中）	块状	辉绿结构，斑状结构	浅成岩：岩床，岩脉，岩墙	具斑状结构的辉绿岩称辉绿玢岩
	玄武岩	灰绿、绿黑或暗紫色	斜长石、辉石和橄榄石	斑状或致密状隐晶结构	气孔、杏仁状构造	密状隐晶结构，气孔、杏仁状构造	喷出岩：熔岩流，岩钟	
超基性岩类	辉岩	黑色，灰黑色，灰褐色，紫褐色	主要为辉石，少量橄榄石	全晶质中、粗粒结构	块状	结构和矿物成分	深成岩：褶皱带岩株	辉石等的含量占90%～100%
	橄榄岩	黑色，橄榄绿色，暗绿色，浅黄、黄绿色	主要为橄榄石，含有不定量的辉石、角闪石	全晶质中、粗粒结构	块状	特有的颜色，常风化蚀变，蛇纹岩化	深成岩：岩基、岩株	新鲜少见，常蚀变为蛇纹岩、滑石菱镁（片）岩、绿色片岩
	黑曜岩	黑色或黑灰色	矿物成分在镜下才能观察到，通常以酸性矿物为多见	非晶质（玻璃质）结构	块状	具玻璃光泽，贝壳状断口	喷出岩：熔岩流	玻璃光泽，贝壳状断口

（二）沉积岩

沉积岩是在地表及地表以下不太深的地方形成的地质体，它是在常温常压条件下，由风化作用、生物作用和火山作用的产物经过介质的搬运、沉积作用使松散沉积物压实、胶结而成。该定义表明沉积岩主要是外动力地质作用的结果，其物质来源、固结成岩方式、形成的物理化学

微课：沉积岩成因和物质组成

条件（温度、压力、介质）均与岩浆岩截然不同。

据统计，沉积岩在地壳表层分布最广，占陆地面积的75%，但体积只占地壳的5%（岩浆岩和变质岩共占95%）。沉积岩分布的厚度各处不一，且深度有限，一般不过几百米，仅在局部地区才有数千米甚至上万米的巨厚沉积。

沉积岩记录着地壳演变的漫长过程，地壳最老的岩石年龄为46亿年，而沉积岩最老的就达36亿年（位于俄罗斯的科拉半岛）。在沉积岩中蕴藏着大量矿产，如煤、铝土矿、石灰岩等，不仅矿种多而且储量大，具有重要的工业价值。另外，各种工程建筑（如道路、桥梁、水坝、矿山等）几乎都以沉积岩为地基。因此，研究沉积岩的形成条件、组成成分、结构和构造特征有着很重要的意义。

1. 沉积岩的形成

沉积岩的形成过程是一个长期而复杂的外力地质作用过程，一般可分为四个阶段。

（1）松散破碎阶段

地表或接近于地表的各种先成岩石，在温度变化及大气、水、生物的长期作用下逐步破碎成大小不同的碎屑，有时原来岩石的矿物成分和化学成分也会发生改变，形成一种新的风化产物。

（2）搬运作用阶段

岩石经风化作用形成的产物，除少部分残留在原地堆积外，大部分被剥离原地，经流水、风及重力等作用搬运到低地。在搬运过程中，岩石的不稳定成分继续风化破碎，破碎物质经受磨蚀，其棱角被不断磨圆，颗粒逐渐变细。

（3）沉积作用阶段

当搬运力逐渐减弱时，被携带的物质便陆续沉积下来。在沉积过程中，大的、重的颗粒先沉积，小的、轻的颗粒后沉积。因此，沉积物具有明显的分选性。最初沉积的物质呈松散状态，称为松散沉积物。

（4）固结成岩阶段

松散沉积物转变成坚硬沉积岩的阶段即为固结成岩阶段。固结成岩作用主要有压实、胶结、重结晶三种。

2. 沉积岩的物质组成

（1）沉积岩的化学成分

沉积岩和岩浆岩两类岩石的化学成分十分相似，其原因主要在于沉积岩物质来自岩浆岩的风化产物。但由于两者成因迥然不同，所以在化学成分方面也有一些重大差异，

见表 1-2-8。这些差异主要表现如下:

①在 Fe_2O_3 和 FeO 的对比关系上,沉积岩和岩浆岩中铁的总量相差不多,但沉积岩中 Fe_2O_3 的含量高于 FeO,而岩浆岩中则 FeO 略高于 Fe_2O_3。这显然是因为沉积岩形成于地表,在富含自由氧氧化的条件下使大部分 Fe^{2+} 氧化为 Fe^{3+} 所致。

②在 Na_2O 和 K_2O 的对比关系上,沉积岩中 K_2O 的含量多于 Na_2O,而岩浆岩中则相反。其主要原因是岩浆岩风化分解后产生的 Na_2O 常形成易溶盐类(氧化物、硫酸盐类)被带进海水中,而含钾矿物如白云母在表生条件下较稳定,黏土矿物又易于吸附钾离子,故母岩中的 K_2O 大部分含在白云母碎屑和黏土吸附物中进入沉积岩。

③沉积岩中富含 H_2O 和 CO_2,这显然是由于沉积岩形成于表生(地表生态)条件下所致。

沉积岩和岩浆岩平均化学成分 　　　　　表 1-2-8

氧 化 物	沉积岩(%)	岩浆岩(%)
SiO_2	57.95	59.14
TiO_2	0.57	1.05
Al_2O_3	13.39	15.34
Fe_2O_3	3.47	3.08
FeO	2.08	3.80
MnO	—	0.12
MgO	2.65	3.49
CaO	5.89	5.08
Na_2O	1.13	3.84
K_2O	2.86	3.13
P_2O_3	0.13	0.30
CO_2	5.38	0.10
H_2O	3.23	1.15
其他	1.27	0.38
总计	100.00	100.00

（2）沉积岩的矿物组成

沉积岩是一种次生岩石，其物质成分除了岩浆岩等原来的岩石、矿物的碎屑外，还有一些在外生条件下形成的矿物，如黏土和一些胶体矿物、易溶盐类、来自生物遗体的硬体（骨骼、甲壳等）和有机质等。某些矿物是沉积岩特有的，见表 1-2-9。

沉积岩和岩浆岩平均矿物成分　　　　　表 1-2-9

矿　物	沉积岩（%）	岩浆岩（%）	备　注
黏土矿物	11.51	—	沉积岩的特有矿物
白云石及部分菱镁矿	9.07	—	
方解石	4.25	—	
沉积铁质矿物	4.00	—	
石膏及硬石膏	0.97	—	
磷酸盐矿物	0.15	—	
有机质	0.73	—	
石英	34.80	20.40	沉积岩和岩浆岩共有矿物
白云母	15.11	3.85	
正长石	11.02	14.85	
钠长石	4.55	25.60	
钙长石	—	9.80	
磁铁矿	0.07	3.15	
钛铁矿	0.02	1.45	
辉石	—	12.10	岩浆岩特有矿物
黑云母	—	3.85	
橄榄石	—	2.55	
角闪石	—	1.66	

①碎屑物质。原岩经风化破碎而生成的呈碎屑状态的物质。其中主要有矿物碎屑

(石英、长石、白云母等)、岩石碎块、火山碎屑等。而形成于高温高压环境的橄榄石、辉石、角闪石、黑云母、基性斜长石等,在沉积岩中含量为零。岩浆岩中的石英在表生条件下稳定性较好,一般以碎屑物形式出现于沉积岩中。

②黏土矿物。主要是一些原生矿物经化学风化作用所形成的次生矿物。它们是在常温常压下,在富含二氧化碳和水的表生环境下形成的。主要有高岭石、伊利石、蒙脱石等。这些矿物粒径小于0.002mm,具有很强的亲水性、可塑性及膨胀性。

③化学沉积矿物。由化学作用从溶液中沉淀结晶产生的沉积矿物,如方解石、白云石、石膏、铁锰的氧化物及氢氧化物等。

④有机质及生物残骸。由生物残骸或有机化学反应而成的物质,如贝壳、珊瑚礁、泥炭及其他有机质等。

⑤胶结物。常见的有硅质(SiO_2)、铁质(Fe_2O_3)、钙质($CaCO_3$)、泥质(黏土矿物)等,不同的胶结物对沉积岩的颜色和岩石强度有很大影响。

a.硅质胶结。胶结物主要是隐晶质石英或非晶质SiO_2,多呈灰白或浅黄色,质坚,抗压强度高,耐风化能力强。

b.钙质胶结。胶结物主要是方解石、白云石,多呈灰色、青灰色、灰黄色。岩石的强度和坚固性高,但具可溶性,遇稀盐酸作用会发生起泡反应。

c.泥质胶结。胶结物主要为黏土矿物,呈黄褐色、灰黄色,胶结松散、易碎,抗风化能力弱,强度低,遇水易软化。

d.铁质胶结。胶结物主要组分为铁的氧化物和氢氧化物,多呈棕、红、褐、黄褐等色,胶结紧密,强度高,但抗风化能力弱。

e.石膏质胶结。胶结物成分为$CaSO_4$,硬度小,胶结不紧密。胶结物在沉积岩中的含量为25%左右,若其含量超过25%,即可参与岩石的命名。例如,钙质长石石英砂岩,即是长石石英砂岩中钙质胶结物含量超过了25%。

3.沉积岩的结构

沉积岩的结构是指组成岩石的物质颗粒大小、形状及其组合关系,它是沉积岩分类命名的重要依据。

微课:
沉积岩结构和构造

(1)碎屑结构

由原岩经机械破碎和搬运的碎屑物质(包括矿物碎屑和岩石碎屑),在沉积成岩过程中被胶结而成的结构,称为碎屑结构。碎屑结构是碎屑岩特有的结构。

①按碎屑粒径的大小可分为砾状结构、砂质结构和粉砂质结构,见表1-2-10。

碎屑结构类型及碎屑岩名称　　　　　　表 1-2-10

结构名称		体质颗粒大小（mm）	碎屑岩名称
砾状结构	砾状结构	>2.0	砾岩
	角砾状结构		角砾岩
砂质结构	粗砂结构	0.5～2.0	粗粒砂岩
	中砂结构	0.25～0.5	中粒砂岩
	细砂结构	0.05～0.25	细粒砂岩
粉砂质结构		0.005～0.05	粉砂岩

②根据颗粒外形分为棱角状结构、次棱角状结构、次圆状结构和滚圆状结构。碎屑颗粒磨圆程度受颗粒硬度、相对密度及搬运距离等因素影响。

③按胶结类型可分为基底式胶结、孔隙式胶结和接触式胶结，如图 1-2-32 所示。当胶结物含量较大时，碎屑颗粒孤立地分散于胶结物之中，互不接触，且距离较大，此时碎屑颗粒散布在胶结物的基底之上，故称基底式胶结。当胶结物含量不大时，碎屑颗粒互相接触，胶结物充填在颗粒之间的孔隙中，则称为孔隙式胶结。当只在颗粒接触附近才有胶结物，并且颗粒间的孔隙大都是空洞时，则称为接触式胶结。

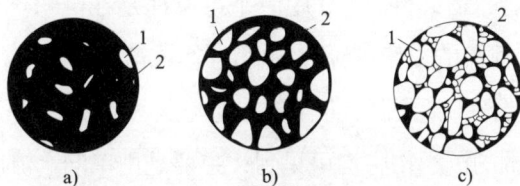

图 1-2-32　碎屑岩的胶结类型

a）基底式胶结；b）孔隙式胶结；c）接触式胶结

1- 碎屑颗粒；2- 胶结物

（2）黏土结构（泥质结构）

由粒径小于 0.005mm 的陆源碎屑和黏土矿物经过机械沉积而成的结构，称为黏土结构。黏土结构外观呈均匀致密的泥质状态，其特点是手摸有滑感，用刀切呈平滑面，断口平坦。

（3）化学结晶结构

化学结晶结构是溶液中沉淀或重结晶，纯化学成因所形成的结构。它是溶液中溶质达到过饱和后逐渐积聚生成的。石灰岩、白云岩多具有该结构。

（4）生物结构

岩石大部分或全部以生物遗体或碎片所组成的结构，称为生物结构。

4. 沉积岩的构造

岩石的构造指岩石各组成部分的空间分布和排列方式所呈现的宏观特征。只有在野外，沉积岩露头才可以观察。

（1）层理构造

由于季节、沉积环境的改变，使先后沉积的物质在颗粒大小、颜色和成分上发生相应的变化，从而显示出来的成层现象即层理。层理分为平行层理、斜交层理、交错层理，如图 1-2-33 所示。不同类型的层理反映了沉积岩形成时的古地理环境的变化。

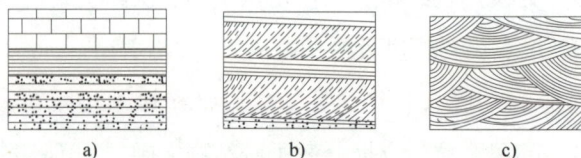

图 1-2-33　沉积岩层理形态示意图

a）平行层理；b）斜交层理；c）交错层理

①平行层理。平行层理的层理面与层面相互平行，如图 1-2-34 所示。这种层理主要见于细粒岩石（黏土岩、粉细砂岩等）中。平行层理是在沉积环境比较稳定的条件下（如广阔的海洋和湖底、河流的堤岸带等），由悬浮物或溶液缓慢沉积而形成的。

②斜交层理。斜交层理的层理面向一个方向与层面斜交，如图 1-2-35 所示。这种层理在河流及滨海三角洲的沉积物中均可见到，主要是由单向水流所造成的。

③交错层理。交错层理的层理面以多组不同方向与层面斜交，如图 1-2-36 所示。交错层理经常出现在风沉积物（如沙丘）或浅海沉积物中，是由于风向或水流动方向变化而形成的。

图 1-2-34　平行层理

图 1-2-35　斜交层理

图 1-2-36　交错层理

（2）层间构造

层间构造指不同厚度、不同岩性的层状岩石之间层位上发生变化的现象，有尖灭体、透镜体、夹层等类型。性质不同的岩石之间的接触面称为层面，上下层面间成分基本一致的岩石称为岩层。

有些岩层一端厚，另一端逐渐变薄以至消失，这种现象称为尖灭层。若岩层中间厚，而在两端不远处的距离内尖灭，则称为透镜体，如图 1-2-37 所示。

图 1-2-37　透镜体及尖灭层示意图

（3）层面构造

层面构造指未固结的沉积物，由于搬运介质的机械原因或自然条件的变化及生物活动，在层面上留下痕迹并被保存下来，如波痕、泥裂、雨痕、恐龙脚印等。

①波痕。波痕是指沉积物在沉积过程中，由于风力、流水或海浪等的作用，在沉积岩层面保留下来的波浪痕迹。它是沉积介质动荡的标志，见于岩层顶面，如图 1-2-38 所示。

②泥裂。滨海或滨湖地带沉积物未固结时露出地表，由于气候干燥，经过日晒，沉积物表面干裂，发育成多边形的裂缝，裂缝断面呈"V"字形，并为后期泥、砂等所填充，如图 1-2-39 所示。

图 1-2-38　波痕　　　　　　　图 1-2-39　泥裂

③雨痕、雹痕。雨痕、雹痕是沉积物表面受雨点或冰雹打击留下的痕迹。

（4）结核

结核是指岩体中成分、结构、构造和颜色等不同于周围岩石的某些集合体的团块。结核常为圆球形、椭球形、透镜状及不规则形态，常见有硅质、钙质、磷质、铁锰质和黄铁矿结核等。例如，石灰岩中的燧石结核，主要是 SiO_2 在沉积物沉积的同时以胶体凝聚方式形成的；黄土中的钙质结核，是地下水从沉积物中溶解 $CaCO_3$ 后在适当地点再结晶凝聚形成的。

（5）生物构造

生物构造是指生物遗体、生物活动痕迹和生态特征等在沉积过程中被埋藏固结成岩而保留的构造，如化石、虫迹、虫孔、生物礁体、叠层构造等。

在沉积过程中，若有各种生物遗体或遗迹（如动物的骨骼、甲壳、蛋卵、粪便、足迹，植物的根、茎、叶等）埋藏于沉积物中，后经石化交代作用保留在岩石中，则称为化石。

5. 常见沉积岩类型

由于沉积岩的形成过程比较复杂，目前对沉积岩的分类方法尚不统一，但是通常是依据岩石的成因、结构、构造等方面的特征进行分类的，见表 1-2-11。

微课:
常见沉积岩

沉积岩分类   表 1-2-11

岩　类		结　构	岩石分类名称	主要亚类及其组成物质
碎屑岩类	火山碎屑岩	粒径 >100mm	火山集块岩	主要由大于 100mm 的熔岩碎块、火山灰尘等经压密胶结而成
		粒径 2～100mm	火山角砾岩	主要由 2～100mm 的熔岩碎屑、晶屑、玻屑及其他碎屑混合物组成
		粒径 <2mm	凝灰岩	由 50% 以上粒径 <2mm 的火山灰组成，其中有岩屑、晶屑、玻屑等细粒碎屑物质
	沉积碎屑岩	碎屑结构	砾状结构（粒径 >2mm）	砾岩、角砾岩	角砾岩由带棱角的角砾经胶结而成；砾岩由浑圆的砾石经胶结而成
			砂质结构（粒径 0.074～2mm）	砂岩	石英砂岩：石英（含量 >90%）、长石和岩屑（<10%） 长石砂岩：石英（含量 <75%）、长石（>25%）、岩屑（<10%） 岩屑砂岩：石英（含量 <75%）、长石（<10%）、岩屑（>25%）
			粉砂结构（粒径 0.002～0.074mm）	粉砂岩	主要由石英、长石及黏土矿物组成
黏土岩类		泥质结构（粒径 <0.002mm）	泥岩	主要由高岭石、微晶高岭石及水云母等黏土矿物组成
			页岩	黏土质页岩：由黏土矿物组成 碳质页岩：由黏土矿物及有机质组成
化学及生物化学岩类		结晶结构及生物结构	石灰岩	石灰岩：方解石（含量 >90%）、黏土矿物（<10%） 泥灰岩：方解石（含量 75%～50%）、黏土矿物（25%～50%）
			白云岩	白云岩：白云石（含量 90%～100%）、方解石（<10%） 灰质白云岩：白云石（含量 50%～75%）、方解石（50%～25%）

（1）碎屑岩类

①火山碎屑岩。

火山集块岩：由 50% 以上粒径大于 100mm 的火山熔岩碎块及细小的火山碎屑和火山灰充填胶结而成，集块结构，岩块坚硬，如图 1-2-40 所示。

火山角砾岩：粒径 2 ～ 100mm 的碎屑占 50% 以上，胶结物为火山灰，火山角砾结构，块状构造。

凝灰岩：由粒径小于 2mm 的火山灰组成，凝灰结构，块状构造，密度小，易风化。

②沉积碎屑岩。

砾岩（图 1-2-41）及角砾岩：由 50% 以上粒径大于 2mm 的砾或角砾胶结而成，砾状结构，块状构造。硅质胶结的石英砾岩，非常坚硬，开采加工较困难，泥质胶结的则相反。

砂岩：由 50% 以上粒径在 0.074 ～ 2mm 的砂粒胶结而成，砂粒主要成分为石英、长石及岩屑等，砂状结构，层理构造。砂岩为多孔岩石，如图 1-2-42 所示，孔隙越多，透水性和蓄水性越好。砂岩强度主要取决于砂粒成分、胶结物的成分和胶结类型等。其抗压强度差异较大，由于多数砂岩岩性坚硬而脆，在地质构造作用下张裂隙发育，所以，常具有较强的透水性。

粉砂岩：由 50% 以上粒径在 0.002 ～ 0.074mm 的粉砂胶结而成的；粉砂质结构，层理构造，结构疏松，强度不大，稳定性不高。成分主要是石英，其次是白云母、长石和黏土矿物等，胶结物多为泥质。因颗粒细小，肉眼难以区分成分及胶结物。具有代表性的未固结的沉积物有黄土等。红色薄层细粉砂岩见图 1-2-43。

图 1-2-40　火山集块岩

图 1-2-41　砾岩

图 1-2-42　砂岩

图 1-2-43　红色薄层细粉砂岩

（2）黏土岩类

泥岩：主要由黏土矿物经脱水固结而形成，黏土结构，层理不明显，呈块状构造，如图1-2-44所示。泥岩固结不紧密、不牢固，强度较低，一般干试样的抗压强度在5～30MPa之间。遇水易软化，强度显著降低，饱水试样的抗压强度可降低50%左右。

页岩：主要由黏土矿物经脱水固结而形成，黏土结构，页理构造，富含化石，如图1-2-45所示。一般情况下，页岩岩性松软，易于风化成碎片状，强度低，遇水易软化而丧失其稳定性。

图1-2-44　泥岩　　　　　　　　　　　图1-2-45　页岩

（3）化学岩及生物化学岩类

石灰岩：简称灰岩，化学结晶结构，生物结构，块状构造。其主要由方解石组成，次要矿物有白云石、黏土矿物等。质纯者为浅色，若含有机质及杂质则色深。石灰岩致密、性脆，一般抗压强度较差。石灰岩分布很广，是烧制石灰和水泥的重要原材料，也是用途很广的建筑石材。如图1-2-46、图1-2-47所示分别是深灰色微晶灰岩、竹叶状灰岩。

图1-2-46　深灰色微晶灰岩　　　　　　图1-2-47　竹叶状灰岩

白云岩：主要由白云石和方解石组成，颜色灰白，略带淡黄、淡红色；化学结晶结构，块状构造，可作高级耐火材料和建筑石料。

泥灰岩：主要由方解石和黏土矿物（含量在 25% ~ 50%）组成，化学结晶结构，块状构造；抗压强度低，遇水易软化，可作水泥原料。

6. 沉积岩的鉴定

鉴别化学及生物化学类岩石要特别注意其与盐酸试剂的反应，石灰岩在常温下遇稀盐酸剧烈起泡；泥灰岩遇稀盐酸起泡后留有泥点；白云岩在常温下遇稀盐酸不起泡，但加热或研成粉末后则起泡。多数岩石结构致密，性质坚硬，强度较高，但是具有可溶性，在水流的作用下会形成溶蚀裂隙、洞穴、地下河等，对基础工程影响很大。常见沉积岩标本鉴定特征见表 1-2-12。

常见沉积岩标本鉴定特征表　　　　表 1-2-12

分类	岩石名称	颜色	胶结物	结构	构造	物质成分	其 他 特 征
火山碎屑岩	凝灰岩	紫红、灰绿等色	凝灰质或泥质	火山碎屑结构（粒径<2mm）	块状、层状	熔岩及围岩块，其中常含：石英、长石、云母等矿物晶体	岩石外貌特征很像细砂岩，但颗粒不均、颜色不同，是很好的建筑材料，也可用作水泥原料，具有吸水性，强度取决于胶结物
	火山角砾岩	灰、黄、绿、红、灰绿等色	凝灰质	火山碎屑结构（粒径2~100mm）	层状、块状	熔岩、角砾岩	棱角状，颜色杂，强度取决于胶结物，具有孔隙透水性
	火山集块岩	灰、黄、绿	火山灰及熔岩	火山碎屑结构（粒径100mm）	层状、块状	火山碎屑	火山碎屑物常为纺锤形，椭球形火山弹以及熔岩碎块，围岩角砾，强度取决于胶结物，具有孔隙透水性
沉积碎屑岩	砾岩，角砾岩	由胶结物及岩屑色决定	钙质、铁质、硅质、泥质	碎屑结构（粒径>2mm）	层状、块状	石英、岩屑	磨圆度较好的为砾岩，岩屑未经磨圆而带棱角的为角砾岩
	砂岩，石英砂岩，铁质砂岩，粉砂岩	白、灰白、黄白、浅红、浅灰、浅绿色	硅质、钙质、铁质、泥质	粗砂状、中砂状、细砂状、粉砂状	层理	石英、长石	（1）石英砂岩：基质少、石英含量>95%，一般为硅质胶结，色白而硬，磨圆度和分选性较好； （2）长石砂岩：长石含量>25%，呈浅红色或浅灰色，磨圆度和分选性较差，主要为钙质或铁质胶结物； （3）杂砂岩：石英含量为25%~50%，长石15%~25%，并有大量暗色矿物，胶结物主要为黏土矿物，颜色为灰色、深灰色、浅红色、浅绿色； （4）粉砂岩：碎屑成分以石英为主，其次为长石、云母、绿泥石和黏土物质，颜色为褐黄、粉红、浅绿等色，胶结物以钙质、泥质为主，也可见铁质、硅质

续上表

分类	岩石名称	颜色	胶结物	结构	构造	物质成分	其他特征
黏土岩类	页岩	黑色、灰色、浅绿、浅黄、紫红、褐色、浅红色等	泥质	泥质结构	页理	黏土矿物，石英，云母，绿泥石	呈薄片状，表面发暗无光，易风化，遇水软化，可塑性、工程地质性质较差。按混入成分有： (1)钙质页岩：富含$CaCO_3$，遇稀盐酸起泡； (2)硅质页岩：富含SiO_2，小刀刻不动； (3)碳质页岩：含有大量植物碎片，易污手； (4)黑色页岩：富含硫化铁和有机质； (5)油页岩：含沥青质，用小刀划之有连续的刨花状薄片
黏土岩类	泥岩	浅红、褐色、浅黄色、灰色等	泥质	泥质结构	块状	黏土矿物，石英，云母，绿泥石	固结程度高，较坚硬，遇水不变软，不具页理，呈块状，摸之有滑感
化学及生物化学岩类	石灰岩	颜色多样，多为浅灰、深灰、咖啡色等	无	结晶粒状隐晶质、生物碎屑、鲕状、竹叶状结构	层状、块状	主要为方解石，少量白云石等	遇冷稀盐酸起泡，与含CO_2的水作用时被溶蚀，易溶化，使工程地质性质变坏
化学及生物化学岩类	白云岩	浅黄色、淡红色、灰白色、灰褐色等	无	隐晶质、结晶质、生物或碎屑结构	层状、块状	主要为白云石，少量方解石	岩石表面形似刀砍状，遇冷稀盐酸不起泡或起泡不剧烈，其粉末遇热稀盐酸起泡剧烈
化学及生物化学岩类	泥灰岩	浅黄、浅灰、浅绿红、棕黄褐色等	泥质	隐晶质或微粒结构	层状、块状	方解石，黏土矿物	与盐酸反应后，有泥质残留物出现，易风化破碎，强度低，工程地质性质较差

（三）变质岩

地壳中原岩(岩浆岩、沉积岩和变质岩)受到温度、压力及化学活动性流体的影响，在固体状态下(或局部重融)发生剧烈变化后形成的岩石称变质岩。变质岩中蕴藏着丰富的矿产资源，同时部分变质岩也是良好的建筑材料。

微课：
变质岩概述

变质岩分布很广，前寒武纪地层中广泛发育着古老的变质岩，约占大陆面积的18%，大洋底也有分布。我国广泛出露各种变质岩，大多在秦岭、天山、阴山、燕山及山东、辽宁、山西、河北等地。

1. 变质作用

变质作用是指已经存在的岩石受物理条件和化学条件变化的影响，改变其结构、构造和矿物成分，使之成为一种新的岩石的转变过程。

（1）变质作用的影响因素

影响因素主要包括温度、压力和化学活动性流体等。温度的改变一般是引起变质作用的主要因素。热能主要有两种来源：地壳中放射性同位素衰变释放的热能和深部重力分异产生的热能。

引起岩石变质的压力包括上覆岩石重力引起的静压力、侵入岩体空隙中的流体所形成的压力及地壳运动或岩浆活动产生的定向压力。化学活动性流体则是以岩浆、H_2O、CO_2为主，其次还包括一些易挥发、易流动物质的流体。

（2）变质作用的类型

根据变质作用的地质成因和变质作用因素，可将变质作用分为以下几种类型。

①接触变质作用。

接触变质作用是指当岩浆侵入围岩时，围岩的接触带受到岩浆高温及其分异出来的挥发成分及热液的影响而发生的一种变质作用。根据变质过程中岩浆与接触带之间有无化学成分的相互交代，接触变质作用可分为热接触变质作用和接触交代变质作用两种类型。

a. 热接触变质作用。热接触变质作用也称热力变质作用，是指由于岩浆侵入释放的热能使接触带附近围岩的矿物成分、结构和构造等发生变化的一种变质作用。这种作用主要表现为原岩成分经重结晶产生新的矿物组合和新的结构、构造，而化学成分基本上没有发生变化，如石灰岩变为大理岩，砂岩变为石英砂岩等。

b. 接触交代变质作用。接触交代变质作用是指由于岩浆成分结晶晚期析出大量挥发成分的一种变质作用。这种作用与热接触变质作用的区别在于，围岩温度升高的同时还有化学成分的进入和带出。接触交代变质作用主要发生在酸性、中性侵入体与石灰岩的接触带，而且往往产生矽卡岩。

②动力变质作用。

在构造运动过程中，岩石在定向压力作用下而发生的变形、破碎甚至重结晶的作用，称为动力变质作用。动力变质作用主要发生在地壳较浅的部位、构造变形强烈的断裂带附近，多呈狭长带状分布。

③区域变质作用。

在一个范围较大的区域内，由于区域性的地壳运动和岩浆活动影响而引起岩石发生变质的作用，称为区域变质作用。区域变质作用一般分布范围广，延续时间长，具有区域性。在山东泰山、山西五台山、河南嵩山等地分布的古老变质岩都是由区域变质作用形成的。区域变质岩的岩性在很大范围内比较均一，其强度取决于岩石本身的结构、构造和矿物成分。

由于变质作用一般不改变原生岩石的产状，因此产状不能作为变质岩的特征。但是如果受到强烈的挤压，原生岩石的产状也可能发生某些变化，如原生岩体在压力作用方向上受到强烈的压缩等。

2. 变质岩的物质成分

岩石变质后，其化学成分和矿物组成都会发生变化。

变质岩的化学成分一方面取决于原岩成分，另一方面受变质过程的影响。在变质过程中，若无明显的物质交换，则变质前后的化学成分变化不大，变质岩的化学成分可以反映原岩的化学成分特征。如黏土岩变质而成的千枚岩、白云母片岩和含夕线石的片麻岩，其化学成分和黏土岩基本相同。若变质过程中发生明显的物质交换，则变质岩的化学成分除受原岩的化学成分决定外，还受变质过程带入和带出组分的影响。

变质岩的矿物成分有一定的继承性，经过变质作用也产生了一系列新矿物。变质作用后仍保留的部分矿物称残留矿物，如石英、长石、角闪石、辉石等。原岩经变质后出现某些具有自身特征的矿物称变质矿物，它们都是变质岩所特有的矿物，如石墨、滑石、蛇纹石、绿泥石、石榴子石、硅灰石、十字石、红柱石、蓝晶石、夕线石、堇青石等。这些变质矿物多为纤维状、鳞片状、柱状。

3. 变质岩的结构

变质岩的结构是指组成变质岩的矿物的结晶程度、形状、大小及其相互之间的关系。一般变质岩结构按成因可分为变晶结构、变余结构、碎裂结构、交代结构。

（1）变晶结构

变晶结构是指岩石在固态条件下，岩石中的各种矿物经重结晶或重组合作用后形成的结晶质结构。该类结构中无玻璃质，矿物多呈定向排列。按变晶矿物颗粒的形状可分为粒状变晶结构、鳞片变晶结构、纤维状变晶结构等，这是变质岩中最常见的结构。

（2）变余结构（残留结构）

变余结构是指由于变质程度低，重结晶作用不完全，仍残留原来的一些结构特征。这种结构在变质程度较低的变质岩中较常见，如变余砂状结构、变余砾状结构、变余火山碎屑结构等。

（3）碎裂结构（压碎结构）

碎裂结构是动力变质作用所造成的一种结构，是在定向压力影响下，岩石中的矿物颗粒发生弯曲、破裂、断开，甚至被研磨成细小的碎屑而成的结构。

（4）交代结构

交代结构是交代作用形成的结构，即矿物的一些物质成分被另外的物质替代，一般在显微镜下才能观察到。

4. 变质岩的构造

变质岩的构造指岩石中矿物在空间排列关系上的外貌特征。常见的变质岩的构造特征有：片理构造、变余构造和块状构造等。其中，片理构造是变质岩区别其他岩类的重要特征，也是变质岩在外观上的显著标志。

（1）片理构造

片理构造指岩石中片状、针状、柱状或板状矿物受定向压力作用重新组合，呈相互平行排列的现象。能顺着矿物定向排列方向剥裂开的面称片理面。根据片理构造的形态可分为以下几类：

①板状构造。在温度不高而以压力为主的变质作用下，由显微片状矿物平行排列成密集的板状劈理面（板理面），以隐晶质为主；岩石结构致密，所含矿物肉眼不能分辨，板理面上有弱丝绢光泽，能沿一定方向分裂成均一厚度的薄板。

②千枚状构造。岩石中矿物重结晶程度比板岩高，其中各组分基本已重结晶并呈定向排列，结晶程度较低而使肉眼尚不能分辨矿物，仅在岩石的自然破裂面上可见较强的丝绢光泽，该光泽因绢云母、绿泥石、小鳞片而产生。

③片状构造。原岩经区域变质、重结晶作用，使片状、柱状、板状矿物平行排列成连续的薄片状，岩石中各组分全部重结晶，而且肉眼可以看出矿物颗粒，片理面上光泽很强。

④片麻状构造。这是一种变质程度很深的构造，不同矿物（粒状、片状相间）定向排列，呈大致平行的断续条带状，沿片理面不易劈开。它们的结晶程度都比较高。

（2）块状构造

岩石由粒状结晶矿物组成，无定向排列，也不能定向裂开。

5. 常见的变质岩

变质岩根据其构造特征可分为片理状岩类和块状岩类，见表1-2-13。

微课：
常见变质岩

主要变质岩分类   表 1-2-13

岩　类	构　造	岩石名称	主要矿物成分	原　岩
片理状岩类	板状构造	板岩	黏土矿物、绢云母、绿泥石、石英等	黏土岩、粉砂岩、凝灰岩
	千枚状构造	千枚岩	绢云母、绿泥石、石英等	黏土岩、粉砂岩、凝灰岩
	片状构造	片岩	云母、滑石、绿泥石、石英等	黏土岩、砂岩、岩浆岩、凝灰岩
	片麻状构造	片麻岩	石英、长石、云母、角闪石等	中、酸性岩浆岩、砂岩、粉砂岩、黏土岩
块状岩类	块状构造	石英岩、大理岩	石英岩以石英为主，含长石，有时含云母、大理岩以方解石、白云石为主	砂岩、硅质岩、石灰岩、白云岩

图 1-2-48　板岩

图 1-2-49　千枚岩

（1）片理状岩类

①板岩（图 1-2-48）。板岩属浅变质岩；颜色多种，击之发出清脆的石板声，变余结构，板状构造；矿物颗粒细小，呈致密状。板岩是低级变质作用的产物，原岩为黏土岩（泥岩、页岩）、粉砂岩、中酸性凝灰岩等，由浅变质而形成的；以颜色和杂质命名，如红色板岩、碳质板岩、钙质板岩等。其沿劈理易于裂开成薄板状，能加工成各种尺寸的石板，可用作建筑材料。但在水的长期作用下可能软化，形成软弱夹层。板岩透水性很弱，可作隔水层。

②千枚岩（图 1-2-49）。千枚岩属浅变质岩；变晶结构，千枚状构造；常见矿物有绢云母、绿泥石、石英等。其原岩和板岩相同，变质程度较板岩略高，仍属低级变质岩。千枚岩按颜色和特征矿物命名，如绿色千枚岩、绿泥石千枚岩。矿物大部分重结晶，新生矿物颗粒较板岩粗大，有时部分绢云母有渐变为白云母的趋势。岩石中片状矿物形成细而薄的连续的片理，沿片理面呈定向排列，致使这类岩石具有明显的丝绢光泽。该岩石的质地松软，强度低，易风化剥落，沿片理面滑塌。

③片岩。片岩属中深变质岩，分布广泛；鳞片状或纤维状变晶结构，片理构造；常见矿物有云母、滑石、绿泥石、石英等，片岩中不含或很少含长石。其原岩类型比较复杂，

可以是超基性岩、基性岩、火山凝灰岩、砂岩、黏土岩等。一般根据片岩中片状矿物种类不同命名，如角闪石片岩（图1-2-50）、白云母石英片岩（图1-2-51）、滑石片岩等。因其片理发育，片状矿物含量高，岩石强度低，抗风化能力差，极易风化剥落，甚至发生滑塌。

④片麻岩。属深变质岩，在前寒武纪古老结晶基底上及以后的造山带中大面积分布；粒状变晶结构，晶粒粗大；片麻状构造；其主要矿物是石英、长石等，其次是云母、角闪石、辉石等。片麻岩强度较高，可用作各种建筑材料，使用时注意其云母含量对强度产生的影响。如图1-2-52所示为白云钾长片麻岩。

图1-2-50　角闪石片岩 　　　　图1-2-51　白云母石英片岩 　　　　图1-2-52　白云钾长片麻岩

（2）块状岩类

①大理岩。由钙、镁碳酸盐类（石灰岩、白云岩等）沉积岩变质形成，具粒状变晶结构，块状构造，也有条带状构造，见图1-2-53。其主要矿物成分为方解石、白云石，总量大于50%。大理岩以云南大理市盛产优质的此种岩石而得名。洁白的细粒大理岩（汉白玉）和带有各种花纹的大理岩常用作建筑材料和各种装饰石料等。大理岩与盐酸作用起泡，具有可溶性。

图1-2-53　大理岩

②石英岩。由石英砂岩和硅质岩经变质而成；一般呈粒状变晶结构，块状构造。变质以后石英颗粒和硅质胶结物合为一体，因此，石英岩的强度和结晶程度均较原岩高。它主要由石英组成（>85%），其次含少量白云母、长石等。石英岩在区域变质作用和接触变质作用下均可形成，岩石坚硬，抗风化能力强，可作良好的建筑物地基。但其开采加工较困难，且因性脆，较易产生密集性裂隙，属于酸性石料。另外，石英岩中常夹有薄层板岩，风化后变为泥化夹层。常见变质岩标本鉴定特征见表1-2-14。

6. 变质岩的鉴定

常见变质岩的鉴定特征见表1-2-14。

常见变质岩标本鉴定特征　　　　　　表 1-2-14

类型	岩石名称	原岩	颜色	主要矿物成分	结构	构造	其他地质特征
接触变质	大理岩	石灰岩、白云岩	白色、灰色、浅红色、浅绿色以及各种颜色	方解石、白云石(不纯者含有橄榄石、蛇纹石、石榴子石、辉石、角闪石、云母、绿帘石等)	等粒变晶结构	块状构造	常具有美丽条纹,遇稀盐酸起泡,强度高,稳定,是较好的建筑材料及装潢材料
	石英岩	石英砂岩	白色、灰色、褐色、红褐色等	石英(次要有长石、云母、绿泥石、蓝晶石、石墨、绿帘石等)	等粒变晶结构	块状构造	坚硬,强度高,稳定,具有玻璃油脂光泽
区域性变质	板岩	黏土岩类、粉砂岩、凝灰岩	灰色、灰绿色、红色、黄色、黑色等	黏土、云母、绿泥石、石英、长石	变余泥质结构或致密隐晶质结构	板状构造	由页岩浅变质而来,敲之有清脆声音,强度较页岩好,板面平滑,有时可见不同的颜色条带
	千枚岩	页岩,长石砂岩,中、酸性凝灰岩	棕红色、绿色、灰色、黄色、黑色等	绢云母、绿泥石、石英、长石、方解石	细粒变晶结构或呈隐鳞片变晶结构	千枚状构造	具明显的丝绢光泽,面上看呈细丝状,从断面看呈极薄层状,强度比板岩差
	绿泥石片岩	中性、基性、超基性岩	绿至绿黑色	绿泥石、绿帘石、阳起石、蛇纹石	鳞片变晶结构	片状构造	具滑感,是浅变质带生成的,易沿片理剥开,强度比千枚岩差
	绢云母片岩	黏土岩或中、酸性喷出岩	灰白色、灰绿色	绢云母、石英、绿泥石等	鳞片变晶结构	片状构造	易沿片理剥开,强度比千枚岩差
	白云母片岩	黏土岩或中、酸性喷出岩	灰绿色、灰白色	白云母、石英、绿泥石	鳞片变晶结构	片状构造	易沿片理剥开,强度比千枚岩差
	角闪石片岩	中性、基性岩	黑绿色、灰黑色	角闪石、石英、斜长石	鳞片变晶结构	片状构造	易沿片理剥开,强度比千枚岩差
	石榴子石云母片岩	酸性火山凝灰岩、黏土岩、粉砂质岩石	灰白、灰褐色、灰绿色	白云母、黑云母、石榴子石、辉石	鳞片变晶结构	片状构造	易沿片理剥开,强度比千枚岩差
	黑云母片麻岩	酸性岩浆岩	灰白色、深灰色	黑云母、石英、长石、角闪石	等粒变晶结构或斑状变晶结构	片麻状构造	矿物呈水平定向排列,浅色暗色矿物相间排列,带状断续分布
	花岗片麻岩	花岗岩类	肉红色、红黄色	石英、长石、黑云母、角闪石	等粒变晶结构或斑状变晶结构	片麻状、条带构造	矿物呈水平定向排列,浅色暗色矿物相间排列,带状断续分布
接触交代变质	云英岩	酸性岩及相应成分的沉积岩	灰白色、灰绿色、灰黄色、粉红色	白云母、石英	等粒、斑状变晶结构或鳞片变晶结构	块状构造	强度较高,工程地质性质较好
	蛇纹岩	超基性岩类白云质大理石	黄绿色、暗绿色、黑色	蛇纹石、滑石、菱镁矿等	致密隐晶质结构,斑状变晶结构	块状构造	具蜡状光泽,有滑感,强度较高,工程地质性质较好

续上表

类型	岩石名称	原岩	颜色	主要矿物成分	结构	构造	其他地质特征
动力变质	糜棱岩	各种岩石	视原岩风化而定,通常为各种浅色	各种矿物	压碎结构、糜棱结构	致密块状构造	似块状细砂岩,强度低,工程地质性质极差,分布在断层带两侧
	构造角砾岩	动力变形而成的岩石	各种不同的颜色	各种矿物	角砾状结构或压碎结构	块状构造	似角砾岩,强度低,工程地质性质差,通常见于断裂错动带

四、岩石的工程分类

（1）根据《公路工程地质勘察规范》（JTG C20—2011）的规定，岩石按照单轴饱和抗压强度可以划分为坚硬岩、较坚硬岩、较软岩、软岩和极软岩，见表1-2-15。

微课：
岩石的工程分类

岩石坚硬程度划分　　　　　表 1-2-15

岩石单轴饱和抗压强度 R_c（MPa）	$R_c>60$	$60 \geqslant R_c>30$	$30 \geqslant R_c>15$	$15 \geqslant R_c>5$	$R_c \leqslant 5$
坚硬程度	坚硬岩	较坚硬岩	较软岩	软岩	极软岩

坚硬岩、较坚硬岩、较软岩、软岩和极软岩的定性鉴定特征和代表性岩石见表1-2-16。

岩石按坚硬程度的定性分类　　　　　表 1-2-16

坚硬程度		定性鉴定	代表性岩石
硬岩石	坚硬岩	锤击声清脆,有回弹,震手,难击碎,基本无吸水反应	未风化～微风化的花岗岩、闪长岩、辉绿岩、玄武岩、安山岩、片麻岩、石英岩、石英砂岩、硅质砾岩、硅质石灰岩等
	较坚硬岩	锤击声较清脆,有轻微回弹,稍震手,较难击碎,有轻微吸水反应	1. 微风化的坚硬岩； 2. 未风化～微风化的大理岩、板岩、石英岩、白云岩、钙质砂岩等
软质岩	较软岩	锤击声不清脆,无回弹,较易击碎,浸水后指甲可刻出印痕	1. 中等风化～强风化的坚硬岩或较硬岩； 2. 未风化～微风化的凝灰岩、千枚岩、泥灰岩、砂质泥岩等
	软岩	锤击声哑,无回弹,有凹痕,易击碎,浸水后手可掰开	1. 强风化的坚硬岩或较硬岩； 2. 中等风化～强风化的较软岩； 3. 未风化～微风化的页岩、泥岩、泥质砂岩等
极软岩		锤击声哑,无回弹,有较深凹痕,手可捏碎,浸水后可捏成团	1. 全风化的各种岩石； 2. 各种半成岩

(2)岩石风化程度可按表 1-2-17 划分。当波速比 k_v、风化系数 k_f 及野外特征与表列不对应时,岩石风化程度宜综合判定。

岩石风化程度划分　　　　　　　　表 1-2-17

风化程度	野外特征	风化程度参数指标	
		波速比 k_v	风化系数 k_f
未风化	岩质新鲜,偶见风化痕迹	0.9～1.0	0.9～1.0
微风化	结构基本未变,仅节理面有渲染或略有变色,有少量风化裂隙	0.8～0.9	0.8～0.9
中风化	结构部分破坏,沿节理面有次生矿物,风化裂隙发育,岩体被切制成岩块。用镐难挖,岩芯钻方可钻进	06～0.8	0.4～0.8
强风化	结构大部分破坏,矿物成分已显著变化,风化裂隙很发育,岩体破碎,用镐可挖,干钻不易钻进	0.4～0.6	<0.4
全风化	结构基本破坏,但尚可辨认,有残余结构强度,可用镐挖,干钻可钻进	0.2～0.4	—

注:1. 波速比 k_v 为风化岩石弹性纵波速度与新鲜岩石弹性纵波速度之比。
　　2. 风化系数 k_f 为风化岩石与新鲜岩石的单轴饱和抗压强度之比。

岩石的风化是由表及里的,地表部分受风化作用的影响最显著,由地表往下风化作用的影响逐渐减弱以至消失,直至过渡到不受风化影响的新鲜岩石。因此,从工程地质的角度,在风化剖面的不同深度上,一般把风化岩层自下而上相应于风化程度分级划分为 5 个带:未经风化带、轻微风化带、中等风化带、严重风化带、极严重风化带。

任务实施2

岩浆岩的鉴别

一、目的要求

通过标本肉眼鉴定方法,根据矿物成分、结构和构造来认识各种主要的岩浆岩,牢记主要岩浆岩的鉴定特征。

二、内容和方法

(1)鉴别岩浆岩中的各种矿物成分。岩浆岩中的矿物成分反映了其化学性质,其中二氧化硅的含量具有决定性的作用。

当二氧化硅的含量大于 65%（过饱和）时，为酸性岩浆岩，其主要特征是富含石英；当二氧化硅的含量为 55% ～ 65% 时，为中性岩浆岩，其特征为含较少或不含石英，而富含长石；当二氧化硅的含量较少，即为 45% ～ 55% 时，为基性岩浆岩，其特征为不含或含较少石英，除长石外，开始出现大量深色铁镁矿物；当二氧化硅的含量极少，即少于 45% 时，则为超基性岩浆岩，其特征为既不含石英，也不含长石，以大量深色铁镁矿物为主。因此，可以按照顺序观察石英、长石和铁镁矿物的含量，大致确定岩石属于哪一类岩浆岩，且熟记各类岩浆岩中常见的几种矿物成分。

（2）鉴别岩浆岩的结构和构造。由于岩浆岩生成条件的不同，因此反映这种生成条件的结构和构造也不相同。用肉眼鉴别岩石的结构时主要观察其结晶程度、晶粒大小及晶粒间的组合方式。

结晶程度可分为全晶质（分显晶质、隐晶质）、半晶质、非晶质（玻璃质）三种。全晶质（指显晶质）的岩石又可根据晶粒大小分为粗粒（晶粒直径大于 5mm）、中粒（晶粒直径为 1 ～ 5mm）、细粒（晶粒直径小于 1mm）三种；按晶粒间的组合方式可分为等粒和斑状结构两种。

岩浆岩的构造大多数为致密块状，少数为气孔状、杏仁状和流纹状。

（3）认识岩浆岩的颜色特点。对于结晶不好或没有结晶的岩浆岩，应根据其颜色来判断它所含的矿物成分和化学成分。酸性岩浆岩的主要成分是石英和长石，颜色较浅，包括浅灰、玫瑰、红、黄色等；基性岩浆岩的主要成分为铁镁矿物，颜色较深，如深灰、深黄、棕、深绿、黑色等。

三、任务要求

仔细观察标本盒中的标本，依次描述每块岩浆岩的矿物成分、结构和构造，并完成主要岩浆岩认识与鉴定记录表（表 1-2-18），最后经过对比，掌握每种岩浆岩的鉴定特征。

主要岩浆岩认识与鉴定记录表　　　　　表 1-2-18

标本号	主要鉴定特征					岩石名称
	颜色	主要矿物成分	结构	构造	其他	

任务实施3

沉积岩的鉴别

一、目的要求

通过对标本的肉眼鉴定，根据矿物成分、结构和构造来认识各种主要的沉积岩，牢记主要沉积岩的鉴定特征。

二、内容和方法

（1）认识沉积岩的结构。由于沉积岩多为碎屑或隐晶结构，故沉积岩的结构侧重于它的颗粒大小和形状。颗粒直径大于 0.002mm 的为碎屑岩类，小于 0.002mm 的为黏土岩类。在碎屑岩中，颗粒直径大于 2mm 的为砾状结构，根据颗粒形状又可分为磨圆度较好的圆砾状结构和磨圆度不好的角砾状结构；直径为 0.002～2mm 的是砂状结构，按直径大小又可分为粗、中、细、粉砂状结构。直径小于 0.002mm 的为泥质结构。颗粒的大小及形状对碎屑岩及黏土岩的定名及性质起决定性作用，而对化学岩的重要性影响则小得多。化学岩多为隐晶结构。

（2）认识沉积岩的构造。沉积岩的构造特征可从宏观（大构造）和微观（小构造）两个方面来看：大构造主要指层状构造，除非是薄层的沉积岩，一般不易在手标本上观察到，多在野外进行观察；小构造则指层理构造、尖灭或透镜构造、层面构造及均匀块状构造等。总体来说，构造特征是区别三大类岩石中沉积岩的最重要的特征之一，但对于鉴别具体沉积岩的名称及性质作用较小。

（3）认识沉积岩的主要矿物成分和胶结物。沉积岩的矿物成分和胶结物是决定沉积岩的名称和性质的另一个重要特征。

对于碎屑岩来说，颗粒的矿物成分和胶结物的矿物成分是同等重要的。例如，某种粗砂颗粒主要由长石组成，胶结物为碳质，则定名为碳质粗粒长石砂岩；胶结物为硅质，则定名为硅质粗粒长石砂岩。两者工程性质相差较大。对于泥质页岩及泥岩来说，由于其颗粒直径多在 0.002mm 以下，颗粒矿物多为黏土类矿物（如高岭石等），故其命名和性质在很大程度上取决于胶结物。按鉴别矿物的方法对各种常见的胶结物进行鉴别，特征见表1-2-19。对于化学岩及生物化学岩来讲，矿物成分是最重要的鉴别特征。

胶结物的主要特征　　　　　表 1-2-19

胶结物类型	颜　色	硬　度	其他特征
硅质	色浅（灰白等）	坚硬，小刀划不动	—
钙质	色浅（灰白等）	较硬，小刀可划动	滴盐酸起泡
铁质	色浅（紫红等）	较硬，小刀可划动	—
泥质	色浅（紫红等）	软，易刻划，易碎	—

三、任务要求

按标本盒里的标本编号顺序，依次描述每块沉积岩的矿物成分、胶结物、结构和构造特征，并完成主要沉积岩的认识与鉴定记录表（表 1-2-20），最后经过对比找出每种沉积岩的鉴定特征。

主要沉积岩认识与鉴定记录表　　　　　表 1-2-20

标本号	主要鉴定特征					岩石名称
	颜色	主要矿物成分	结构	构造	其他	

任务实施 4

变质岩的鉴别

一、目的要求

通过对标本的肉眼鉴定，根据矿物成分、结构和构造来认识各种主要的变质岩，牢记主要变质岩的鉴定特征。

二、内容和方法

（1）认识变质岩的常见矿物。浅色的有石英、长石、白云母、绢云母、方解石及滑石等，深色的有角闪石、辉石、黑云母、绿泥石等。其中除绢云母、滑石及绿泥石等为变质作用生成的变质岩所特有的矿物外，其余的为原岩所具有的矿物。

（2）认识变质岩的结构。变质岩中除少数岩石（如板岩、千枚岩等轻变质岩）具有隐晶结构外，其余大多数变质岩均为显晶结构。故可根据矿物鉴别特征把每种岩石中的主要矿物成分鉴别出来。结晶程度的好坏反映了岩石变质程度的深浅。

（3）认识变质岩的构造。变质岩的构造特征是变质岩区别于其他岩石的最重要的特征。除石英、大理岩为块状构造外，其余均以片理构造为特征：具片状构造的称片岩，具片麻状构造的称片麻岩，具千枚状构造的称千枚岩，具板状构造的称板岩。这四种片理构造的特征对比如下：

①片岩多为一种主要矿物（呈片状、针状、柱状）占绝对优势，并以此矿物命名，可有少量粒状矿物。岩石中的片状、针状、柱状矿物平行定向排列，一般颜色较杂，硬度较低。

②片麻岩多由两种以上既有深色又有浅色的矿物组成，其中粒状矿物占多数，常为浅色。片状、针状、柱状矿物平行定向排列，一般颜色较深，岩石硬度较高。在片麻岩中，若个别浅色矿物颗粒聚集呈眼球状（两眼球角的连线方向与变质作用的受力方向垂直），则称眼球状构造。若片麻岩中矿物沿受力垂直的方向平行延伸排列，矿物颗粒深浅颜色有较明显的变化，呈相间排列，则称为条带状构造。

③千枚岩和板岩为轻变质岩石，因原岩中的矿物成分未能全部结晶出来，故其矿物成分不易辨认，但千枚状构造及板状构造则能把它们与其他岩石区别开来。

对于变质岩的鉴定，通过仔细观察可以正确地鉴别岩石的矿物成分、结构和构造，其主要鉴定特征见表1-2-14。

三、任务要求

按标本盒里的标本编号顺序，依次描述每块变质岩的颜色、矿物成分、结构和构造特征，并完成主要变质岩的认识与鉴定记录表（表1-2-21），最后经过对比找出每种变质岩的鉴定特征。

主要变质岩认识与鉴定记录表　　　　　　表 1-2-21

标本号	主要鉴定特征					岩石名称
	颜色	主要矿物成分	结构	构造	其他	

续上表

标本号	主要鉴定特征					岩石名称
	颜色	主要矿物成分	结构	构造	其他	

回 拓展内容 ⅡⅠⅡⅠⅡ▶

世界上海拔最高的公路特长隧道——米拉山隧道

米拉山隧道工程项目在海拔 4750m 的高度展开，这里的岩体形成年代相对较晚，主要为火山凝灰岩，硬度和强度低，一经挖掘就成为小块的碎石，这对隧道岩体的支护工作提出了更高的要求。

在米拉山的洞口，坡积土松散，施工团队采用了地表注浆的办法加固，在隧道建设初期取得了不错的效果。

然而随着隧道的推进，开挖面距离地表越来越远，这个办法就不行了，工程师们只能依靠人工作业的方式支撑起围岩，采用三台阶七步开挖法，一点一点掘进。这个方法是中铁十二局在长期隧道建设中发明的专利技术，如今已被广泛运用到隧道施工建设中。

随着隧道的掘进，大量的涌水让原本就松散的隧道围岩更容易丧失自稳能力。凝灰岩遇到水就变成了泥，增加了施工难度，建设者们采取了更强的支护措施，但还是不行。此时，新型的 SJP 灌浆材料发挥了作用，灌入这种材料，能够增加岩体的自稳能力，降低了垮塌的可能。

2018 年 7 月 30 日，经历了一千多个日夜的艰难掘进，隧道左洞终于贯通。

《走近科学》世界海拔最高的隧道，链接网址：http://tv.cctv.com/2019/03/05/VIDAN6Ii0a0AW0fuYB5qkasn190305.shtml。

思考 与 练习

1. 地球的外部圈层结构和内部圈层结构分别由哪几部分组成？

2. 地球主要圈层的特点及其划分依据是什么？

3. 简述地质作用的概念及其含义。

4. 简述内力地质作用与外力地质作用的概念及其主要类型。

5. 怎样区分石英和方解石、正长石和斜长石、方解石和白云石？

6. 矿物的主要物理性质有哪些？

7. 变质岩构造与变质程度有关吗？

8. 如何区分石灰岩和大理岩？

9. 沉积岩构造有何特点？

10. 岩浆岩如何分类？

11. 为什么说岩浆岩的结构特征是其生成环境的综合反映？

12. 沉积岩区别于岩浆岩的重要特征有哪些？为什么？

13. 分析变质岩在其矿物成分和结构上有何特性？

任务三　认识地质构造

学习目标	● 知识目标	❶ 了解地质年代的含义，熟悉相对地质年代的判别方法，了解地质年代表。 ❷ 了解岩层产状及其要素的含义，掌握岩层产状的测定方法和表示方法。 ❸ 熟悉地质构造的类型及其特点。
	● 能力目标	❶ 能使用罗盘正确测量岩层产状。 ❷ 能辨别断层、节理和褶皱构造，分析它们与工程建设的关系。
	● 素质目标	培养团队协作精神和劳动能力。

┤ 任务描述 ├

1. 分组完成单斜岩层、褶皱构造、断层模型制作。

2. 利用罗盘完成单斜岩层产状测量。

▌相关知识

　　地质构造是指岩层或岩体在地壳运动中，由于构造应力长期作用使之发生永久性变形、变位的现象。地质构造的规模有大有小，大的可以纵横数千公里，如褶皱带、断裂带等；小的只有几厘米，如片理构造等，但它们都是地壳运动造成的，因而它们的形成、发展和空间分布上，都存在着一定的内在联系。在地质历史过程中，地壳经历了长期、多次、复杂的构造运动。在同一区域往往会有先后不同规模和不同类型的构造体系形成，它们互相干扰、互相穿插，使区域地质构造十分复杂，但大型、复杂的地质构造，总是由一些较小、简单的基本构造形态按一定方式组合而成。常见的地质构造类型有水平构造、倾斜构造、直立构造、褶皱构造和断裂构造。研究地质构造对工程建筑有重要的意义。

一、地质年代

地壳发展演变的历史叫作地质历史，简称地史。据科学推算，地球的年龄至少有 45.5 亿年。在这漫长的地质历史中，地壳经历了许多强烈的构造运动、岩浆活动、海陆变迁、剥蚀和沉积作用等各种地质事件，形成了不同的地质体。因此查明地质事件发生或地质体形成的时代和先后顺序是十分重要的。

（一）地质年代单位和地层单位

地质年代是指一个地层单位的形成时代或年代。

地层是在地壳发展过程中形成的，具有一定层位的一层或一组岩层（包括沉积岩、岩浆岩和变质岩），并具有时代的概念。

划分地质年代单位和地层单位的主要依据是地壳运动和生物演变。地质学家们根据几次大的地壳运动和生物界大的演变，把地质历史划分为宙，每个宙分为若干代，每个代又分为若干纪，纪内再分为世、期等。宙、代、纪、世是国际通用的地质时间单位，期的划分和名称则适用于一个生物地理区，其下尚可再分时，均称为区域性年代单位。与地质年代相对应的地层单位是宇、界、系、统、阶，如中生代三叠纪代表地质年代单位，相应地，在这一时代形成的地层称为中生界三叠系。地质年代表反映了地壳历史阶段的划分和生物的演化阶段，如图 1-3-1 所示。

（二）相对地质年代的确定

地层的上下或新老关系称为地层层序。确定地层的地质年代有两种：一种是绝对地质年代，用距今多少年以前来表示，它是根据放射性同位素的蜕变规律来测定岩石和矿物的年龄；另一种是相对地质年代，由该岩石地层单位与相邻已知岩石地层单位的相对层位的关系来决定。在地质工作中，一般多使用相对地质年代。

1. 沉积岩相对地质年代的确定

沉积岩相对地质年代是通过地层层序、岩性对比、接触关系和古生物化石来确定的。

（1）地层层序法

沉积岩在形成过程中，下面的总是先沉积的地层，上覆的总是后沉积的地层，形成自然层序。若这种自然层序没有被褶皱或断层打乱，那么岩层的相对地质年代可以由其所在层序的位置来确定；若是构造变动复杂的地区，岩层自然层位发生了变化，就难以用这种方法确定了。

地质时代、地层单位及其代号				同位素年龄(百分年 Ma)		构造阶段		生物演化阶段		中国主要地质、生物现象
宙(宇)	代(界)	纪(系)	世(统)	时间间距	距今年龄	大阶段	阶段	动物	植物	
显生宙(PH) Phanerozoic	新生代(Kz) Cenozoic	第四纪(Q) Quaternary	全新世(Q_4/Q_s) Holocene	约 $2\sim3$	0.012	联合古陆解体	(新阿尔卑斯阶段) 喜马拉雅阶段	人类出现	被子植物繁盛	冰川广布,黄土生成
			更新世($Q_1Q_2Q_3/Q_p$) Pleistocene		2.48(1.64)					
		第三纪(R) Tertiary	晚第三纪(N)新近纪 上新世(N_2 Pliocene)	2.82	5.3			哺乳动物繁盛		西部造山运动,东部低平,湖泊广布
			中新世(N_1 Miocene)	18	23.3					哺乳类分化
			早第三纪(E)古近纪 渐新世(E_3 Oligocene)	13.2	36.5					蔬果繁盛,哺乳类急速发展
			始新世(E_2 Oligocene)	16.5	53					
			古新世(E_1 alaeocene)	12	65					(我国尚无古新世地层发现)
	中生代(Mz) Mesozoic	白垩纪(K) Cretaceous	晚白垩世(K_2)	70	135(140)		(新阿尔卑斯阶段) 燕山阶段	无脊椎动物继续演化发展 爬行动物繁盛	裸子植物繁盛	造山作用强烈,火成岩活动矿产生成
			早白垩世(K_1)							
		侏罗纪(J) Jurassic	晚侏罗世(J_3)	73	208					恐龙极盛,中国南山俱成,大陆煤田生成
			中侏罗世(J_2)							
			早侏罗世(J_1)							
		三叠纪(T) Triassic	晚三叠纪(T_3)	42	250		印支阶段			中国南部最后一次海侵,恐龙哺乳类发育
			中三叠世(T_2)							
			早三叠世(T_1)							
	古生代(Pz) Palaeozoic	晚古生代(Pz_2)	二叠纪(P) Pernuan 晚二叠世(P_2)	40	290	联合古陆形成	印支—海西阶段 海西阶段	两栖动物繁盛	蕨类植物繁盛	世界冰川广布,新南最大海侵,造山作用强烈
			早二叠世(P_1)							
			石炭纪(C) Carboniferous 晚石炭世(C_3)	72	362(355)					气候温热,煤田生成,爬行类昆虫发育,地形低平,珊瑚礁发育
			中石炭世(C_2)							
			早石炭世(C_1)							
			泥盆纪(D) Devonian 晚泥盆世(D_3)	47	409			鱼类繁盛	裸蕨植物繁盛	森林发育,腕足类鱼类极盛,两栖类发育
			中泥盆世(D_2)							
			早泥盆世(D_1)							
		早古生代(Pz_1)	志留纪(S) Silurian 晚志留世(S_3)	30	439		加里东阶段	海生无脊椎动物繁盛	藻类及菌类繁盛	珊瑚礁发育,气候局部干燥,造山运动强烈
			中志留世(S_2)							
			早志留世(S_1)							
			奥陶纪(O) Ordovician 晚奥陶世(O_3)	71	510					地热低平,海水广布,无脊椎动物极繁,末期华北上升起
			中奥陶世(O_2)							
			早奥陶世(O_1)							
			寒武纪(∈) Cambrian 晚寒武世($\in_3$)	60	570(600)			硬壳动物繁盛		浅海广布,生物开始大量发展
			中寒武世($\in_2$)							
			早寒武世($\in_1$)							
元古宙(PT) Precambrian	元古代(Pt) Proterozoie	新元古代(Pt_3)	震旦纪(Z/Sn) Sinian	230	800	地台形成		裸露动物繁盛		地形不平,冰川广布,晚期海侵加广
			青白口纪	200	1000		晋宁阶段		真核生物出现	沉积深厚造山变质强烈,火成岩活动矿产生成
		中元古代(Pt_2)	蓟县纪	400	1400					
			长城纪	400	1800				(绿藻)	
		古元古代(Pt_1)		700	2500		吕梁阶段			
太古宙(Ar) Archaean	太古代(Ar) Archaeozoie	新太古代(Ar_2)		500	3000				原核生物出现	早期基性喷发,继以造山作用,变质强烈,花岗岩侵入
		古太古代(Ar_1)		800	3800	2800 陆核形成	生命现象开始出现			
冥古宙(HD)					4600					地壳局部变动,大陆开始形成

图 1-3-1　地质年代表

（2）岩性对比法

用已知地质时代的地层的岩性特征与未知地质时代的地层的岩性特征进行对比，用以确定未知地层的时代。在同一地质时代、环境相似的情况下所形成的地层，在岩石成分、结构、构造等方面具有一定的相似性。但此方法具有一定的局限性。

（3）岩层接触关系法

由于地壳运动的性质和特点不同，岩层接触的形式也不同，一般可分为以下几种（图 1-3-2）：

①整合接触。指同一地区上下两套沉积地层在沉积层序上是连续的，且产状一致，即没有出现间断现象。

②不整合接触。指上下两套地层之间发生沉积间断，分为以下两种：

a. 平行不整合（又称假整合）接触。指上下两套岩层之间有一明显的沉积间断，但产状基本一致或一致。

b. 角度不整合接触。指上下两套岩层之间有明显的沉积间断面，且两套岩层呈一定角度相交。

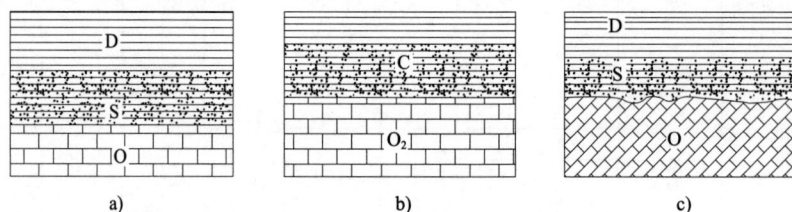

图 1-3-2　岩层接触关系

a）整合接触；b）平行不整合接触；c）角度不整合接触

（4）古生物化石法

古生物化石法，即利用地层中所含化石确定地层的时代。地球上生物的演化具有阶段性和不可逆性，一定种属的生物生活在一定的地质时代。相同地质时代的地层里，必定保存着相同或相近种属的化石。所以，只要确定出岩层中所含标准化石的地质年代，就可随之确定岩层的地质年代。

2. 岩浆岩相对地质年代的确定

岩浆岩的相对地质年代，是通过它与沉积岩的接触关系以及它本身的穿插关系来确定的。

（1）侵入接触

沉积岩形成后，岩浆岩侵入沉积岩层之中，使围岩发生变质现象。这说明岩浆侵入体的形成年代晚于发生变质的沉积岩层的地质年代，如图 1-3-3 所示。如果多次侵入，侵入体往往相互穿插。此时穿插其他岩体的侵入岩的时代较新，被穿插的侵入岩的时代较老，如图 1-3-4 所示，Ⅰ时代最老，Ⅱ时代较新，Ⅲ时代最新。

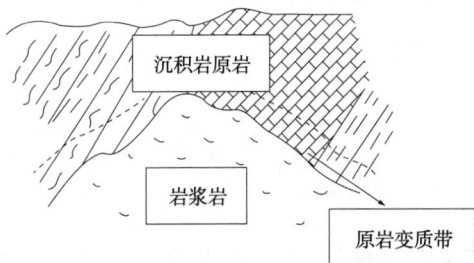

图 1-3-3 岩浆岩与沉积岩的侵入接触

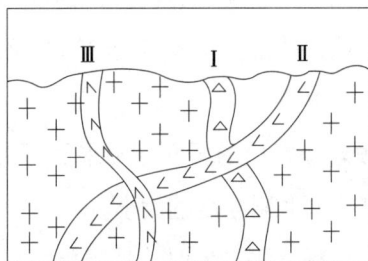

图 1-3-4 岩脉的穿插关系

（2）沉积接触

岩浆岩形成之后，经长期风化剥蚀，后来在侵蚀面上又有新的沉积。侵蚀面上部的沉积岩层无变质现象，而在沉积岩的底部往往有由岩浆岩组成的砾岩或岩浆岩风化剥蚀的痕迹，如图 1-3-5 所示。这说明岩浆岩的形成年代早于沉积岩的地质年代。

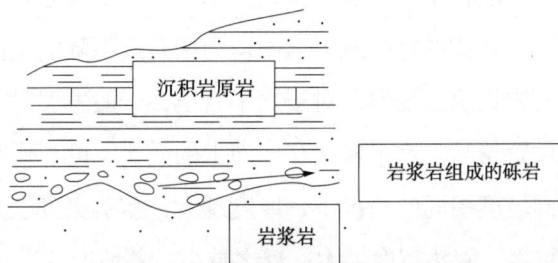

图 1-3-5 岩浆岩与沉积岩的沉积接触

微课：
岩层产状

（三）岩层的产状

岩层是指由两个平行或近于平行的界面所限制的同一岩性组成的层状岩石。岩层的产状是指岩层在空间的位置。

地质学上用走向、倾向和倾角三要素来确定岩层的产状。

1. 走向

岩层的走向表示岩层在空间的水平延伸方向。岩层层面与水平面相交的线叫走向线。走向线两端所指的方向即为岩层的走向，如图 1-3-6 中的 CA 和

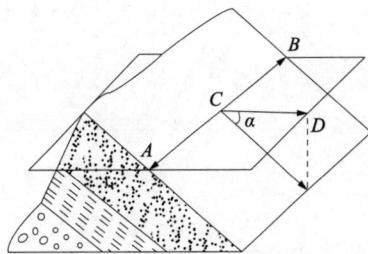

图 1-3-6 岩层的产状要素

CB。岩层走向都有两个方位角数值，数值相差 180°。

2. 倾向

倾向指岩层倾斜的方向。在岩层的层面上与走向垂直并指向下方的直线称为倾斜线，它的水平投影所指的方位角即为倾向，如图 1-3-6 中的 CD 线。同一岩层只有一个倾向，倾向的方位角值与走向的方位角值相差 90°。

3. 倾角

倾角指岩层的层面与水平面所夹的锐角，如图 1-3-6 中的 α 角。岩层的倾角表示岩层在空间倾斜角度的大小。

岩层呈水平产出时，其倾角为零，没有走向与倾向。岩层呈直立产出时，它的空间位置取决于层面的走向。

二、地质构造类型

（一）水平构造、倾斜构造与直立构造

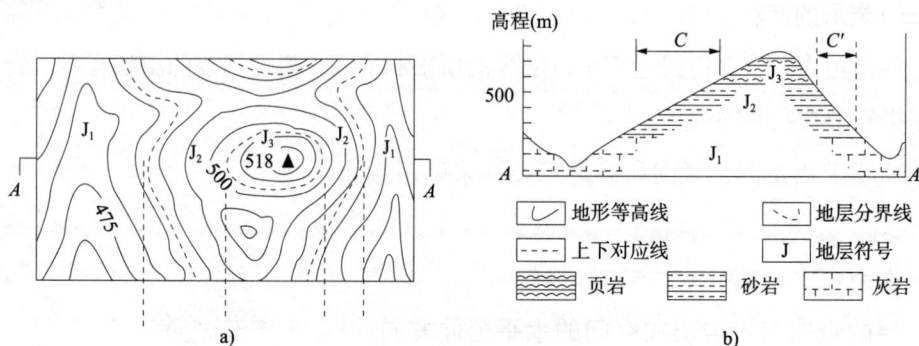

1. 水平构造

水平构造又称水平岩层，是指岩层产状近于水平（一般倾角小于 5°）的构造。水平岩层出现在地壳运动较为轻微的地区或大范围均匀抬升或下降的地区，一般在平原、高原或盆地中部，其岩层未见明显变形。对于水平岩层，一般岩层时代越老，出露位置越低，时代越新则出露位置越高。水平岩层在地面上的露头宽度及形状主要与地形特征和岩层厚度有关，在地面坡度相同的情况下，厚度越大，露头宽度越大；反之越小。当岩层厚度相同时，坡度越缓，露头宽度越大；反之越小。若坡度接近 90°，出露宽度为 0，如图 1-3-7 所示。

图 1-3-7　水平岩层与地形

a）地形地质图；b）地质剖面图

2. 倾斜构造

水平岩层受地壳运动的影响后发生倾斜，使岩层层面和大地水平面之间具有一定的夹角时，称为倾斜构造（又称倾斜岩层或单斜构造）。

倾斜构造是层状岩层中最常见的一种产状，它可以是断层的一盘 [图 1-3-8 a）]、褶曲的一翼 [图 1-3-8 b）] 或岩浆岩体的围岩 [图 1-3-8 c）]，也可以是因岩层受到不均匀的上升或下降所引起的。岩层层序正常时，岩层是下老上新的地层；若岩层受到强烈变位，形成上老下新地层时，则是倒转层序。岩层的正常与倒转主要依据化石确定，也可根据岩层层面特征以及沉积岩岩性和构造特征来判断确定，几种不同成因的倾斜岩层如图 1-3-8 所示。

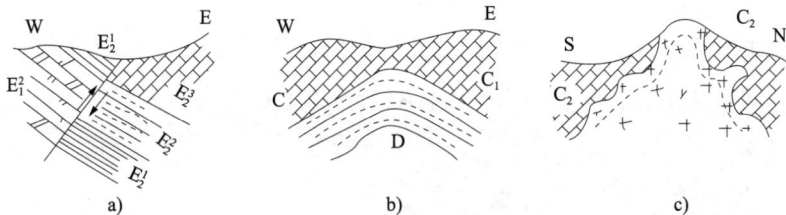

图 1-3-8　不同成因的倾斜岩层

3. 直立构造

岩层层面与水平面相垂直时，称直立构造（又称直立岩层）。其露头宽度与岩层厚度相等，与地形特征无关。

（二）褶皱构造

褶皱构造是指岩层受构造应力的强烈作用后形成的一系列波状弯曲而未丧失其连续性的构造。褶皱构造是岩层产生的永久性变形，是地壳表层广泛发育的基本构造之一。

微课：
褶皱构造

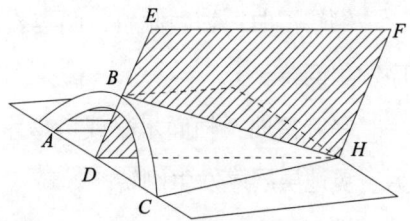

1. 褶曲要素

褶曲是褶皱构造中的一个弯曲，是褶皱构造的组成单位。每一个褶曲都有核部、翼部、轴面、轴及枢纽等几个组成部分，如图 1-3-9 所示。

核部：褶曲中心部位的岩层。

翼部：位于核部两侧，向不同方向倾斜的岩层。

轴面：平分褶曲两翼的假想面。它可以是平面，亦可以是曲面；它可以是直立的、倾斜的或

图 1-3-9　褶曲要素

ABC 所包围的岩层 - 核部；ABH、CBH- 翼部；
DEFH- 轴面；DH- 轴；BH- 枢纽

近似于水平的。

轴：轴面与水平面的交线。轴的长度，表示褶曲在轴线上延伸的规模大小。

枢纽：褶曲中同一层面与轴面的交线，也是褶曲中同一层面最大弯曲点的连线。它可以是水平的，也可以是倾斜的或波状起伏的。

2. 褶曲的类型

（1）褶曲的基本类型

背斜褶曲：岩层向上拱起的弯曲，核部岩层较老，从核部向两翼，依次出现较新的岩层。

向斜褶曲：岩层向下凹陷的弯曲，核部岩层较新，从核部向两翼，依次出现较老的岩层。

当地面受到剥蚀，造成背斜在地面上的特征是：从中心到两侧，岩层由老到新对称重复出露；而向斜从中心到两侧，岩层由新到老对称重复出露，如图1-3-10所示。

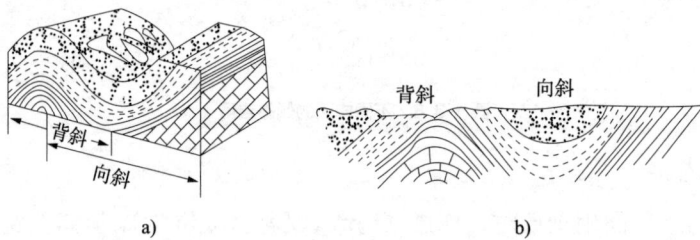

图1-3-10 背斜与向斜

a）未剥蚀；b）已经剥蚀

（2）褶曲分类

①按轴面产状分类。

直立褶曲：轴面近于直立，两翼岩层倾向相反，倾角大致相等。

倾斜褶曲：轴面倾斜，两翼岩层倾向相反，倾角不等。

倒转褶曲：轴面倾斜，两翼岩层倾向相同，其中一翼地层层序正常，另一翼地层层序发生倒转。

平卧褶曲：轴面水平或近似水平，两翼岩层产状也近于水平，一翼地层层序正常，另一翼地层层序发生倒转。

扇形褶曲：轴面直立，两翼岩层倾向相反，倾角大致相等，两翼地层层序均发生倒转。

在褶皱构造中，褶曲的轴面产状和两翼的倾斜程度常与岩层的受力性质及褶曲的剧烈程度有关。在褶曲不太剧烈和受力性质比较简单的地区，一般多形成直立或倾斜褶曲；在褶曲剧烈和受力性质比较复杂的地区，一般常形成倒转、平卧等褶曲，如图 1-3-11 所示。

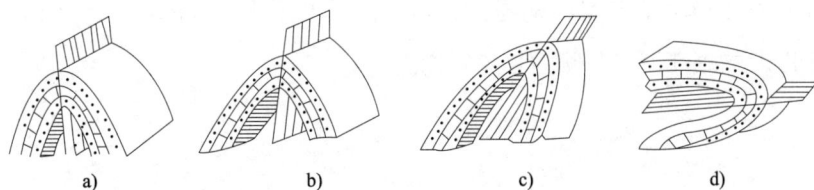

图 1-3-11　按轴面产状分类示意图

a）直立褶曲；b）倾斜褶曲；c）倒转褶曲；d）平卧褶曲

②按枢纽产状分类（图 1-3-12）。

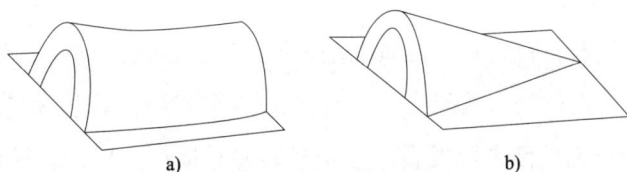

图 1-3-12　按枢纽产状分类示意图

a）水平褶曲；b）倾伏褶曲

水平褶曲：枢纽近似水平，两翼岩层走向大致平行并对称分布。

倾伏褶曲：枢纽向一端倾伏，两翼岩层在转折端闭合。

③按平面上的形态分类（图 1-3-13）。

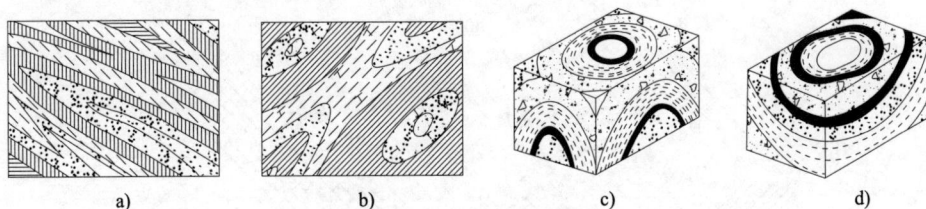

图 1-3-13　按平面上分类示意图

a）线形褶皱；b）短轴褶皱；c）穹隆构造；d）构造盆地

线形褶曲：褶曲向一定方向延伸很远，一般长度超过宽度 10 倍以上。

短轴褶曲：褶曲两端延伸不远即倾伏，长度为宽度的 3～10 倍。

穹隆构造：褶曲的长度不超过宽度的 3 倍，若为背斜就叫作穹隆构造。

构造盆地：褶曲的长度不超过宽度的 3 倍，若为向斜就叫作构造盆地。

④按横剖面上的组合形态分类(图1-3-14)。

复背斜:一个巨大的背斜,两翼为与轴面延伸近乎一致的次一级褶皱所复杂化。如秦岭为复背斜构造。

复向斜:一个巨大的向斜,两翼亦为与轴面延伸近乎一致的次一级褶皱所复杂化。如茂县太平以北的岷江河谷两侧为复向斜构造。

图1-3-14 褶皱在剖面上的形态

a)复背斜;b)复向斜

3. 褶皱构造的识别

在野外识别褶皱时,首先判断褶皱的基本形态是背斜还是向斜,然后确定其他形态特征。一般情况下,人们认为背斜山、向斜谷,的确有这种情况,但实际情况要复杂得多。因为背斜遭受长期轴部裂隙发育,岩层较破碎且地形突出,剥蚀作用进行得较快,使背斜山被夷为平地,甚至形成谷地,成为背斜谷;与此相反,向斜轴部岩层较为完整,并有剥蚀产物在此堆积,故其剥蚀速度较慢,最终导致向斜地形较相邻背斜高,形成向斜山,如图1-3-15所示。因此,不能完全以地形的起伏情况作为识别褶皱构造的主要标志。

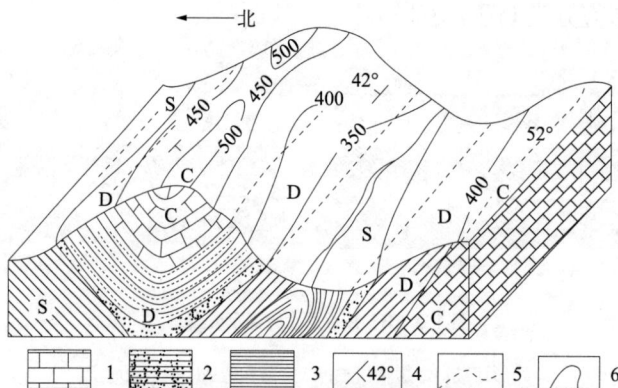

图1-3-15 褶皱构造立体图

1-石炭系;2-泥盆系;3-志留系;4-岩层产状;5-岩层界线;6-地形等高线

褶皱的规模有大有小,小的褶皱可以在小范围内,通过几个出露在地面的露头进行观察;大的褶皱,由于分布范围广,又常受到地形的影响,不可能通过几个露头窥其全貌。所以，在野外识别褶皱时，常采用下面方法进行判别。

（1）穿越法

穿越法即从垂直于岩层走向的方向进行观察。

①当地层出现对称重复分布时，便可判断存在褶皱构造。以图1-3-15为例，区内岩层近东西走向，从南北方向观察，有志留系及石炭系地层两个对称中心，其两侧地层重复对称出现，所以该地区有两个褶曲构造。

②分析地层新老组成关系，左侧褶曲构造，中间是新地层C，两侧依次为老地层D和S，故为向斜；右侧褶曲构造，中间是老地层S，两侧依次为新地层D和C，故为背斜，如图1-3-15所示。

③观察轴面产状和两翼情况，图1-3-15中左侧向斜褶曲中，轴面直立，两翼岩层倾向相反、倾角近似相等，应为直立向斜；而右侧背斜轴面倾斜，两翼岩层均向北倾斜，一翼层序正常，另一翼发生倒转，故为倒转背斜。

（2）追索法

追索法即平行于岩层的走向（沿褶曲轴延伸方向）进行平面分析，了解褶曲轴的起伏及其平面形态的变化。若褶曲轴是水平的，呈直线状，或在地质图上两翼岩层对称重复，并平行延伸，则为水平褶曲，如图1-3-15所示。若在地质图上两翼岩层对称重复，但彼此不平行，且逐渐折转汇合，呈S形，则为倾伏褶曲。

在野外识别褶皱时，往往以穿越法为主，追索法为辅，根据不同情况，穿插使用两种方法。穿越法和追索法，不仅是野外观察识别褶曲的主要方法，同时也是野外观察和研究其他地质构造的基本方法。

（三）断裂构造

断裂构造是指岩石受地应力作用发生变形，当变形达到一定程度后，岩石的连续性和完整性遭到破坏，产生各种大小不一的断裂。它是地壳中常见的地质构造，而且分布也很广，特别是在一些断裂构造发育地带，常成群分布，形成断裂带。根据岩体断裂后两侧岩块相对位移的情况，断裂构造分为节理（裂隙）和断层两类。

1. 节理

节理又称裂隙，是指断裂面两侧的岩石仅因开裂而分开，未发生明显相对位移的断裂构造。

（1）节理的类型

①按节理的几何形态分类（图1-3-16）。

微课：
节理

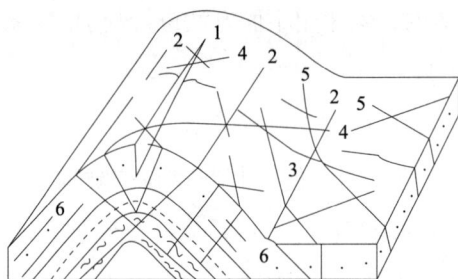

图 1-3-16 按节理的几何形态分类

1、2- 走向节理或纵节理；3- 倾向节理或横节理；4、5- 斜节理；6- 顺层节理

根据节理与所在岩层产状之间的关系分为：

走向节理：节理的走向与所在岩层的走向大致平行；

倾向节理：节理的走向与所在岩层的走向大致垂直；

斜节理：节理的走向与所在岩层的走向斜交；

顺层节理：节理面大致平行于岩层面。

根据节理走向与所在褶皱的枢纽、主要断层走向或其他线状构造延伸方向的关系分为以下三种。

纵节理：两者大致平行；

横节理：两者大致垂直；

斜节理：两者斜交。

对枢纽水平的褶皱，以上两种分类可以吻合，即走向节理相当于纵节理，倾向节理相当于横节理。

②按节理的成因分类。

按照节理成因可以分为构造节理和非构造节理两类。

a. 构造节理是岩体受地应力作用随岩体变形而产生的节理（裂缝）。这种节理规模较大，分布较广，延伸较长、较深，方向较稳定，且有一定的规律性，往往成群、成组出现。按其力学性质可分为张节理和剪节理两种。

张节理是岩石受张应力作用产生的节理。其特点是裂隙张开较宽，断裂面粗糙，一般很少有擦痕，裂缝宽窄变化较大，沿走向和倾向方向延伸不远。在砂岩和砾岩中，裂隙面往往绕过砂粒和砾石，出现凹凸不平状。在褶皱构造中，张节理主要发育在背斜或向斜的轴部。

剪节理是岩石受剪应力的作用产生的节理。其特点是节理面平直而闭合，分布较密，走向稳定，延伸较深；断裂面光滑，常有擦痕、镜面等现象；若发生在砾岩中，可切破砾石；常有等间距分布，成对出现，呈两组共轭剪节理，又称 X 节理，将岩体切割成菱形块体。剪节理常出现在褶曲的翼部和断层附近。

除上述两种构造节理外，在强烈褶皱岩层、变质岩和断层两侧的岩层中，可见有一种大致平行、微细而密集的构造节理，称为劈理。劈理是一种小型构造，按其成因分为流劈理和破劈理。流劈理是岩石在强烈构造应力作用下发生塑性流动，其内部片状、板状和长条状矿物沿垂直于压应力方向呈定向排列，并由此产生易于裂开的软弱面，多发育于塑性较大的较软弱岩层中，如页岩、板岩、片岩等。破劈理是指岩石中一组密集的平行破裂面，沿这些面上一般不产生矿物定向排列。劈理间距为数毫米至 1cm。如果间距超过 1cm，应称作剪节理。其多发育在薄层的脆硬岩石中或在脆硬岩层内的软弱岩层中。

b. 非构造节理是由成岩作用、外动力、重力等非构造因素形成的节理。其分为原生节理和次生节理。

原生节理是岩石在成岩过程中形成的节理。如玄武岩中的柱状节理、沉积岩中的龟裂现象等。

次生节理是由岩石风化、岩坡变形破坏、河谷边坡卸荷作用及人工爆破等外力而形成的节理。一般仅限于地表，其规模不大，分布也不规则。

（2）节理调查、统计及表示方法

为了了解工程场地节理分布规律及其对工程岩体稳定性的影响，在进行工程地质勘察时，都要对节理进行野外调查和室内资料整理工作，并用统计图表形式把岩体节理的分布情况表示出来。

2. 断层

断层指岩体受构造应力作用断裂后，两侧岩体发生了显著位移的断裂构造。它包含断裂和位移两种含义。断层规模有大有小，大的可达上千公里，小的为几米，相对位移从几厘米到几十公里。断层不仅对岩体的稳定性和渗透性、地震活动和区域稳定有重大影响，而且是地下水运动的良好通道和汇聚的场所。在规模较大的断层附近或断层发育地区，常赋存有丰富的地下水资源。

微课：断层

（1）断层要素

断层由上盘、下盘、断层线几个部分组成，如图 1-3-17 所示。

断层面：两侧岩块发生相对位移的断裂面。断层面可以是平面、曲面，也可以是波

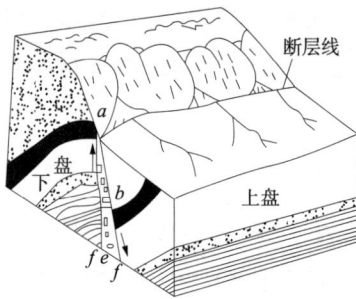

图 1-3-17　断层要素图

ab- 总断距；*e*- 断层破碎带；*f*- 断层面

状起伏面，其上常有擦痕。

断层破碎带：有时断层两侧的岩石不是沿着一个简单的面运动，而是沿着一个由许多密集的破裂面组成的错动带进行的，这个错动带称为断层破碎带，断层破碎带中常形成糜棱岩、断层角砾岩、断层泥等。

断层线：断层面（带）与地面的交线。断层线的方向表示断层的延伸方向，它的形状取决于断层面的形状和地面起伏情况。

断盘：断盘是指断层面两侧的岩块。若断层面是倾斜的，位于断层面上侧的岩块叫上盘；位于断层面下侧的岩块称下盘。若断层面是直立的，可用方位来表示，即东盘、西盘、南盘、北盘。

断距：两盘沿断层面相对错开的距离，称为总断距。总断距在水平方向的分量为水平断距，铅（垂）直分量为铅（垂）直断距。

（2）断层的类型

①根据两盘相对位移划分。

根据断层两盘相对位移分为正断层、逆断层和平移断层，如图 1-3-18 所示。

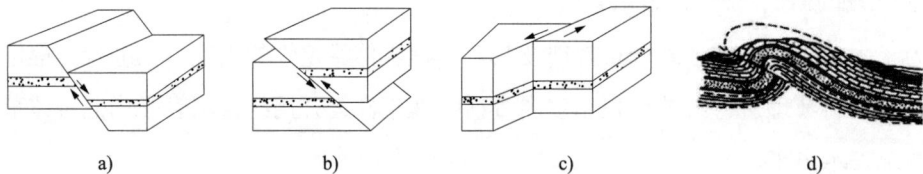

a)　　　　　　　　b)　　　　　　　　c)　　　　　　　　d)

图 1-3-18　断层类型示意图

a）正断层；b）逆断层；c）平移断层；d）逆掩断层

正断层：上盘沿断层面相对下降、下盘相对上升的断层。正断层一般是岩体由于受到水平张力作用使岩层产生断裂，进而在重力作用下产生错动而成。这种断层一般规模不大，断层面倾角较陡，常大于 45°。

逆断层：上盘沿断层面相对上升、下盘相对下降的断层。逆断层一般是岩体受到水平挤压作用的结果，所以也称为压性断层。逆断层规模一般较大，断层面呈舒缓波状，断层线方向常与岩层走向或褶皱轴方向一致，与压应力方向垂直。逆断层按断层面倾角的不同又可分为：冲断层，断层面倾角大于 45°；逆掩断层，断层面倾角在 25° ~ 45°

之间；辗掩断层，断层面倾角小于 25°。逆掩断层和辗掩断层的规模一般都较大。

平移断层：两盘沿断层面走向在水平方向发生相对位移的断层。一般认为平移断层是地壳岩体受到水平扭动力作用而形成的。

②根据断层走向和褶皱轴走向关系划分。

纵断层：断层走向和褶皱轴（或区域构造线）方向一致或近于平行的断层。

横断层：断层走向和褶皱轴（或区域构造线）方向大致垂直的断层。

斜断层：断层走向和褶皱轴（或区域构造线）方向斜交的断层。

③根据断层走向和岩层产状的关系划分。

走向断层：断层走向和岩层走向一致。

倾向断层：断层走向和岩层倾向一致。

斜交断层：断层走向和岩层走向（或倾向）斜交。

④根据断层的力学性质划分。

压性断层：在压应力作用下形成的断层，多呈逆断层形式。

张性断层：在张应力作用下形成的断层，多呈正断层形式。

扭性断层：在剪应力作用下形成的断层。

压扭性断层：压扭性断层具有压性断层兼扭性断层的力学特征，如部分平移逆断层。

张扭性断层：张扭性断层具有张性断层兼扭性断层的力学特征，如部分平移正断层。

⑤根据断层的组合形式划分。

在自然界中，断层很少孤立存在，往往由许多断层排列在一起形成一定的组合形态。主要有以下几种。

a. 阶梯状断层：由数条倾向一致、大致平行的正断层组合而成，在地貌上呈阶梯状，如图 1-3-19 所示。

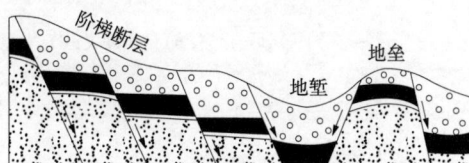

图 1-3-19　阶梯状断层、地垒和地堑

b. 地堑和地垒：由两条倾向相向的正断层组成，其间相对下降的岩块为地堑；由两条倾向相背的正断层组成，其间相对上升的岩块为地垒，如图 1-3-19 所示。

c. 叠瓦式构造：由数条倾向一致、相互平行的逆断层组合而成，呈叠瓦状，如图 1-3-20 所示。

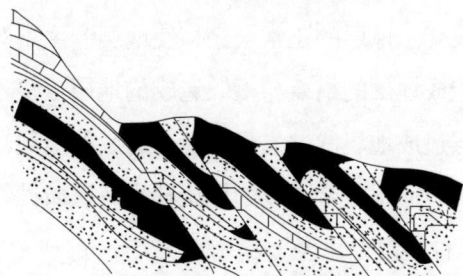

图 1-3-20　叠瓦式构造

（3）断层的野外识别

断层的存在，说明岩层受到了强烈的断裂变动，使岩体的强度和稳定性降低，对工程建筑是不利的。为了预防断层对工程建筑的危害，必须首先识别断层的存在。野外调查时可从以下几方面进行判断。

①构造上的标志。

断层的存在常造成构造上的不连续，如岩层、岩脉等的错动，岩层产状的突然变化；断层面两侧的岩石发生塑性变形，产生牵引弯曲；在断层面上由于两盘错动出现断层擦痕、摩擦镜面和阶步；断层破碎带中存在断层角砾岩、糜棱岩和断层泥，如图1-3-21所示。

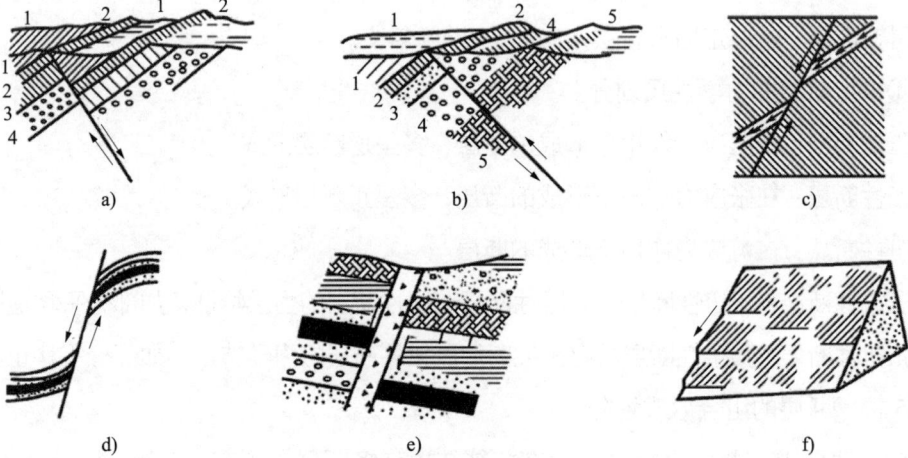

图1-3-21 断层现象

a)地层重复；b)地层缺失；c)岩脉错动；d)牵引褶曲；e)断层角砾；f)断层擦痕

1-黏土；2-黄土；3-砂；4-砾土；5-石灰岩

②地层上的标志。

在单斜岩层地区，沿岩层走向观察，若岩层突然中断，呈交错的不连续状态，或改变了地层的正常层序，使地层产生不对称的重复或缺失，则往往是断层的标志。断层造成地层的重复与褶皱造成的地层重复不同，断层只是单向重复，褶皱为对称重复；断层造成地层的缺失与不整合造成的地层缺失也不同，断层造成地层的缺失只限于断层两侧，而不整合造成的地层缺失有区域性特点。地层的重复与缺失所出现的断层，可能有6种情况，见表1-3-1。

走向断层造成地层重复与缺失情况　　　　表 1-3-1

断层性质	断层倾向与岩层倾向关系		
	相反	相同	
		断层倾角 > 岩层倾角	断层倾角 < 岩层倾角
正断层	重复	缺失	重复
逆断层	缺失	重复	缺失

③地形地貌上的特征。

地形地貌特征主要有断层崖、断层三角面、河流纵坡的突变、河流及山脊的改向等。

断层上升盘突露于地表形成的悬崖，称为断层崖；一些比较平直的断层崖，经过流水的侵蚀作用，形成一系列横穿崖壁的"V"形谷，谷与谷之间的三角面，则称为断层三角面，如图 1-3-22 所示。

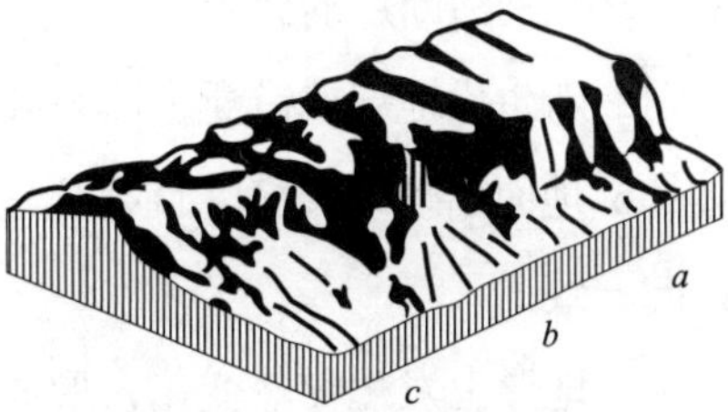

图 1-3-22　断层三角面形成示意图

a- 断层崖剥蚀成冲沟；b- 冲沟扩大形成三角面；
c- 继续侵蚀，三角面消失

当断层横穿河谷时，可能使河流纵坡发生突变，造成河流纵坡的不连续现象。但河流纵坡的突变，不一定都是由于断层形成的，也可能是河床底部岩石抗侵蚀能力不同所致；水平方向相对位移显著的断层，可将河流或山脊错开，使河流流向或山脊走向发生急剧变化；断陷盆地是断层围限的陷落盆地，由不同方向断层所围或一边以断层为界，多呈长条菱形或楔形，盆地内有厚的松散物质。

④水文地质标志。

在断层带附近湖泊、洼地、温泉和冷泉呈串状排列，某些喜湿植物呈带状分布。

以上是野外识别断层的主要标志。但是，由于自然界的复杂性，其他因素也可能造成上面的某些特征，所以不能孤立地看问题，要全面观察、综合分析，才能得出可靠的结论。

（4）活断层

活断层又称活动断裂，是指现今仍在活动或者近期有过活动，不久的将来还可能活动的断层。在《岩土工程勘察规范》（GB 50021—2001）中将在全新世以来有过地震活动或正在活动，或将来可能继续活动的断裂叫作全新活动断裂。

①活断层对工程建筑的影响及设计原则。

活断层对工程建筑影响很大，主要表现在两个方面：一是跨越断层的建筑物，因其活动导致建筑物的开裂、变形，甚至破坏；二是活断层的快速滑动引起地震。例如，2008年5月12日发生的四川汶川大地震，是龙门山断裂带内映秀—北川断裂活动的结果，其最大垂直错距和水平错距分别达到5m和4.8m，沿整个破裂带的平均错距可达2m左右。在地表破裂带经过之处，所有的山脊水系和人类建筑均被错断毁坏，并形成大量的滑坡、山崩、泥石流等地质灾害。因此，在选择建筑物场地时，注意避开活断层。当不能避让活断层时，必须在场地选择、建筑物类型选择、结构设计等方面采取措施，以保证建筑物的安全性。

②识别活断层的标志。

a. 新生代地层被错断、拉裂或扭动；

b. 地面出现地裂缝，且裂缝呈大面积有规律的分布，其总体延伸方向与地下断裂的方向一致；

c. 地形上发生突然变化，形成断崖、断谷；或河床纵断面发生突然变化，在突变处出现瀑布或湖泊；

d. 古建筑物(如古城堡、庙宇、古墓等)被断层错开；

e. 根据仪器观测，岩断层带有新的地形变化或新的地应力集中现象；

f. 地震活动、火山爆发等。

(四)地质构造与公路工程的关系

地质构造一般包括水平构造、倾斜构造、直立构造、褶皱构造和断裂构造等。公路工程主要指道路、桥涵、隧道及其辅助工程建筑物，这些公路工程与地质构造有着密切的关系。

1. 地质构造与路基工程的关系

(1)当岩层水平、直立，或单斜层面及节理面背向路基时，对边坡稳定有利，如图1-3-23a)、b)、c)所示。如夹有软弱岩层时，应抹面护壁，以防止风化。

(2)单斜层面及节理面倾向路基，且结构面的倾角>10°，其走向又与路线平行或交角较小，易形成边坡的坍塌；当有软弱岩层或不整合面存在时，则易形成边坡滑动，如图1-3-23d)、e)所示。

(3)断层破碎带的岩体松散，节理也很发育，常是地下水活动的通道，加之断层面倾向路基，所以当挖方边坡与断层带平行时，极易产生滑塌，如图1-3-23f)所示。

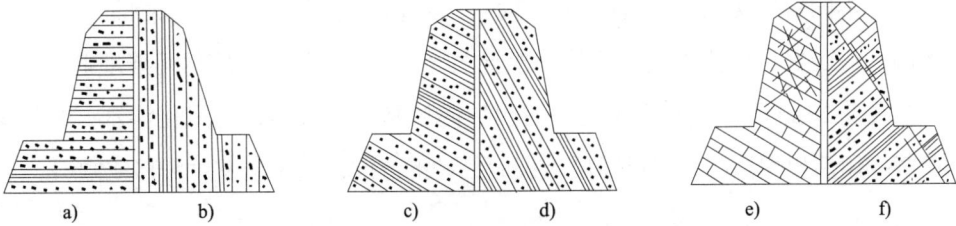

图 1-3-23　地质构造与路基工程之间的关系

（4）堆积层下伏基岩坡体较陡且倾向路基，在其接触面处常有地下水活动，当路堑开挖超过接触面的深度时，堆积层极易失去平衡发生滑塌，尤以基岩属软弱层最为严重，如图 1-3-24 所示。

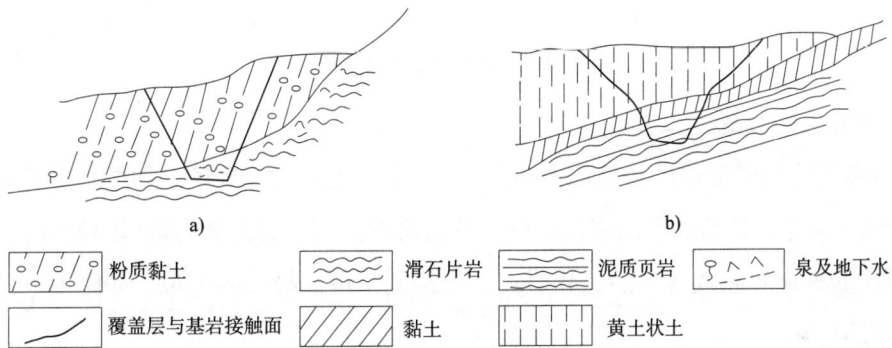

| 粉质黏土 | 滑石片岩 | 泥质页岩 | 泉及地下水 |
| 覆盖层与基岩接触面 | 黏土 | 黄土状土 | |

图 1-3-24　路堑边坡不稳定情况示意图

（5）节理特别发育的陡坡地段，当有一组或几组节理倾向路基时，开挖后常造成边坡崩塌、落石等病害，而且构造节理中为张节理，对路堑边坡也是极不稳定的因素。

2. 地质构造与桥基工程的关系

（1）在确定桥位之前，首要任务是勘察桥位可能穿越的地层、岩性、地质构造，尤其要分析桥位与大的构造线、断层破碎带的关系。

（2）桥位选定后，对桥墩位置的布置，应做具体探测，墩位应避开软弱层面。因为在一个桥址的不同地段可能会遇到复杂的构造现象，可因地制宜做小幅调整。

（3）桥基的稳定性与岩层产状、软弱面等都有直接关系。当岩层层面倾向下游，其中又有软弱夹层时，会因水的冲蚀作用而影响基础的稳定性。如果软弱夹层较厚，会使基础产生差异沉降，导致墩身歪斜或倾覆，如图 1-3-25 所示。

图 1-3-25　桥基不稳定图示

当两种不同岩层接触，其接触面较陡时，会造成桥基不稳，因为接触面一般都是软弱结构面，故最好是将桥基设计在单一岩层之上。在定桥位时，应尽可能地避开断层破碎带，如图 1-3-26 所示，从图中可以看出，因桥基岩体破碎，易风化渗水，受桥基和桥体荷载作用后出现沉陷，或沿断层破裂面错动的方向，使桥墩发生滑移或倾斜。

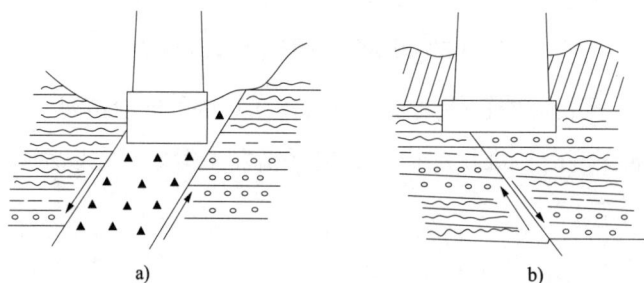

图 1-3-26 断层对桥基影响示意图

3. 地质构造与隧道工程的关系

（1）隧道穿过硬质厚层状的水平构造时，一般都是较为稳定的，如图 1-3-27a）中①隧道所示。如果是松软的薄层岩层，则开挖后可能会有顺层剥落或坍塌的危险，尤其是极易风化的软质岩石或含水的松软岩层，会给施工造成极大的困难，如图 1-3-27a）中②隧道所示。

（2）隧道穿过直立构造且少地下水的岩层，一般是稳定的，如图 1-3-27b）中①隧道所示。如果岩层较薄，并有软弱夹层存在，加上有少量的地下水活动时，则会产生较大的地层压力，有掉块和坍塌冒顶的可能，如图 1-3-27b）中②隧道所示。

（3）在单斜构造地区，岩层倾角的大小和岩性对隧道的稳定性有极大的影响。若倾角平缓且岩质坚硬，则较稳定，如图 1-3-27c）中①隧道所示；若倾角大，夹有软弱层，且有地下水活动，则地层侧压力较大。如在塑性强的黏性土中，可能引起隧道边墙的坍塌和顺层滑动，如图 1-3-27c）中②隧道所示。

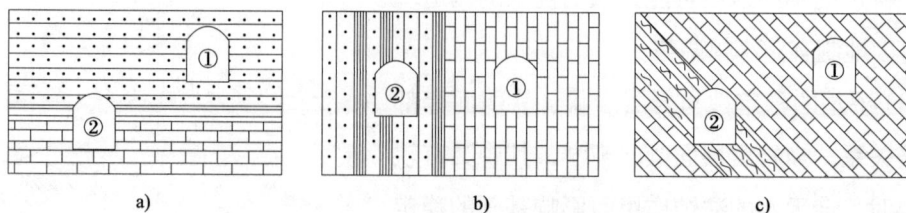

图 1-3-27 岩层产状与隧道工程关系

a）水平岩层或近于水平岩层；b）直立岩层；c）倾斜岩层

4. 褶曲与隧道工程的关系

（1）如果隧道从向斜轴部穿过，如图 1-3-28 中①隧道所示，则因两侧岩层向轴部挤压和核部向下坠落，从而产生较大的压力。

（2）如果隧道从背斜轴部穿过，如图 1-3-28 中③隧道所示，则常因轴部张节理向上呈辐射状发育，顶部受水面积大，地下水向核部汇集，对隧道工程不利。

在褶皱地区开挖隧道，通常选择翼部通过，如图 1-3-28 中②隧道所示。

图 1-3-28　褶曲与隧道工程

5. 断层与隧道工程的关系

（1）在隧道定向勘测中，对活动性断层或宽度较大的断层破碎地段，切忌与断层构造线平行或小交角布线，应尽量远离或绕避，如图 1-3-29 中①隧道应避免。若必须穿越时，则应使隧道中线与断层构造线呈直交或近于直交穿越，以减小对隧道工程的影响范围，如图 1-3-29 中②隧道所示。

（2）隧道穿越走向逆断层时，应查清上盘岩体含水层的层位及其厚度，以防掘进中隧道内涌水给工程造成危害，如图 1-3-30 所示。隧道内涌水极易引起洞内塌方，支撑受压折断，坑道变形，衬砌严重开裂、渗水、漏水等，给施工、运营带来极大的困难。

（3）当隧道通过几组断层时，还应考虑围岩压力沿隧道轴线可能重新分布，断层形成上大下小的楔体，可能将其自重传给相邻岩体，使它们的地层压力增加，如图 1-3-31 所示。

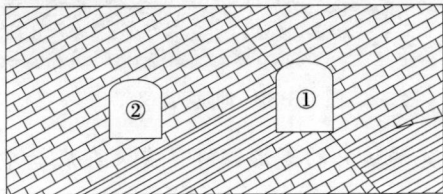

图 1-3-29　断层与隧道工程图

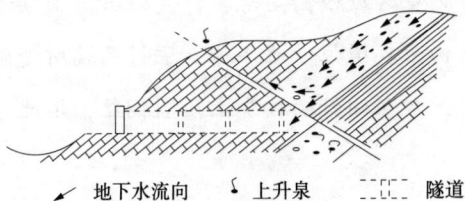

↘ 地下水流向　　↓ 上升泉　　▯▯▯ 隧道

图 1-3-30　隧道内涌水情况

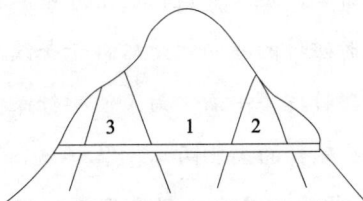

图 1-3-31　断层引起的围岩压力变化

1- 压力减小；2、3- 压力增加

任务实施

使用地质罗盘仪测定岩层产状

一、目的要求

认识地质罗盘仪，能熟练使用罗盘仪测定岩层产状，并能用文字和符号正确记录岩层产状要素。

二、内容和方法

1. 地质罗盘仪的结构

地质罗盘仪式样很多，但结构基本是一致的，常用的是圆盆式地质罗盘仪。其由磁针、刻度盘、测斜仪、瞄准觇板、水准器等部分安装在一铜、铝或木制的圆盆内组成，如图1-3-32所示。

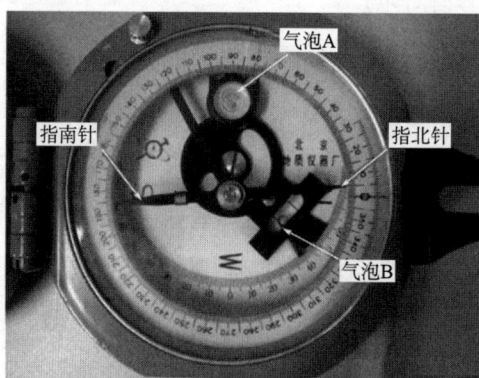

图1-3-32 地质罗盘仪

（1）磁针：一般为中间宽两边尖的菱形钢针，安装在底盘中央的顶针上，可自由转动，不用时应旋紧制动螺栓，将磁针抬起压在盖玻璃上避免磁针帽与顶针尖的碰撞，以保护顶针尖，延长罗盘仪使用寿命。在进行测量时放松固定螺栓，使磁针自由摆动，最后静止时磁针的指向就是磁针子午线方向。由于我国位于北半球，磁针两端所受磁力不等，使磁针失去平衡。为了使磁针保持平衡，常在磁针南端绕上几圈铜丝，用此方法也便于区分磁针的南北两端。

（2）水平刻度盘：刻度是从0°开始按递时针方向每10°一记，连续刻至360°，0°和180°分别为N和S，90°和270°分别为E和W，利用它可以直接测得地面两点间直线的磁方位角。

当刻度盘上的南北方向和地面南北方向一致时，刻度盘上的东西方向和地面实际方向相反，这是因为磁针永远指向南北。转动罗盘测量方向时，只有刻度盘转动而磁针不动，即当刻度盘向东转时，磁针则相对地向西转动，所以，只有使刻度盘上的东西方向与实际地面东西方向相反，测得的方向才恰好与实际情况相一致。

（3）竖直刻度盘：专门用来读倾角和坡角读数，以 E 或 W 位置为 0°，以 S 或 N 为 90°，每隔 10° 标记相应数字。

（4）悬锥：测斜器的重要组成部分，悬挂在磁针的轴下方，通过底盘处的觇扳手可使悬锥转动，悬锥中央的尖端所指刻度即为倾角或坡角的度数。

（5）水准器：通常有两个，分别装在圆形玻璃管中，圆形水准器固定在底盘上，长形水准器固定在测斜仪上。

（6）瞄准器：包括接物和接目觇板，反光镜中间有细线，下部有透明小孔，使眼睛、细线、目的物三者成一线，作瞄准之用。

2. 地质罗盘仪的使用方法

在使用地质罗盘仪前必须进行磁偏角的校正。因为地磁的南北两极与地理上的南北两极位置不完全一致，即磁子午线与地理子午线不相重合，地球上任一点的磁北方向与该点的正北方向不一致，这两个方向间的夹角叫磁偏角。

地球上某点磁针北端偏于正北方向的东边叫作东偏，偏于西边叫作西偏。东偏为 +，西偏为 -。

地球上各地的磁偏角都按期计算、公布，以备查用。若某点的磁偏角已知，则一测线的磁方位角 $A_磁$ 和正北方位角 A 的关系为 $A = A_磁 \pm$ 磁偏角。应用这一原理可进行磁偏角的校正，校正时可旋动罗盘的刻度螺旋，使水平刻度盘向左或向右转动（磁偏角东偏则向右，西偏则向左），使罗盘底盘南北刻度线与水平刻度盘 0° ～ 180° 连线间夹角等于磁偏角。经校正后，测量时的读数就为真方位角。

3. 岩层产状要素的测定

岩层产状三要素是指岩层的走向、倾向和倾角。

（1）岩层走向的测定

岩层走向是岩层层面与水平面交线的方向，也就是岩层任一高度上水平线的延伸方向。测量时将罗盘长边与层面紧贴，如图 1-3-33 所示，然后转动罗盘，使底盘水准器的气泡居中，读出指针所指刻度即为岩层的走向。因为走向是代表一条直线的方向，它可以向两边延伸，指南针或指北针所读数正是该直线两端延伸方向。

（2）岩层倾向的测定

岩层倾向是指岩层向下最大倾斜方向线在水平面上的投影，与岩层走向垂直。测量时，将罗盘短边紧靠着层面，如图1-3-33所示，并转动罗盘，使底盘水准器气泡居中，读指北针所指刻度即为岩层的倾向。

（3）岩层倾角的测定

岩层倾角是岩层层面与假想水平面间的最大夹角，即真倾角，它是沿着岩层的真倾斜方向测量得到的。沿其他方向所测得的倾角是视倾角。视倾角恒小于真倾角，也就是说，岩层层面上的真倾斜线与水平面的夹角为真倾角，层面上视倾斜线与水平面的夹角为视倾角。在野外分辨层面的真倾斜方向甚为重要，它恒与走向垂直，此外可用小石子使之在层面上滚动或滴水使之在层面上流动，此滚动或流动的方向即为层面的真倾斜方向。

测量时将罗盘直立，并以长边靠着岩层的真倾斜线，如图1-3-33所示，沿着层面左右移动罗盘，并用中指扳动罗盘底部的活动扳手，使测斜水准器气泡居中，读出悬锥中尖所指最大读数，即为岩层的真倾角。

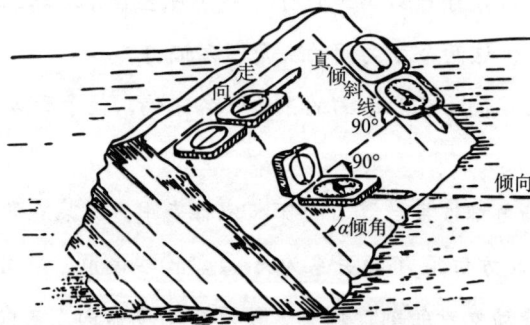

图1-3-33 岩层产状及其测量方法

岩层产状的记录文字表示法多用于野外记录和文字报告中，书写方式有两种：

象限角表示法：象限角是以南北方向为0°，东西方向为90°。用象限角表示产状要素时，一般记走向、倾角和倾向象限。如N60° W/30° SW，即走向为北偏西60°，倾向南西，倾角为30°。

方位角表示法：方位角是以正北为0°和360°，正东为90°，正南为180°，正西为270°。表示岩层产状要素时，只记录倾向和倾角。如NW300° ∠ 15°（或记为300° ∠ 15°），前者表示倾向的方位角是北西300°，后者表示倾角为15°。方位角表示法较简便，为目前广泛采用的方法。

岩层产状在地质图上常用符号"⅃35°"表示，长线表示在图纸上走向线的实际方向，短线为倾向，数字表示倾角。

在野外测量岩层产状时需要在岩层露头测量，不能在转石（滚石）上测量，因此要区分露头和滚石。测量岩层层面的产状时，如果岩层凹凸不平，可把记录本平放在岩层上当作层面进行测量。

三、任务成果

用岩层模型随机摆放，利用罗盘仪测量 8 组岩层产状要素，并用方位角表示法记录在表 1-3-2 中。

岩层产状记录表　　　　　　　　　　表 1-3-2

序　号	走　向	倾　向	倾　角	方位角表示法
1				
2				
3				
4				
5				
6				
7				
8				

回 拓展内容 |||||||||▶

百年京张"升级路"

八达岭长城站是京张高铁 174km 沿线的其中一站，占地 39852m²，相当于 6 个足球场大小。建在八达岭长城侧下方百米处的这个车站是目前埋深最深、规模最大的地下高铁车站。八达岭山脉的岩层复杂，以花岗杂岩居多，有风化严重和断层破碎的现象，容易引发建设过程中隧道变形、塌方，要在这样的环境中开挖大跨度隧道，工程师们最担心的是隧道坍塌，他们创造性地采取了什么方法解决呢？

请观看《创新进行时》20200407 百年京张"升级路"(十)链接网址: https: // tv.cctv.com/2020/04/07/VIDEueynqJ4s03Lx9Xj45a07200407.shtml。

思考 与 练习

1. 绘图表示地层的整合接触、假整合接触和角度不整合接触,并作简要说明。

2. 简述岩层产状要素及其测定方法。

3. 怎样认识褶曲的基本形态?对公路建设有何影响?

4. 绘图说明断层的基本类型及其组合形式的特征。在野外如何识别断层的存在?

5. 断裂构造对工程有何影响?

任务四　认识水文地质作用

学习目标	● 知识目标	❶ 熟悉地表水和地下水的地质作用。 ❷ 掌握地表水和地下水类型及特征。
	● 能力目标	❶ 能识读潜水等水位线图和承压等水压线图。 ❷ 能分析地下水、地表水对工程的危害。
	● 素质目标	传递奋勇向前、百折不挠的民族精神。 传递中国建设者将不可能变为可能的奋斗精神、吃苦耐劳，默默奉献的劳模精神。 传递抗洪精神，培养坚守底线、质量第一、服务社会的职业道德。

┤ 任务描述 ├

1. 完成潜水水文地质剖面图和等水位线图识读，确定潜水的分布情况。
2. 完成承压水等水压线图识读，确定承压水分布情况。
3. 完成公路沿线地下水对混凝土的腐蚀性判定。

▍相关知识

　　自然界的水分布于大气圈、水圈和岩石圈中，分别称之为大气水、地表水和地下水。存在于河流、湖泊、海洋中的地表水，可以蒸发并以水蒸气形式进入大气中形成大气水，也可通过岩土空隙渗入地下形成地下水。大气水在运移过程中，在适当条件下，凝结成固态或液态水，以雨、雪、霜等形式降落到地表形成地表径流，汇入河海湖泊。地下水在径流过程中也可蒸发形成大气水，也可与地表水发生水力联系，再排入河海湖泊。自然界的水就是在蒸发、降水、径流、排泄过程中，相互联系相互转化，从而形成自然界水的循环。水不仅是宝贵的自然资源，可作为生活饮用水和工农业生产用水，还可以通过自然循环产生巨大动力，不断改变地表形态和物质组成，影响工程的建筑条件。

一、地表流水地质作用

地表流水指沿陆地表面流动的水体。根据水流流动的特点，地面流水可分为坡流、洪流和河流三种类型。降落在斜坡上的雨水或冰雪融水，呈片状或网状沿坡面漫流，这样的地表水流称为坡流，又叫片流；沿沟谷作快速流动的暂时性地表水流称为洪流，俗称山洪；片流和洪流仅出现在雨后或冰雪融化后短暂的一段时间内，因此它们都是暂时性水流。河流是沿着槽形洼地经常性或周期性流动的地表流水。

地表流水由于具有一定的动能，因此能够产生地质作用，地表流水的地质作用主要表现为侵蚀作用、搬运作用和沉积作用。坡流对地面产生面状侵蚀，主要形成堆积地貌；洪流对地面产生线状侵蚀，可以形成侵蚀地貌和堆积地貌。河流的地质作用结果可形成河流地貌和广阔的冲积平原。

（一）坡流的地质作用及坡积物

微课：
坡流和洪流

坡流沿斜坡自高处向低处缓慢流动，不断地使坡面上的细小岩石碎屑和黏土物质向下移动，最后，在坡脚或山坡低凹处沉积下来形成坡积层。（图 1-4-1）。

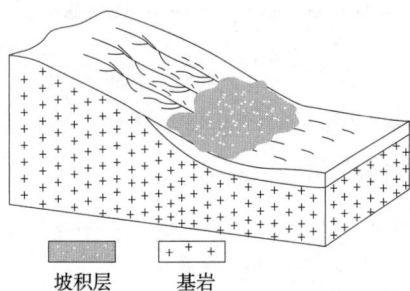

片流对整个坡面进行的均匀的、缓慢的和在短期内并不显著的地质作用，称为坡流的侵蚀作用。尽管坡流的动能小，剥蚀能力差，但由于它的作用面积大，作用次数多，因此坡流对地表的

图 1-4-1 坡面侵蚀与坡积层图示

剥蚀往往是很显著的。坡流侵蚀作用的强度与气候、降雨性质、地面坡度、岩性以及植被的覆盖程度有关。在降水量越大、越猛烈，坡度在 40° 左右的山坡洗刷强度最大，坡度过大或过小，洗刷作用都将减弱；在松散物质分布较多、无黏结性，植被稀少的地区，坡流侵蚀作用表现比较明显。

坡流到达坡脚，流速会减缓，坡流所携带的物质即沉积下来形成坡积层，沉积下来的物质称为坡积物。因为坡积物未经长距离长时间搬运，所以碎屑棱角明显，分选性及磨圆度差；其成分一般是孔隙度很高的含有棱角状碎石的亚黏土，物质成分与斜坡上的基岩成分相同；颗粒大小由斜坡上部向坡脚逐渐变细，上部多为较粗的岩石碎屑，靠近坡脚处常为细粒粉质黏土和黏土等，并夹有大小不等的岩块；坡积物一般无层理或层理不清晰；其厚度通常在斜坡上部较薄，下部逐渐变厚，坡脚处最厚，最厚处可以达到几十米。

坡积物结构松散，孔隙率高，压缩性大，抗剪强度低。当坡积层下伏基岩表面倾角

较大且坡积物与基岩接触面处为黏性土，又有地下水沿基岩面渗流时，易发生滑坡。在山区河谷谷坡和山坡上，坡积物广泛分布，对基坑开挖、开渠、筑路危害很大。在坡积物上修建建筑物时应注意不均匀沉降问题。当线路通过坡积物时，应查明其厚度及物理力学性质，正确评价建筑物的稳定性。

（二）洪流的地质作用及洪积物

沿沟谷作快速流动的暂时性地表水流称为洪流，俗称山洪。暴雨或大量冰雪融化以后，沟谷中便汇集大量的水，同时由于沟底坡度大，因此洪流流速往往很快。洪流沿沟谷流动时，拥有巨大的动能，对沟谷裸露的岩石会产生很大的冲刷力。洪流以其自身巨大的机械力和携带的砂石，对沟底和沟壁进行猛烈冲击和磨蚀，这个过程称为洪流的侵蚀作用。洪流地质作用的强度与气候、地形、地面岩性和植被有关。在缺少植被保护、土质松散而降雨又集中的山坡，地质作用表现明显。由于洪流的侵蚀作用形成沟底狭窄、两壁陡峭的沟谷叫冲沟。开始形成的冲沟较窄较浅，在洪流的不断作用下，不断地加深、加宽和向沟头方向伸长，并可在冲沟沟壁上形成支沟。在降雨量较集中、缺少植被保护，由第四纪松散沉积物堆积的地区，极易形成冲沟。

当洪流挟带大量的泥砂石块流出沟口后，由于沟床纵坡变缓，地形开阔，水流分散，流速降低，动能很快减小，搬运能力骤然降低，洪流所挟带的石块、岩屑、砂砾等粗大碎屑物质先在沟口堆积下来，较细的泥沙继续随水搬运，多堆积在沟口外围一带。由于山洪急流的长期作用，在沟口一带就形成了扇形展布的堆积体，称为洪积物，因其形似扇子，在地貌上常称为洪积扇（图1-4-2）。

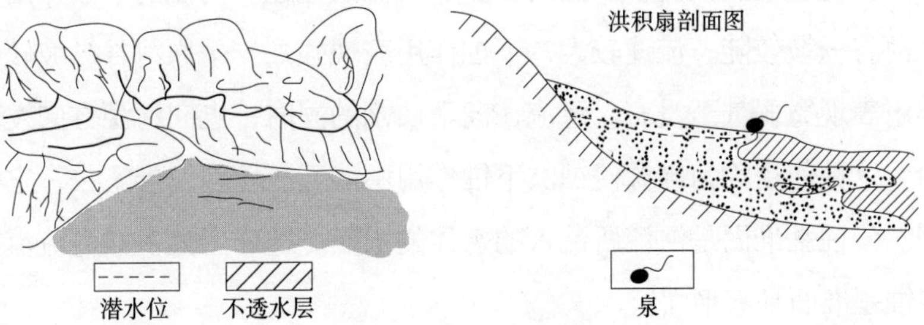

图例：---- 潜水位　▨ 不透水层　　　洪积扇剖面图　　　⬮— 泉

图1-4-2　洪积扇示意图

洪积物颗粒组成的特点是在近山区地带（洪积扇后缘）为分选不好的粗碎屑土，孔隙大，透水性强，地下水埋藏深，承载力较高，是良好的天然地基；在较远处（洪积扇前缘）则为分选性较好的细碎屑土和黏性土，如果在沉积过程中受到周期性的干燥作用，黏土颗粒发生凝聚并析出可溶盐时，则洪积层的结构较牢固，承载力也比较高；上述两地段之间的过渡带，由于经常有地下水溢出，地质条件不良，对工程建筑不利。洪积物磨圆度与搬运距离有关，有斜交层理或透镜体。洪积扇的规模逐年增大，有时与相邻沟谷的洪积扇互相连接，形成规模更大的洪积裙或洪积冲积平原。

（三）河流的地质作用

河流是沿河谷流动的季节性或常年流动的水流。河流不断地对岩石进行冲刷破坏，并把破坏后的碎石物质搬运到陆地的低洼地区或海洋堆积起来。河流的地质作用主要取决于河水的流速和流量。由于流速、流量的变化，河流表现为侵蚀、搬运和沉积三种性质不同但又相互关联的地质作用。

1.侵蚀作用

河流的侵蚀作用是指河水冲刷河床，使岩石发生破坏的作用。破坏的方式有机械侵蚀作用和化学溶蚀作用两种。机械侵蚀作用是指水流冲击坡底和坡脚，使岩石破碎的冲蚀作用和河水所挟带的泥、砂、砾石等在运动过程中摩擦破坏河床的磨蚀作用。化学溶蚀作用是指水在流动的过程中使岩石溶解的作用，溶蚀作用在可溶性岩石分布地区比较显著，水流溶解岩石中的可溶性矿物，结果破坏岩石的结构，加速水流的机械侵蚀作用。

河流的侵蚀作用按照侵蚀作用的方向不同又可分为下蚀作用、侧蚀作用。

（1）下蚀作用

下蚀作用是指河水及其所挟带的砂砾对河床基岩撞击、磨蚀，对可溶性岩石的河床进行溶解，致使河床受侵蚀而逐渐破坏加深的地质作用。下蚀作用的强弱由多种因素决定，如河床岩石的软硬、河流含砂量的多少、河流的流速。河流的下蚀作用使河床不断加深。山区河谷纵坡较陡、流速较大，下蚀作用表现强烈。平原河谷纵坡较缓、流速较小，下蚀作用表现微弱甚至没有。河流在向下切割的同时，也向河源方向发展，缩小和破坏分水岭，这种作用称为向源侵蚀。下蚀作用不能无止境地发展下去，它受到侵蚀基准面的限制。侵蚀基准面是河流所流入的水体的水面。地球上大多数河流流入海洋，它们的最终侵蚀基准面是海平面。

（2）侧蚀作用

侧蚀作用是在流水速度较小或河道弯曲时，流水冲刷两岸，致使河床岸坡被冲刷掏空、塌落的作用，这种侵蚀使河床不断加宽。河水流动时，由于受河床的岩性、地形、地质构造以及地球自转等因素的影响，在弯曲的河谷中受水流惯性力的作用会形成螺旋状的横向环流。在天然河道上能形成横向环流的地方很多，但在河湾部分最为显著，横向环流的表层水流以很大的流速冲向凹岸，产生强烈冲刷，使凹岸岸壁不断坍塌后退，同时将冲刷下来的碎屑物质由底层水流带向凸岸或下游堆积下来，使河湾的曲率不断增加，形成河曲，导致河谷越来越宽，河道越来越弯曲。河曲发展到一定程度，曲流颈的相邻河湾逐渐靠近，洪水来临时容易被冲开，发生"裁弯取直"现象，弯曲的河道与新河道失去联系，形成牛轭湖，继而发展成沼泽河流，如图 1-4-3 ～图 1-4-5 所示。这样天长日久，整个河床就被河水的侧蚀作用逐渐地拓宽。

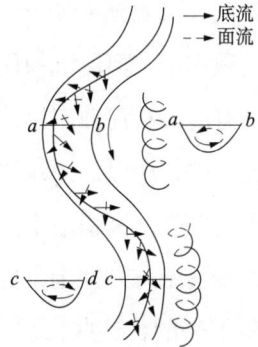

图 1-4-3　河流横向环流形成示意图　　　　图 1-4-4　河流螺旋状横向环流

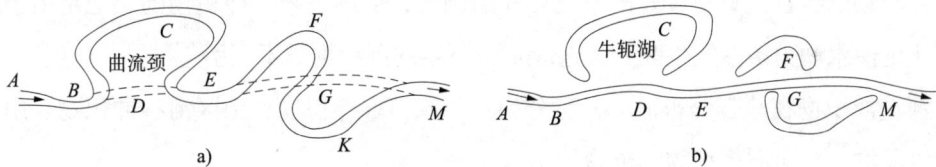

图 1-4-5　河曲的发展

在一条河谷中，侧蚀作用和下蚀作用是同时进行的，一般在河流的上游地区以下蚀作用为主，侧蚀作用较弱，而在河流的中下游地区，随着下蚀作用的减弱，扩展河床的侧蚀作用就很明显，甚至在下蚀作用完全停止的时候侧蚀作用仍然在继续。

2. 搬运作用

河水在流动过程中，将自身侵蚀的和谷坡上崩塌、冲刷下来的物质携带向下游的过程，称为河流的搬运作用。其中大部分碎屑物质以机械搬运形式被搬运到河流下游或凸岸，少部分溶解于水中的各种化合物被搬运到海洋。机械搬运表现为三种方式，即悬运、推运和跃运。小颗粒的物质由于其重力小于水的上举力，这些颗粒往往以悬浮状态随水流移动，称为悬运；颗粒很大的泥沙和砾石由于其重力大于水的上举力，颗粒在水流冲力推动下，或沿河底滚动，或沿河床推移，称为推运；颗粒较大的泥沙和砾石由于其重力大约等于水的上举力，颗粒在水流冲力推动下跳跃前进，称为跃运。

河流在搬运过程中，把原来颗粒大小不同、轻重混杂的碎屑物质按密度和粒径的不同分别集中在一起，这就是河流的分选作用。此外，被搬运物质与河床之间、被搬运物质相互之间都不断发生摩擦、碰撞，使其逐渐变圆、变细，这就是河流的磨蚀作用。良好的分选性和磨圆度是河流冲积物区别于其他成因沉积物的重要特征。

3. 沉积作用

当河床的纵坡变缓或搬运物质增加而引起流速变慢时，河流的搬运能力降低，河水所携带的碎屑物质（泥沙、砾石）在重力作用下逐渐沉积下来，形成层状沉积物的过程称为沉积作用。河流沉积作用主要发生在河流入海、入湖、支流江入干流处以及河流的中、下游地段和河曲凹岸，但大部分都沉积在海洋和湖泊里。由于河流搬运的颗粒大小与流速有关，所以，当流速减小时，被搬运的物质就按颗粒大小或密度，依次从大到小、从重到轻先后沉积下来。一般在河流的上游沉积较粗的砾石，越往下游沉积物质越细，多为砂壤土或黏性土，更细的或溶解的物质在海中沉积。冲积物是由河流所挟带的物质沉积下来的，这些物质有粗碎屑的漂石、块石、卵石、砾石及细碎屑的砂、黏性土、淤泥等。

冲积物的特征是具有良好的分选性和磨圆度，层理清晰。冲积物的层理是由于季节等变化促使水动力条件发生改变，造成上、下层的沉积物质不同引起的。

河流冲积物在地表分布很广，可分为：平原河谷冲积物、山区河谷冲积物、山前平原冲洪积物、三角洲沉积物等类型。

平原河谷通常深度不大，宽度很大，谷坡平缓，河床坡降小；而山区河谷的特点是深度大，谷坡陡，河床坡降大。因此，平原地区与山区的河流具有显著差别，河流的沉积物也有所不同。

（1）平原河谷冲积物。包括河床冲积物、河漫滩冲积物、牛轭湖沉积物等。

河床冲积物底部由厚度不大的块石、卵石、砾石组成，其上由粗砂、卵石组成透镜体，最上面是分选较好的具有斜层理和交错层理的砂和砾石。一般颗粒粗的沉积物具有很大的透水性，也是很好的建筑材料，当其为细砂时，饱和后在开挖基坑时会发生流砂现象，应注意。

河漫滩冲积物是洪水期河水溢出河床两侧时形成的沉积物，主要是沉积一些较细的物质，如细砂、黏性土，结构较为紧密。其主要特征是上部的细砂和黏性土与下部的河床沉积的粗粒土组成二元结构，具有斜层理与交错层理。

牛轭湖沉积物主要由淤泥质和少量黏性土组成，含有机物，如淤泥、泥炭等，呈暗灰色、黑色、灰蓝色并带有铁锈斑，具水平层理和斜层理。

在工程地质特征上，卵石、砾石及密实砂层的承载力较高，可作为建筑物地基。细砂具有不太大的压缩性，饱和时边坡不稳定。淤泥、泥炭和松软的黏性土作为地基时，建筑物会发生较大的沉降，而且沉降持续很长的时间。总的来说，牛轭湖及河漫滩地带因含松软的淤泥及黏性土，工程性质较差。但河漫滩上升为阶地后，因干燥脱水，其工程性质得以改善，一般越老的阶地工程性质越好。

（2）山区河谷冲积物。山区河谷的冲积物大多由纯的卵石、砾石等组成。分选性较平原河谷冲积物差，大小不同的砾石形成透镜体或不规则的袋状。由于山区河流流速大而河床的深度不大，故冲积物的厚度不大。一般山区河谷谷底由单一的河床砾石组成。山区冲积物透水性很大，抗剪强度高，是建筑物的良好地基。当山区河谷宽广时，也会有河漫滩洪积物出现，主要为含泥的砾石，并具有交错层理。

（3）山前平原冲积洪积物。山前平原冲积洪积物常沿山麓分布，厚度有时能达数百米。这种沉积物有分带性，在近山处为冲积和部分洪积形成的粗碎屑物质，向平原逐渐变为砾砂、砂以至黏性土。因此，山前平原的工程地质条件也随分带岩性的不同而变化。越往平原低处，工程地质条件越差。

（4）三角洲沉积物。三角洲沉积物是河流所搬运的大量物质在河口（河流入海或湖处）沉积而成。三角洲沉积物的厚度很大，能达几百米或几千米，面积也很大。三角洲沉积物可分为水上部分及水下部分。水上部分主要是河床及河漫滩冲积物，成分为砂、黏性土及淤泥，产状一般为层状或透镜体。水下部分则由河流冲积物和海或湖的堆积物混合组成，呈倾斜沉积层。三角洲沉积物的颗粒较细，含水量大，呈饱和状态，承载力较低，有时还有淤泥分布。三角洲沉积物的最上层，由于经过长期的干燥和压实形成所谓硬壳，承载力较下面的沉积物高，在工程建设中应充分利用这一层。另外，在三角洲上修建工程建筑物时还应查明暗浜或暗沟的分布情况。

回 拓展内容 ‖‖‖‖▶

"黄河之水天上来，奔流到海不复回。"

黄河塑造了中华民族百折不挠的鲜明气质。从世界屋脊一路向东，黄河穿越崇山峻岭、重重阻隔，千折万转、奔腾不息，横贯中原大地，流入茫茫大海。

黄河彰显中华民族刚毅不屈的坚强性格。"风在吼，马在叫，黄河在咆哮，黄河在咆哮……"

从二七大罢工到西路军西渡黄河，从大别山到桐柏山，从转战陕北到淮海战役，从焦裕禄工作的兰考到红旗渠所在的林州，黄皮肤中华儿女的血管里，都奔流着一条黄河。

黄河是中华民族的母亲河。它发源于青藏高原，流经9个省区，全长5464公里。黄河流域是我国重要的生态屏障和经济地带。2019年9月，黄河流域生态保护和高质量发展上升为国家战略。让我们从黄河源头出发，顺流而下，欣赏沿途壮美的景观，感受黄河奔腾向前的磅礴气势。

黄河之水天上来 -CCTV官网链接网址 https://tv.cctv.com/yskd/special/hh1/index.shtml。

二、地下水地质作用

地下水分布极其广泛，它与人类生活和工程活动密切相关。例如，地下水常为农业灌溉、城市供水和工矿企业用水提供良好的水源。但地下水往往也给工程建设带来一定困难和危害，它与岩土体相互作用，会使土体和岩体的强度和稳定性降低，产生各种不良的自然地质现象和工程地质现象，如滑坡、岩溶、潜蚀、地基沉陷、道路冻胀和翻浆等。铁路路基沉陷常和地下水活动有着直接联系；公路工程中地下水位较高时，常会因土的毛细作用而改变路基的干湿类型，引起各种路基病害；基坑及地下洞室开挖过程中的涌水现象；地基工程中，深基坑的开挖过程中基坑降水问题，并因基坑降水引起地下水渗流问题造成基坑边坡移动和基坑周围地面沉陷；土壤盐渍化问题；超量开采地下水引起的地面沉降问题等，给工程的建设和正常使用造成危害。为了有效地防止和消除地下水的危害，合理开发利用地下水，必须了解和掌握地下水的形成、埋藏条件、分布和运动规律以及地下水对工程建设的危害和防治措施等水文地质基础知识和基本技能。

（一）水在岩土中的赋存形式

自然界岩土孔隙中赋存着各种形式的水，按其存在形态分为液态水、气态水和固态水。

微课：
地下水概述

1. 液态水

根据水分子受力状况可分为结合水、重力水和毛细管水。

（1）结合水

受到岩土颗粒表面的吸引力大于其自身重力的那部分水称为结合水。最接近岩土颗粒表面的结合水称为强结合水（又称吸着水），其外层称为弱结合水（又称薄膜水）。

①强结合水。

强结合水沸点为 105℃，冰点为 −78℃，密度可达 $1.5 \sim 1.8g/cm^3$，力学性质类似固体，具有极大的黏滞性、弹性和抗剪强度；不能传递静水压力，不能导电，也没有溶解能力。

②弱结合水。

弱结合水密度较强结合水小，但仍比普通液态水大；具有较高的黏滞性、弹性、抗剪强度；不能传递静水压力，也不导电；冰点低于 0℃。弱结合水也不能在重力作用下运移，但可以从水膜厚的位置向水膜薄的位置移动。

（2）重力水

重力水即常称的地下水，存在于较粗大颗粒的孔隙（如中粗砂、卵砾石土中的孔隙）中，具有自由活动能力，在重力作用下能自由流动。

（3）毛细管水

由于毛细管作用支持充填在岩土细小孔隙中的水称为毛细管水，又称毛细水。它同时受毛细管力和重力的作用，当毛细管力大于水的重力时，毛细管水就上升。因此，地下水水面以上普遍形成一层毛细管水带。毛细管水能垂直上下运动，能传递静水压力。根据毛细管力作用情况不同可分为支持毛细管水、悬着毛细管水和孔角毛细管水。

毛细管水和重力水又称自由水，均不能抗剪切，但可传递静水压力，密度在 $1g/cm^3$ 左右。

2. 气态水

呈气态和空气一起充填在非饱和的岩土空隙中的水称为气态水。它可随空气的流动而运移，即使空气不流动，也能由湿度相对大的地方向小的地方移动。在一定温度、压力条件下可与液态水相互转化，两者之间保持动态平衡。当岩土空隙水气增多达到饱和，或周围温度降低到露点时，气态水便凝结成液态水。

3. 固态水

固态水是指常压下当岩土体温度低于 0℃时，岩土孔隙中的液态水（甚至气态水）凝结成冰（冰夹层、冰锥、冰晶体等）。固态水在土中起胶结作用，形成的冻土其强度有所提高，但解冻后土的强度通常低于冻结前的强度。因为岩土孔隙中的液态水转变为固态水时，其体积膨胀，使土的孔隙增大，结构变得松散，故解冻后的土压缩性增大，强度降低。

（二）透水层、隔水层、含水层的概念

地下水在重力作用下不停地运动，运动特点取决于岩土的透水性。岩土空隙的大

小、多少、均匀程度和连通情况，决定着地下水的埋藏、分布和运动规律。一般情况下，岩土中空隙越多、越大，连通情况越好，水在其中流动所受阻力越小，水流速度越大，岩石透水性越强，这种岩土称为透水层，如砂层及裂隙发育的坚硬岩石。反之，若岩石中空隙极小且少，连通情况又很差，水流因受到很大阻力，流速很小，这种岩层称为相对不透水层或隔水层，如黏性土和新鲜致密的岩层等。岩土的透水性用渗透系数表示，一般认为渗透系数小于 0.001m/d 的岩层属于隔水层，大于或等于这一数值者属于透水层。

含水层是指能透水而又饱含重力水的岩层。只有在适宜的条件下，透水层才有可能成为含水层。

含水层的形成应具备一定的条件：首先，岩土体应具有容纳水的空隙，为地下水的存储和运移提供必备的空间，即必须有透水性；其次，应具有储存地下水的地质构造，使地下水能在岩石空隙中聚集和储存而不产生下泄，即有隔水层和透水层的适当组合。如由透水层和隔水层组成的向斜构造和构造盆地，常是良好的蓄水构造，而处于高阶地上的砂砾石层，虽具有良好的透水性，但由于下部没有隔水层，地下水很快流失，不能形成含水层。此外，要有充足的补给来源，若在枯水期干涸，无水可储，不能称之为含水层。

（三）地下水的类型及其特征

不论坚硬的岩石还是松软的土体，其中都或多或少存在空隙，这些空隙是地下水赋存和运移的场所。根据空隙的形状差异和成因不同，岩土中的空隙可以分为三类：①存在于松散土体中颗粒之间的孔隙；②存在于坚硬岩石中的裂隙；③存在于可溶性岩石中的溶隙。根据含水层的性质不同，地下水可分为孔隙水、裂隙水和岩溶水。根据地下水的埋藏条件，地下水可分为包气带水、潜水和承压水三大主要类型。

1. 孔隙水

赋存于松散沉积物（包括第四系和坚硬基岩的风化壳）孔隙中的地下水称为孔隙水。由于孔隙的相互连通性，孔隙水一般具有分布连续、同一含水系统中的水具有水力联系和统一的地下水面、水量比较均匀等特点。不同成因类型的松散沉积物，如洪积层、河流冲积层、湖积层、三角洲沉积及黄土等，赋存于其中的孔隙水具有不同特征。山前冲洪积扇的砂砾石层，形成巨厚的潜水含水层；自山前向平原与盆地内部，砂砾与黏性土交互成层，构成多个承压含水层，地下水埋深由深变浅，水质由好变差（图1-4-6）。河流漫滩及阶地堆积物常呈二元结构，上

微课：
孔隙水

部多为细粒土，下部为砂砾石层，地下水主要埋藏于下部砂砾石层中。在冲积平原中，河床构成纵向延伸的多个带状含水层，富水性不强但分布比较均匀。滨岸地带由于沉积物颗粒较粗，可构成良好的含水层；在过渡地带，砂砾与黏土互层构成承压含水层，富水性强且不均匀，水体交替较差，水资源不易得到补充。

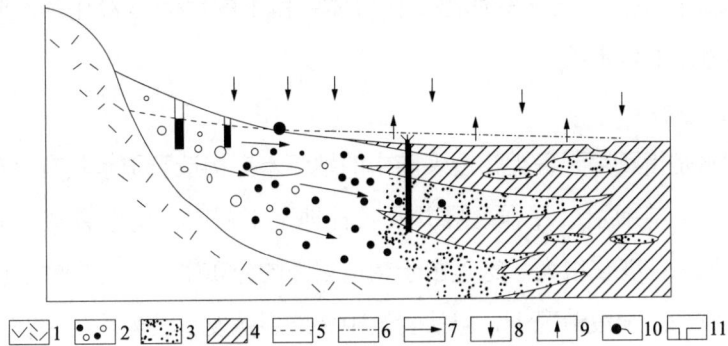

图 1-4-6　洪积扇水文地质剖面示意图

1- 基岩；2- 砾石；3- 砂；4- 黏性土；5- 潜水位；6- 承压水位；7- 地下水流向；8- 降水补给；9- 蒸发排泄；10- 下降泉；11- 井（黑色表示有水）

黄土高原地区地下水的分布受地形切割程度控制，地形完整的黄土塬，地下水较为丰富，地下水由黄土塬的中心向四周呈辐射状散流，埋深由深变浅，水质由好变差。平原深层孔隙承压水，由于含水层厚度大、富水性好，常被作为重要水源加以开采。

2. 裂隙水

埋藏在基岩裂隙中的地下水称为裂隙水。裂隙水分布很不均匀，水力联系也很复杂。裂隙水的这些特点与裂隙介质的特征有关。根据裂隙水赋存介质的不同，将裂隙水划分为脉状裂隙水和层状裂隙水两种类型。坚硬基岩中的裂隙分布不均匀且具方向性，通常只在岩层中某些局部范围内连通，构成若干互不联系或联系很差的脉状含水系统，赋存脉状裂隙水。松散岩层中，空隙分布连续均匀，构成具有统一水力联系和水量分布均匀的层状孔隙含水系统，赋存层状裂隙水。

按含水介质裂隙的成因，裂隙水可分为风化裂隙水、成岩裂隙水与构造裂隙水。

（1）风化裂隙水

风化裂隙水是指赋存于岩体的风化带中的地下水。风化作用形成的风化壳，通常厚达数米至数十米，裂隙分布密集均匀，连通良好的风化裂隙带构成含水层，未风化或风化程度较轻的母岩构成相对隔水层，因此，风化裂隙水一般为潜水。风化裂隙水通常分布比较均匀，水力联系较好。

（2）成岩裂隙水

成岩裂隙水是指赋存于各类成岩裂隙中的地下水。一般情况下，成岩裂隙多闭合，不构成含水层，但喷溢的玄武岩六棱柱状裂隙发育且张开，可构成良好含水层。岩脉及侵入岩体与围岩的接触带，冷凝后可形成张开的呈带状分布的裂隙，赋存带状裂隙水。熔岩流在冷凝过程中由于气体的逸出，在岩体中留下的巨大熔岩孔洞，形成管状含水带，可成为强富水的含水层。

（3）构造裂隙水

构造裂隙水是指赋存于各类构造裂隙中的地下水。构造裂隙水具有分布不均匀、水力联系差等特征。在钻孔、平洞、竖井及各种地下工程中，构造裂隙水的涌水量、水位、水温与水质往往变化很大。这是由于构造裂隙的分布密度、方向性、张开性、延伸性极不均一造成的。一般情况下，层状岩层中构造裂隙发育较为均匀，在层面裂隙的沟通下，构造裂隙水的水力联系较好；块状岩体中构造裂隙发育极不均匀，通常可分为三个级次的裂隙空间：①细短闭合的小裂隙构成的微裂隙岩体；②张开且延伸较长的中等裂隙构成的导水裂隙网络；③大裂隙与断层构成的局部导水通道。当钻孔或坑道钻入微裂隙岩体时，水量微不足道；遇到裂隙网络时，会出现较大水量；触及大的裂隙导水通道时，水量十分充足。

在裂隙岩体中开采或排除地下水时，要根据裂隙水的特点布置钻孔与坑道。在裂隙岩体中修建地下工程建筑物时，要充分考虑裂隙水的复杂性。渗漏计算，排水孔和灌浆工程的设计，都应充分考虑裂隙水的不均一性和各向异性的特点。

回 **拓展内容** ⅠⅠⅠⅠⅠⅠⅠ▶

大瑞铁路大柱山隧道

大柱山隧道全长 14.484km，是大瑞铁路的控制性工程，位于横断山脉的中南段，云南高原的西部边缘。这里峰峦重叠，坡陡谷深，到处是悬崖峭壁。这里断裂带密布，山岭褶皱紧密，断层成束，怒江、澜沧江、大渡河等许多大河都沿着深大断裂发育。这里降水充沛，水系发达，一些地表水会沿着基岩节理裂隙和岩溶空腔下渗成为地下水。由于横断山内的岩层十分破碎，因此很容易被下渗的地下水侵蚀，形成大大小小的溶洞和空腔，还有许多暗河沿着岩层中的破碎带流淌。从 2009 年大柱山隧道开始大规模涌水以来，其涌水量相当于 10 余座西湖的水量，光是抽水泵就用坏了 116 个。待到 2021 年大瑞铁路通车之时，火车通过这条修了十三年的大柱山隧道只需要 7 分钟，大柱山的施工人员们用他们的十三年，换回了千万乘客的 7 分钟。

[新闻直播间] 大瑞铁路大柱山隧道贯通 CCTV 节目官网 -CCTV-13_ 央视网（cctv.com）https://tv.cctv.com/2020/04/28/VIDEAc1rknyAqFuwviXerbib200428.shtml。

3. 岩溶水

在岩溶孔隙中保存和运动的地下水称为岩溶水。岩溶水不仅是一种具有特殊性质的地下水，而且也是一种活跃的地质营力，它在运动过程中，不断与岩石作用，改造自身的赋存环境，形成独特的分布和运动特征。

（1）岩溶水的分布、运动特征

由于岩溶空隙发育的不均匀，宽度大小不一，连通程度各不相同，岩溶水往往呈现层流与紊流并存的现象。在一些细小的溶隙中，水流因阻力大而流动缓慢，流态为层流；而在一些连通性和张开性好的溶隙中，水流阻力小，流速大且水量集中，多呈紊流状态。如石灰岩，其原生孔隙很小，透水性能差，但经溶蚀后形成不同形状的溶隙、溶蚀漏斗、溶洞等，不同空隙空间的大小和透水性可以相差几个数量级，一些巨大的地下管道和溶洞，可成为地下暗河，加上岩溶发育在空间上的差异性，造成岩溶水的分布极不均匀。同时，岩溶空间主要是在裂隙空间的基础上发展形成的，裂隙空间的方向性和其透水性能各向异性的特点在岩溶介质中得到继承和发展，因此，透水性能各向异性是岩溶介质的另一个显著特点。有时在同一水力系统的不同过水断面上，渗透系数、水力坡度和渗透流速都各不相同，层流与紊流并存。另外，岩溶水的水位与流量呈现强烈的季节性变化，其水位变幅可达几十米，流量变幅达几十倍。

（2）岩溶水的富水特征

岩溶含水层的水量往往比较丰富，其富水程度与岩溶发育程度密切相关。一般情况下，岩石可溶性好、地下水径流通畅且交替强烈的地段和岩溶发育良好的地段，也是岩溶水富集的地段。在以下地段往往赋存丰富的岩溶水：厚层纯石灰岩分布区；可溶性岩石的构造破碎部位；可溶性岩石与非可溶性岩石或可溶性极强与可溶性弱的岩层交界面附近；硫化矿床氧化带；地表水体附近及其他岩溶水排泄部位。

水量丰富而集中的岩溶水，是理想的供水水源。但是水量大而分布极不均匀的岩溶水，常造成矿坑及地下工程的涌水或坍塌事故，这是各种工程地质勘察的重要研究课题。

4. 包气带水

埋藏在地面以下包气带（图 1-4-7）中的水称为包气带水。包气带水可分为非重力水和重力水。非重力水主要是指吸着水、薄膜水和毛细管水，又称土壤水。重力水则指包气带中局部隔水层上的水，又称上层滞水。

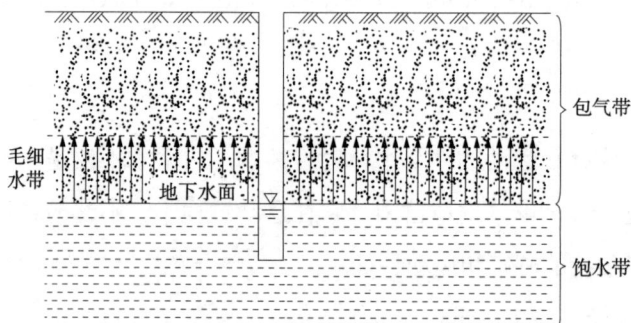

图 1-4-7　地下水的垂直分带

（1）土壤水

土壤水是埋藏在包气带土层中的水，主要以结合水和毛细管水形式存在，靠大气降水的渗入，水汽的凝结及潜水由下而上的毛细作用补给。大气降水或灌溉水向下渗入时必须通过土壤层，这使渗入水的一部分保持在土壤层中，称为所谓的田间持水量，其余部分则以重力水形式下渗补给潜水。土壤水主要消耗于蒸发过程，水分变化相当剧烈，并受大气田间的制约。当土层透水性很差，气候又潮湿多雨或地下水位接近地表时，易形成沼泽，称为沼泽水。当地下水面埋藏不深，毛细水带可达到地表时，由于土壤水分的强烈蒸发，盐分不断积累于土壤表层，形成土壤盐渍。

（2）上层滞水

当包气带存在局部隔水层时，在局部隔水层之上积累具有自由水面的重力水，称为上层滞水。

上层滞水的特征是：分布于接近地表的包气带内，与大气圈关系密切；这类水是季节性的，主要靠大气降水和地表水下渗补给，故分布区与补给区一致，以蒸发或逐渐向下渗透到潜水中的方式排泄；雨季水量增加，干旱季节减少，甚至重力上层滞水会完全消失；土壤水虽不能直接被人们取出应用，但对农作物和其他植物起着重要作用；上层滞水分布面积小，水量也小，季节变化大，容易受到污染，只能用作小型或暂时性供水源，从供水角度来看意义不大，从工程地质角度来看，上层滞水常是引起土质边坡滑塌、黄土路基沉陷和路基冻胀等病害的重要因素。

5. 潜水

潜水是埋藏在地表以下第一个连续稳定、隔水层以上、具有自由水面的重力水。潜水的自由水面称潜水面。地面到潜水面的铅直距离称为潜水位埋藏深度（T）。潜水面到下伏隔水层之间的岩层称为含水层，潜水面上任一点至隔水底板的距离称为潜水含水层厚度（M）。潜水面到零基准面的铅直距离称为潜水位（H），如图1-4-8所示。

微课：
潜水

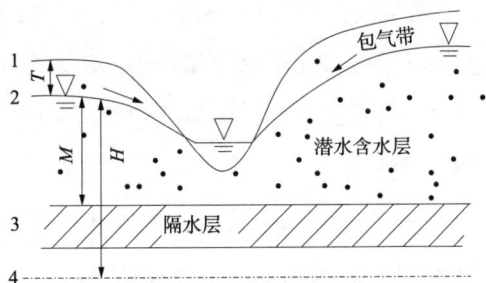

图 1-4-8　潜水埋藏示意图

1- 地面；2- 潜水面；3- 隔水层；4- 零基准面；T- 潜水位埋藏深度；M- 潜水含水层厚度；H- 潜水位

（1）潜水的特征

根据潜水的分布、埋藏和循环条件，潜水具有以下特征。

①潜水具有自由水面，为无压水。

②潜水的分布区和补给区基本上是一致的。潜水含水层的分布范围称为潜水分布区。由于潜水含水层的上部没有连续隔水层，大气降水和地表水可通过包气带直接补给潜水，潜水易受污染。潜水接受补给的地区称为补给区。大气降水是潜水的主要补给来源，大气降水补给量的多少取决于降水性质、地面坡度、植被覆盖程度及包气带透水性和厚度等。地表水是潜水的重要补给来源，地表水补给量的多少取决于地表水与潜水水位差、河流沿岸岩层透水性及潜水与河水有联系地段分布范围。干旱地区凝结水也是潜水的重要补给来源。当承压水位高于潜水位、承压含水层与潜水之间存在局部透水层时，承压水也可补给潜水，称为越流补给。

③在重力作用下，潜水可以沿水平方向由水位高处向水位低处渗流，形成潜水径流。潜水的径流速度与含水层岩性、地形和气候条件等因素有关。当含水层透水性好，地形高差大，大气降水补给充沛时，地下水径流通畅、循环交替快。

④潜水排泄是潜水失去水量的过程，其主要方式有两种：平原地区主要以蒸发形式排泄，蒸发过程中含水层失去水分，使水中盐分积聚，矿化度增高；高山丘陵地区则以

泉、渗流形式排泄于地表或地表水体。

⑤潜水的动态(如水位、水温、水质、水量等随时间的变化)随季节变化明显,雨季降水量多,补给充沛,潜水面上升,含水层厚度增大,水量增加,埋藏深度变浅,水的矿化度降低;枯水季节则相反。

(2)潜水面的形状及其表示方法

潜水面的形状与地形、含水层的透水性和厚度、气象水文因素、人工抽水和排水等有关。一般情况下,潜水面是呈向排泄区(如相邻冲沟、河流、湖泊等)倾斜的曲面;当大面积不透水的隔水底板向下凹陷,而潜水水量较小,潜水几乎静止不动时,就形成潜水湖,此时潜水面是水平的。当不透水底板倾斜或起伏不平时,潜水面有一定坡度,潜水处于流动状态,此时就形成潜水流。

潜水面的形状与地形有一定程度的一致性,但比地形更为平缓一些。含水层的透水性或厚度沿渗流方向变化时,潜水面形状会发生改变,当含水层透水性或厚度增大时,潜水面形状趋于平缓,反之变陡,如图1-4-9所示。潜水面的形状还受气象、水文、地表水体水位变化和人为因素的影响。如大气降水和蒸发会使潜水面上升或下降。降水丰富,含水层中的水量增加,潜水面就随之上升;降水量少时,地下水大量蒸发,潜水面就随之下降。河、湖水面常高于附近的潜水面,因此,河水、湖水常补给沿岸的潜水,黄河下游及洪泽湖沿岸即是一例。潜水与河流水面间往往形成互相补给的关系,这种现象称为河流与地下水的水力联系。人工抽水和排水也会使潜水面形态发生改变。

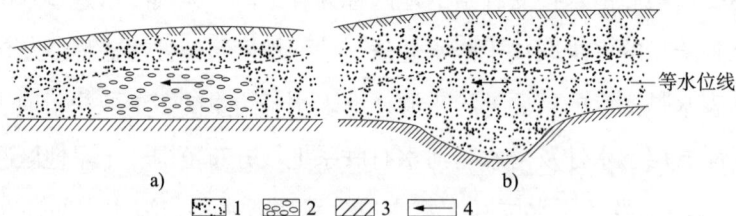

图1-4-9 潜水面形状与含水层透水性及厚度关系

1-含水砂层;2-含水砾石层;3-隔水底板;4-流向

(3)潜水面的表示方法

潜水面反映了潜水与地形、岩性和气象水文等之间的关系,同时能表现潜水的埋藏、运动和变化的基本特点。为能清晰地表示潜水面的形态,通常采用水文地质剖面图和潜水等水位线图两种图示方法表示潜水面,并相互配合使用。

任务实施 1

水文地质剖面图、潜水等水位线图的绘制与应用

在公路设计和施工中，为了了解潜水的分布情况，常需要绘制水文地质剖面图和潜水等水位线图。

1. 水文地质剖面图（又称剖面图）

按一定比例尺，选择有代表性的剖面方向，首先绘制地形剖面，然后根据钻孔、试坑或井、泉的地层柱状图资料绘制地质剖面图，然后标出剖面图上各井、孔的潜水位，连出潜水面，即绘成水文地质剖面图，如图 1-4-10 所示。

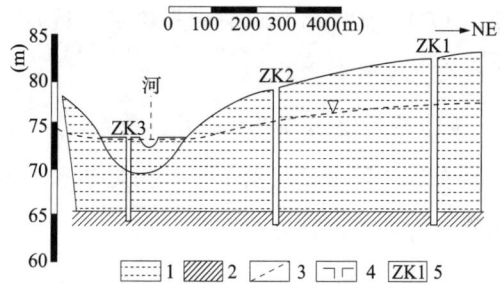

图 1-4-10　水文地质剖面图

1- 砂土；2- 黏性土；3- 潜水面；4- 钻孔；5- 钻孔编号

2. 潜水等水位线图

潜水等水位线图是反映潜水面形状的一种平面图，绘制方法与地形等高线图绘制方法基本相同。以地形图为地图，根据工程要求的精度，把大致相同的时间内测得的潜水面各点（如井、泉、钻孔、试坑等）的水位资料，标在同一地形图上，用内插法将水位高程相同的各点连接起来，便绘成一幅潜水面等高线图，即潜水等水位线图，如图 1-4-11 所示。

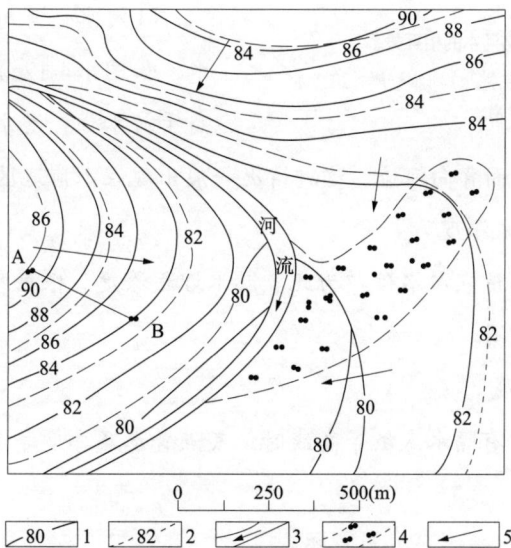

图 1-4-11　潜水等水位线图

1- 地形等高线；2- 等水位线；3- 河流；4- 沼泽；5- 潜水流向

因潜水面随季节变化明显，所以等水位线图必须注明水位的测定日期。通过不同时期等水位线图的对比，可以了解潜水的动态。

3.潜水等水位线图的应用

(1)确定潜水的流向及水力坡度

垂直等水位线从高水位指向低水位的方向，即为潜水的流向，常用箭头表示，如图1-4-11中箭头指向。在流动方向上，任意两点的水位差(ΔH)除以该两点间的实际水平距离(L)，即为此两点间的平均水力坡度($j=\Delta H/L$)。一般潜水的水力坡度很小，常为千分之几至百分之几。

(2)确定潜水与河水的补排关系

在近河等水位线图上可以判定潜水与河水的补排关系，一般情况下潜水与河水的补排关系有以下三种。

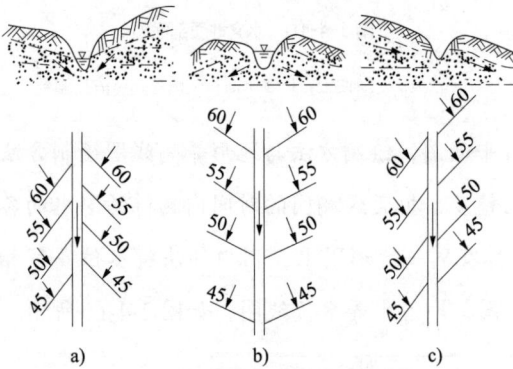

图1-4-12 潜水与河水的相互关系

a)河水排泄潜水；b)河水补给潜水；c)河水一岸补给潜水，一岸排泄潜水

①河水排泄潜水，如图1-4-12a)所示，潜水位高于河水位，潜水面倾向河流，多见于河流的中上游山区。

②河水补给潜水，如图1-4-12b)所示，潜水位低于河水位，潜水面背向河流，多见于河流下游地区(如黄河下游地区)。

③河水一岸补给潜水，一岸排泄潜水，如图1-4-12c)所示，即一岸潜水位高于河水位，潜水面倾向河流，一岸潜水位低于河水位，潜水面背向河流，这种情况一般出现在山前地区的河流。

(3)确定潜水的埋藏深度

某点地面高程减去该点潜水位即为此点潜水埋藏深度。根据各点的埋藏深度，可进一步作出潜水埋藏深度图。

(4)确定含水层厚度

若在等水位线图上有隔水底板等高线时，某点含水层厚度等于该点潜水面与隔水底板高程之差。

(5)分析推断含水层透水性及厚度变化

若等水位线由密变疏，说明潜水面坡度由陡变缓，可以推断含水层透水性由弱变强或含水层厚度由薄变厚。反之，则可能是含水层透水性变弱或厚度变薄。

另外，根据等水位线图还可以合理布置给水或排水建筑物位置，一般应在平行等水位线和地下水汇流处开挖截水渠或打井。

6. 承压水

充满于两个稳定隔水层之间的含水层中承受静水压力的地下水称为承压水，如图 1-4-13 所示。承压含水层上的隔水层底面称为隔水顶板，承压含水层下的隔水层顶面称为隔水底板，顶、底板之间的垂直距离称为承压含水层厚度（M）。在承压含水层地区打井，揭穿隔水顶板后才能见到承压水，此时的水面高程称为初见水位。承压水含水层承受静水压力，随后水位会不断上升，达到一定高度便稳定下来，这时的水位称为稳定水位，即该点处承压含水层的承压水位。承压水位与初见水位的差值称为承压水头。当承压水位高出水面时，地下水便可以溢出或喷出地表，形成自流水。当两个隔水层之间的含水层未被水充满时，称为层间无压水。

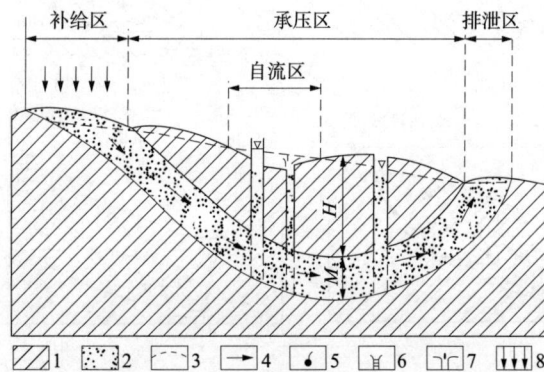

图 1-4-13　承压水剖面示意图

1- 隔水层；2- 含水层；3- 地下水位；4- 地下水流向；5- 上升泉；6- 钻孔；7- 自流钻孔；8- 大气降水补给；H- 承压水头高度；M- 含水层厚度

基岩地区承压水的埋藏类型，主要取决于地质构造，即在适宜的地质构造条件下，孔隙水、裂隙水和岩溶水均可形成承压水。最适宜于形成承压水的地质构造有向斜构造和单斜构造两类。向斜储水构造又称承压盆地，它由明显的补给区、承压区和排泄区组成，如图 1-4-13 所示。在盆地、洼地或向斜构造中，出露于地表的含水层，海拔较高部分称为地下水的补给区，海拔较低部分称为排泄区，承受静水压力的地段称为承压区。承压盆地可能与地形一致，也可能不一致，如图 1-4-14 所示。

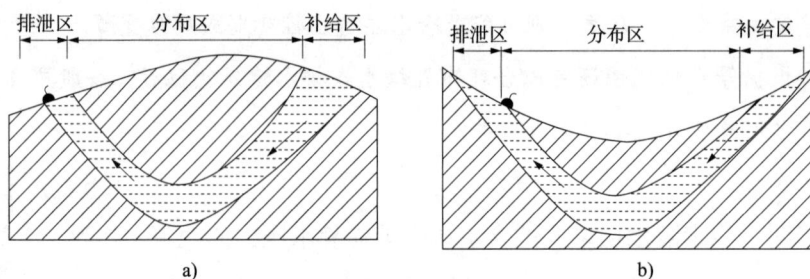

图 1-4-14　承压盆地

a) 承压盆地与地形不一致;b) 承压盆地与地形一致

单斜储水构造又称承压斜地,它可以由含水层岩性发生相变或尖灭形成,如图 1-4-15a) 所示;也可以由侵入岩体阻截形成,如图 1-4-15b) 所示;也可以是含水层被断层所切形成,如图 1-4-15c) 和 d) 所示。

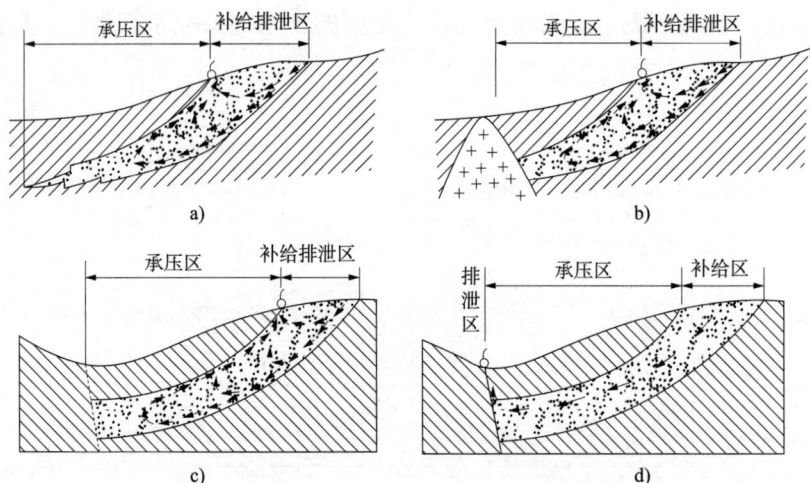

图 1-4-15　承压斜地剖面示意图

a) 岩性变化形成的承压斜地;b) 岩脉阻截形成的承压斜地;c)、d) 断层构造形成的承压斜地

当含水层一端出露于地表,另一端在某一深度处尖灭、被阻水断层切割、被岩脉阻断而不导水时,一旦补给量超过含水层的容水量,水就从含水层出露带的较低部分外溢,其余部分则成为承压区,如图 1-4-15a) ～ c) 所示。当单斜含水层的一侧出露地表成为补给区,另一侧被导水断层切割时,此时承压区介于补给区与排泄区之间,情况与构造盆地相似,如图 1-4-15d) 所示。

(1) 承压水的特征

根据承压水的分布、埋藏和循环条件,承压水具有下列特征。

①承压水承受静水压力，为有压水流，其顶面为非自由水面。

②承压水的分布区和补给区不一致，如图 1-4-13～图 1-4-15 所示。承压水的补给区一般位于承压盆地或承压斜地势较高处，此处含水层出露地表，可直接接受大气降水和地面水的入渗补给；当承压水位低于潜水位时，也可以通过断裂带或弱透水层等通道得到潜水补给。承压水的分布区即承压区，也称承压水的径流区。补给区是非承压区，具有潜水的特征。由于承压水上部有连续稳定的隔水层，承压水不易受到污染。

③承压水在静水压力作用下，可以由高水压处向低水压处渗流，形成承压水的径流。承压水的径流条件取决于含水层的透水性、补给区到排泄区的距离和含水层的挠曲程度。含水层透水性越强，补给区到排泄区距离越近，水头差越大，含水层挠曲程度越小，承压水的径流条件越畅通，水交替越强烈。反之，径流越缓慢，水交替越微弱。承压水的径流条件对承压水的水质影响很大。

④承压水的排泄区位于承压斜地或承压盆地边缘低洼地区。当地表水文网切割至含水层时，承压水可以泉的形式排泄；承压水还可通过导水断层以断层泉的形式排泄于地表；如果排泄区有潜水时可直接排入潜水。

⑤承压水动态（承压水位、水温、水质、水量）受气象和水文因素的季节性变化影响不显著。承压水厚度稳定不变，不受季节变化影响。

（2）承压水等水压线图

承压水等水压线图就是承压水位等高线图。其等水压线图可以反映承压水（位）面的起伏情况。承压水（位）面与潜水面不同，潜水面是一个实际存在的地下水面，而承压水面是一个势面，这个面实际上是假想的而不存在的，只有当钻孔揭穿上覆隔水层至含水层顶面时才可测出承压水位，它可以与地形不吻合，甚至高出地面，此时形成自流井。承压水等水压线图识读见任务实施 2。

任务实施 2

承压水等水压线图识读

1. 承压水等水压线图

承压水等水压线图与潜水等水位线图的绘制方法相似。在承压含水层分布区，将各观测点（钻孔、井、泉等）的初见水位（即含水层顶板高程）和稳定水位（即承压水位）

等资料，绘在一定比例尺的地形图上，用内插法将承压水水位相等高程的点连接起来，即等水压线图，如图 1-4-16 所示。

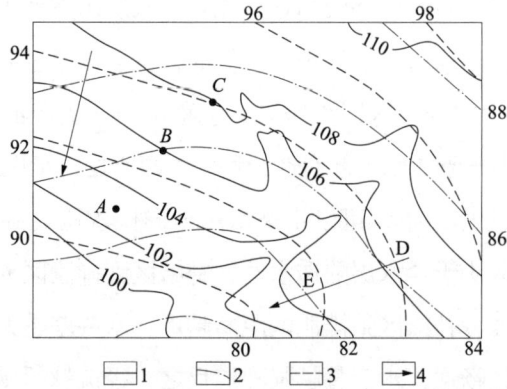

图 1-4-16 承压水等水压线图

1- 地形等高线；2- 含水层顶板等高线；3- 等水位线；4- 地下水流向

2. 承压水等水压线图的应用

（1）确定承压水流向并计算某两点间的水力坡度

垂直于等水压线，由高水位指向低水位的方向即为承压水流向，一般用箭线表示，如图 1-4-16 所示。在承压水流向方向上，任意两点间的水压差与该两点间的实际水平距离之比值，即为此两点间的平均水力坡度，$j = \Delta H/L$。

（2）确定承压含水层的埋藏深度

某点地面高程减去该点含水层顶板高程，即为此点承压含水层埋藏深度，据此可以确定供水井、孔的开挖深度。

（3）确定承压水位的埋藏深度

某点地面高程减去该点承压水位即得该点承压水位的埋藏深度，此值可以是正值也可以是负值，正值表示承压水位有一定埋藏深度，负值表示在此处打井或钻孔，一旦揭露上部隔水层，水会自溢出地表，形成自流井（孔）。承压水位埋藏深度越小，开采利用越方便，可据此选择开采承压水的地点。

（4）确定承压水头值

某点承压水位与该点含水层顶板的差值，即为此点的承压水头值，据此可以预测开挖基坑和洞室时的水压力。

（5）可以为合理布置给水与排水建筑物的位置提供依据

如在含水层埋藏较浅、承压水头较高、汇水条件好的地方，打出涌水量大的自流井。

承压水水质良好，水量丰富，是良好的供水水源。

根据图 1-4-16，确定 A、B、C 三点的水文地质参数，将表 1-4-1 中参数补充完整。

水 文 地 质 参 数　　　　　　表 1-4-1

参数	A	B	C
1. 地面高程（m）	103		
2. 承压水位（m）	91	92.5	
3. 含水层顶板高程（m）	83		85
4. 含水层埋藏深度（m）			
5. 承压水位埋藏深度（m）		13.5	
6. 水头（m）			9

（四）泉

1. 泉的概念及研究意义

泉是地下水出露于地表的天然露头，是地下水的一种重要排泄方式，同时也是反映岩层富水性和地下水的分布、类型、补给、径流、排泄条件的一个重要标志。

地下水分布很广泛，但泉并不是处处可见，只有在地形、地质和水文地质条件适宜的情况下，即只有当含水层或含水通道被侵蚀出露于地表时，地下水才会涌出地表形成泉。因此，在山区和丘陵区的沟谷中和坡脚下，常可以见到泉，平原地区很少有泉出露。

研究泉具有实际意义，因为泉是宝贵的天然资源，泉水量丰富、动态稳定、水质优良，可供城市供水和农田灌溉；有些泉可以用来发电；含有特殊化学成分和较高温度的泉称为矿泉和温泉，矿泉具有医疗价值，温泉为人类提供热能。泉是水文地质调查研究的对象，通过泉水动态变化可以了解地下水动态变化情况，获得大量宝贵信息：如根据泉的分布，可以判断含水层与隔水层，以及断层的位置和导水性；统计某一地层中泉的流量，可以判断其富水性；根据泉的动态，能够判断含水层的补给、径流与排泄条件；滑坡体上泉的成排分布，常是滑坡出口的位置；岩溶地区对泉水的研究是研究岩溶发育规律，判断岩溶通道和岩溶渗漏的重要基础资料。

2. 泉的类型及特征

泉的分类方法很多，根据泉的补给来源和出露条件不同，泉可分为以下几种类型：

（1）根据补给泉的含水层性质，可将泉分为上升泉和下降泉两类。

上升泉：由承压含水层补给，地下水在静水压力作用下呈上升运动涌出地表形成的泉，称为上升泉。上升泉动态变化较小，水量稳定。

下降泉：由潜水含水层补给，地下水在重力作用下呈下降运动，自由流出地表形成的泉，称为下降泉。下降泉的涌水量随季节变化明显。

（2）根据泉出露的地质条件，可将泉分为侵蚀泉、接触泉、溢出泉、断层泉。

侵蚀泉：由于河谷或冲沟切割至潜水含水层，或切穿承压含水层顶板而形成的泉，分别称为侵蚀下降泉和侵蚀上升泉，如图1-4-17a）、b）所示。

接触泉：当地形切割达到潜水含水层隔水底板时，地下水沿含水层和隔水层接触处出露成泉，称为接触下降泉，如图1-4-17c）所示。在岩脉或侵入体与围岩接触处，常因冷凝收缩而产生裂隙，地下水沿此接触带上升涌出地表成泉，称为接触上升泉，如图1-4-17d）所示。

溢出泉：潜水在流动过程中，沿流动方向岩石透水性骤然变弱或由于隔水底板隆起，或被阻水断层所阻时，潜水流动受阻而溢出地表成泉，称为溢出下降泉，如图1-4-17e）、f）、g）所示。

断层泉：承压水沿导水断层上升至地表成泉。这类泉均为上升泉且沿断层呈线状分布，如图1-4-17h）所示。

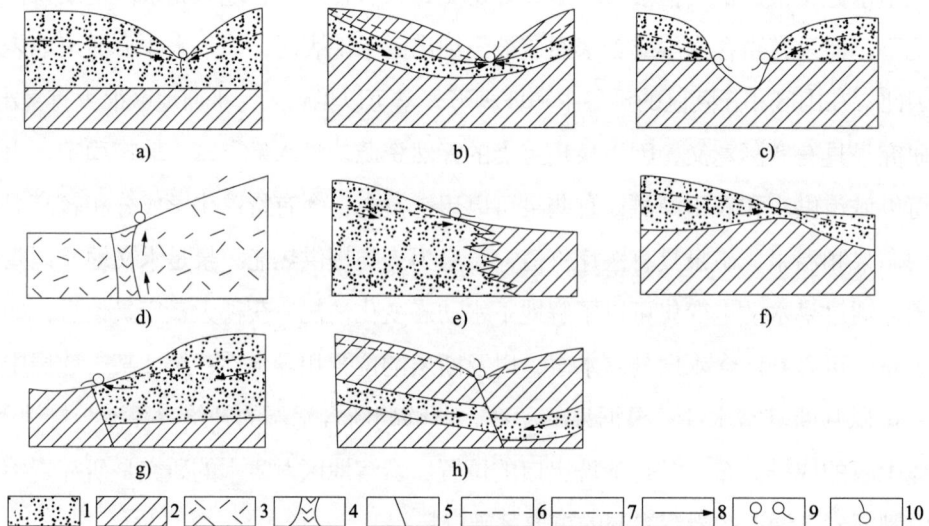

图1-4-17　泉的类型

1-透水层；2-隔水层；3-坚硬基岩；4-岩脉；5-断层；6-潜水位；7-承压水位；8-地下水流向；9-下降泉；10-上升泉

除成因分类外，还有根据其他特征分类与命名的泉。例如，喀斯特泉，水温高的温泉与热泉，医疗保健的矿泉，间歇喷发的间歇泉，海底涌出的海底泉等。

回 拓展内容 ⅢⅢⅢⅢ▶

《关于支持深度贫困地区脱贫攻坚的实施意见》由中共中央办公厅、国务院办公厅于 2017 年 11 月发布。中央 20 多个部委相继出台 40 多个文件，一系列系统性扶持政策，聚焦深度贫困地区饮水安全、"控辍保学"、健康扶贫和住房安全等现实难题。"三区三州"所在的六个省区也分别制订具体实施方案，瞄准突出问题和重点任务，集中发力。

新疆维吾尔自治区于田县乌什开布隆村村民那斯尔·麦提尼亚孜："这条河水太浑浊了，我每次挑六桶水，能喝两天，喝完第二天还得再来挑水。我今年 71 岁了，我这辈子就是从这条河里吃水的。"一桶水 40 斤，71 岁的那斯尔老人这样背了整整 60 年。

春夏时节河水暴涨，泥沙俱下，背回来的水需要沉淀很长时间才能饮用。每到冬季河面封冻，凿冰取水更是费时费力。乌什开布隆村 118 户人家都和那斯尔老人一样，日复一日过着滴水如油、惜水如金的生活。

"十三五"期间，全国农村饮水安全巩固提升工程建设投资共 2093 亿元，提高了 2.7 亿农村人口供水保障水平。然而，和那斯尔老人一样身处南疆四地州的贫困群众，由于居住分散和天气干旱少雨，安全饮水一直是阻挡他们彻底摆脱贫困的最大难题。

为了帮助那斯尔老人所在的乌什开布隆村找到安全达标的水源，新疆维吾尔自治区水利厅派出经验丰富的勘探团队，五次进入河川深谷，终于在八公里外的山谷找到一处甘泉。

然而经过评估测算，这项引水工程投资高达近 900 万元，户均成本近 10 万元。

从 2016 年到 2020 年，中央对"三区三州"农村安全饮水工程累计投资 189.48 亿元，中央专项补助资金 49.03 亿元，解决了近 280 万人口饮水安全问题，提升了 1219.1 万农村人口供水保障水平。

净水潺潺，见证着中国共产党人不惧艰险、咬定青山、攻坚克难的意志和决心。

（五）地下水的物理性质和化学性质

地下水储存运移在岩土体中，由于介质相互作用，溶解于岩土中的可溶物质，使地下水不是化学意义上的纯水，而是一种复杂的溶液。因此，研究地下水的物理性质和化学性质，对于了解地下水的成因与动态，研究地下水对建筑材料的侵蚀性等，都有着实际的意义。

微课：
地下水的物理性质
和化学性质

1. 地下水的物理性质

地下水的物理性质包括温度、颜色、透明度、比重、导电性、放射性及嗅感与味感等。

（1）温度

地下水的温度因自然条件不同而变化。地下水温度，主要受各地区的地温条件所控制，通常随埋藏深度不同而异，埋藏越深，水温越高。温带和亚热带平原区的浅层地下水，年平均温度比所在地区年平均气温高 1 ~ 2℃。极地、高纬度和山区的地下水温度很低，地壳深处和火山活动区的地下水温度很高。水温低于 20℃ 的地下水，称为冷水；水温介于 20 ~ 50℃者称为温水；水温高于 50℃者称为热水。一般用温度计测定地下水的温度。

（2）颜色

地下水一般是无色透明的，当水中含有某种化学物质时，可显示一定的颜色。例如，含亚铁离子或硫化氢气体的水为浅蓝绿色，含有高价铁的水为褐红色，含腐殖质或有机物时，水的颜色呈浅黄色，含黑色矿物质或碳质悬浮物时为灰色，含黏土颗粒或浅色矿物质悬浮物时为土色。

（3）透明度

常见的地下水是无色透明的，地下水的透明度取决于水中所含盐类、悬浮物、有机质和胶体的数量。透明度分为透明、微混浊、混浊和极混浊四级。水深 60cm 时能看见容器底部 3mm 粗的线者为透明；30 ~ 60cm 深度能看见者为微混浊；30cm 深度以内能看见者为混浊；水很浅也看不见者为极混浊。

（4）比重

一般情况下，地下淡水的比重接近或等于 1，地下水比重大小与水的温度和水中溶解的盐类多少有关。溶解的盐分越多，水的比重就越大，盐分多时比重可以达到 1.2 ~ 1.3。

（5）导电性

地下水导电性与水中所含电解质的数量与性质有关。离子含量越多，离子价越高，水的导电性越强。此外，温度对导电性也有影响。

（6）放射性

因为岩土体中都含有一定量的放射性物质，所以在其中渗流的地下水也都有放射性。一般情况下，地下水的放射性极其微弱，不会对人体造成伤害。但个别地区因水中放射性元素含量高、放射性强，可能对人体造成伤害。

（7）嗅感和味感

地下水一般是无嗅无味的。当地下水中含有某种气体成分和有机物时，便具有特殊的嗅感。如水中含硫化氢，这时地下水具臭鸡蛋味；含亚铁盐时，有铁腥味或墨水味；含腐殖质多时有沼泽气味。嗅感也与温度有关，在低温时气味不易辨别，40℃以上时气味最显著。地下水的味感取决于它的化学成分，例如含氯化钠的水有咸味，含硫酸钠的水有涩味，含氯化镁或硫酸镁的水有苦味，含氧化亚铁的水有墨水味，含大量有机质的水有甜味，含较多二氧化碳的水清凉可口。地下水的味感也与温度高低有关，水温低时味感不明显。

2. 地下水的化学性质

（1）地下水的化学成分

①气体。

地下水中呈气体状态的物质主要有 CO_2、O_2、N_2、CH_4、H_2S，还有少量的惰性气体和 H_2、CO、NH_3 等。

氧气和二氧化碳是地下水中存在的两种主要气体。氧气由大气进入水中，以溶解分子形式存在。氧气的含量随地下水埋深增加而减少，在一定深度以下，即不存在溶解氧。氧气的存在形成了氧化环境，能使很多物质被氧化，从而引起一系列物理－化学反应，对地下水化学成分和元素迁移带来巨大的影响。几乎在所有的天然水中都有二氧化碳，它在水中主要以溶解的分子形式存在，只有约 1% 与水作用形成碳酸，在通常情况下，其含量为 15 ～ 40mg/L。二氧化碳对水的溶解能力，尤其是溶解碳酸钙的能力影响很大。

②离子成分。

地下水中离子状态的元素主要有 Cl^-、SO_4^{2-}、HCO_3^-、CO_3^{2-}、NO_3^-、HO^-、SiO_3^-、H^+、K^+、Na^+、Ca^{2+}、Mg^{2+}、Al^{3+}、Fe^{2+}、Fe^{3+}。其中最常见的有 H^+、Cl^-、SO_4^{2-}、HCO_3^-、Na^+、K^+、Ca^{2+}、Mg^{2+}。地下水中的离子成分含量直接和地下水的总矿化度有关。如高矿化度水和卤水以 Cl^- 为主，中矿化度水以 SO_4^{2-} 为主，低矿化水和淡水以 HCO_3^- 主。

（2）地下水的酸碱度

水的酸碱度取决于水中氢离子浓度。氢离子浓度用 pH 值表示，见表 1-4-2。自然界中大多数地下水的 pH 值在 6.5～8.5，呈中性。

按酸碱度不同的地下水分类　　　　　　　　　　表 1-4-2

天然水的类型	极酸性水	酸性水	中性水	碱性水	强碱性水
pH	<5	5～7	7	7～9	>9

（3）总矿化度

水的总矿化度是指单位体积地下水中所含金属离子、化合物以及其他微粒的总量，以每升水中所含各种化学成分的总克数（g/L）表示，取一定量有代表性的水样放于坩埚或蒸发皿中加热至 105～110℃，将水蒸干后所得固体残渣的质量与水样体积的比值即得总矿化度，根据总矿化度的大小将天然水分成淡水、微咸水、咸水、盐水及卤水，见表 1-4-3。

天然水的分类（依据总矿化度）　　　　　　　表 1-4-3

天然水的类型	淡水	微咸水	咸水	盐水	卤水
总矿化度（g/L）	<1	1～3	3～10	10～50	>50

高矿化水能降低混凝土的强度，腐蚀钢筋，促使混凝土分解，故拌和混凝土时不允许用高矿化水。建于高矿化水中的混凝土建筑亦应注意采取防护措施。

（4）地下水的硬度

地下水中钙、镁离子的总量称为地下水的总硬度。水煮沸后，水中一部分 Ca^{2+}、Mg^{2+} 与 HCO_3^- 发生作用，生成碳酸钙（$CaCO_3$）和碳酸镁（$MgCO_3$）沉淀，致使水中 Ca^{2+}、Mg^{2+} 的含量减少，呈碳酸盐沉淀的这部分 Ca^{2+}、Mg^{2+} 的总量称为暂时硬度。总硬度减去暂时硬度即得永久硬度，相当于煮沸时未发生碳酸盐沉淀的那部分 Ca^{2+}、Mg^{2+} 的含量。我国用于表示水的硬度的方法有两种：一是德国度，以 1L 水中含 10mg 的 CaO 或 7.2mg 的 MgO 为 $1°dH$；二是用 Ca^{2+}、Mg^{2+} 的物质的量浓度（mmol/L）来表示，1 毫摩每升硬度等于德国度 $2.8°dH$。天然水的分类（依据水的总硬度）见表 1-4-4。

天然水的分类（依据水的总硬度）　　　　　表 1-4-4

天然水的类型	极软水	软水	微硬水	硬水	极硬水
物质的量深度（mmol/L）	<1.5	1.5～3.0	3.0～6.0	6.0～9.0	>9.0
德国度（°dH）	<4.2	4.2～8.4	8.4～16.8	16.8～25.2	>25.2

（六）水文地质对公路工程的影响

1. 地表水及地下水综合作用引起的公路水毁

公路水毁的主要原因是水的作用，水的来源主要是：直接落至路面的大气降水；贯穿路基的沟、溪、河；地下水，包括上层滞水、潜水、承压水。

水对公路的破坏方式主要表现为：暴雨径流直接冲毁路肩、边坡和路基；路面积水渗透和地下水毛细上升，轻者导致路基湿软、强度降低，重者引起路基冻胀、翻浆或边坡塌方，甚至导致整个路基沿倾斜基底滑动；进入结构层内的水分可以浸湿无机结合料处的粒料层，导致基层强度下降，使沥青面层出现剥落和松散；水泥混凝土路面由于接缝多，从接缝中渗入的水分聚集在路面结构中，在重载的反复作用下，产生很大的动水压力，导致接缝附近的细颗粒集料软化，形成唧泥，产生错台、断裂等病害。总之，水的作用加剧了路基路面结构的损坏，导致路面使用性能变差，缩短路面的使用寿命。

（1）路基水毁

其主要原因有下列几种：

当路线与河道并行，往往一面傍山，一面临河，这样的路基一般是半填半挖或全部为填方筑成。路基边坡多数未做防冲刷加固措施，路基因洪水冲刷与掏挖作用发生坍塌破坏，会出现许多缺口甚至坍塌一半以上的路基。又因为半填半挖路基地面往往排水不良，路面、边沟严重渗水，路基边坡坡面渗流时有发生、局部管涌易引起路基垮塌。

路基防护构造物因基础处理不当或埋置深度不够，引起路基水毁。

洪水位骤降时，在路基边坡内形成自路基向河道的反向渗流，产生渗透压力和孔隙水压力，导致边坡失稳，路基破坏。

不良地质、地形路段，山体滑坡易导致路基滑移。

道路防洪标准低，路面设计洪水位高度不够或涵洞孔径偏小，道路排水系统不完善，造成洪水漫溢路面、水洗路面甚至冲毁路基。

原有道路施工质量不佳，挡墙砌筑砂浆强度达不到设计要求，砂浆砌筑不饱满，石料偏小，砌体整体强度不够，易造成路基水毁。

填方填料不佳，压实不够，在水渗入后，填料密度增大，抗剪强度降低，易造成路基失稳。

地表植被遭到破坏，产生水土流失，在强降雨形成的地面径流冲击下，易造成路基边坡坍方。

道路养护工作跟不上，涵洞淤塞导致排水不畅，容易造成水洗路面甚至冲毁路基。

防治措施有以下几种：

草皮防护。这种方法适用于土质路堤、路堑等有利于草类生长的边坡，可以防止雨水冲刷坡面。当河床比较宽阔，在季节性浸水地段，流速小于 1.8m/s，水流方向与路线近于平行的条件下可以使用，对于经常浸水或长期浸水的路堤边坡，不宜采用此法防护。

植树。一般在路基斜坡上和沿河路堤之外漫水河滩上种植，直接加固路基和河岸，并降低水流速度，防止和减少水流对路基或河岸的冲刷。

砌石防护。砌石防护分为干砌和浆砌两种。干砌片石用以防护边坡，使其免受大气降水和地面径流的侵害，保护浸水路堤边坡免受水流冲刷作用。干砌片石所用的石料，应是坚硬的、耐冻的和未风化的石块，为防止浸水及提高整体强度，可用水泥砂浆勾缝。

抛石防护。抛石防护主要用于防护水下部分的边坡和坡脚，免受水流冲刷及掏蚀，也可用于防止河床冲刷。

石笼防护。石笼防护的使用范围比较广泛，可用于防护河岸或路基边坡、加固河床、防止掏刷。

浸水挡土墙。浸水挡土墙用来支撑天然边坡或人工边坡，以保证土体稳定的建筑物。

（2）桥梁水毁

桥梁受洪水冲击，墩台基础被蚀空，危及桥梁安全或产生桥头引道缺、断，乃至桥梁倒坍，称为桥梁水毁。

其主要原因有下列两种：

由于桥梁的修建，使河床过水断面减小，水流不畅，桥孔偏置时，又缺少必要的水流调治构造物；桥梁基础埋置深度浅又无防护措施。

桥梁水毁的防治措施有以下几种：

增建水流调治构造物，例如导流堤、丁坝、分水堤和漫水隔坝等；增设冲刷防护构造物防止桥梁墩台水毁。

2. 地下水对工程的不良影响

地下水的存在对工程建设有着不可忽视的影响。

（1）地下水位的变化

地下水位上升，则可引起浅基础地基承载力降低，在有地震砂土液化的地区会引起液化的加剧，同时引起建筑物震陷加剧，使岩土体产生变形、滑移、崩塌失稳等不良地质现象。另外，在寒冷地区会加剧地下水的冻胀影响。

针对建筑物本身而言，若地下水位在基础底面以下的压缩层内上升，水浸湿和软化岩土，会造成地基土的强度降低，压缩性增大，建筑物会产生过大沉降，导致结构严重变形。尤其是当遇到结构不稳定的土（如湿陷性黄土、膨胀土等），这种现象更为严重，对设有地下室的建筑的防潮和防湿也均不利。

地下水位的下降往往会引起地表塌陷、地面沉降等。针对建筑物本身而言，当地下水位在基础底面以下的压缩层内下降时，岩土的自重压力将增加，可能引起地基基础的附加沉降。如果土质不均匀或地下水位突然下降，也可能使建筑物产生变形破坏。

通常地下水位的下降是由于施工中抽水和排水引起的，局部的抽水和排水会使基础底面下的地下水位突然下降，建筑物（如邻近建筑物）发生变形，因此施工时应注意抽水和排水对地下水位的影响。另外，在软土地区，大面积的抽水也可能引起地面下沉。此外，如果抽水井滤网和砂滤层的设计不合理或施工质量差，抽水时会将土层中的黏粒、粉粒、细砂等细小土颗粒随同地下水一起带出地面，使周围地面的土层很快产生不均匀沉降，造成地面建筑物和地下管线不同程度的损坏。

若在城市大面积抽取地下水，将会造成大规模的地面沉降。例如，1966～1985年间天津市由于抽水导致地面最大沉降率达到80～100mm/a。

（2）地下水的渗透产生流砂和潜蚀

①流砂。

流砂是砂土在渗透水流作用下产生的流动现象。这种情况的发生常是由于在地下水位以下开挖基坑、埋设地下管道、打井等工程活动而引起的，所以流砂是一种不良的工程地质现象，易产生于细砂、粉砂、粉质黏土中。形成流砂的原因有：一是水力坡度大，流速大，冲动细颗粒使之悬浮而成；二是由于土粒周围附着亲水胶体颗粒，饱水时胶体颗粒膨胀，在渗透水作用下作悬浮流动。

流砂在工程施工中能造成大量土体的流动，致使地表塌陷或建筑物的地基破坏，会给施工带来很大困难，或直接影响工程结构及附近建筑物的稳定，因此必须对其进行防治。

②潜蚀(管涌)。

潜蚀是指渗透水流冲刷地基岩土层,并将细颗粒物质沿空隙迁移(机械潜蚀)或将土中可溶成分溶解(化学潜蚀)的现象。潜蚀通常分为机械潜蚀和化学潜蚀,这两种作用一般是同时进行的。在地基土层内如有地下水的潜蚀作用,将会破坏地基土的强度,在土层中形成空洞,使地表塌陷,影响建筑工程的稳定。对潜蚀的处理可以采用堵截地表水流入土层、阻止地下水在土层中流动、设置反滤层、改造土的性质、减小地下水流速及水力坡度等措施。这些措施应根据当地地质条件分别或综合采用。

回 拓展内容 ⅢⅢⅢ▶

管涌的出现是溃堤的前兆。1998年的大洪水,至今让人们记忆犹新;管涌这个词曾多次被提及,当时,多处大江大河的堤坝都出现了管涌,情况非常危急。

[走近科学]管涌的形成和危害_CCTV节目官网-CCTV-10_央视网(cctv.com)
https://tv.cctv.com/2019/07/15/VIDEpMbFDsWcZLhUCPK1s8cr190715.shtml？
spm=C53121759377.PtzC1QjHdEia.0.0。

(3)地下水的侵蚀性

由于地下水含有各种化学成分,且能够渗透到埋置在地下的工程建筑物中,与建筑材料发生化学反应,使建筑材料因侵蚀发生破坏,因此工程上需要对水的侵蚀性进行评价。水的侵蚀作用主要表现在它对混凝土、金属材料及设备的破坏。

①地下水对混凝土的侵蚀性。

地下水对混凝土的侵蚀作用经常发生在桥梁工程、浸没于地下水位以下的各种混凝土的地下工程结构中,是水中侵蚀性二氧化碳和硫酸盐对混凝土的侵蚀作用。其主要分为结晶型侵蚀和分解型侵蚀两类。

a.结晶型侵蚀。

当水中含有 SO_4^{2-} 时, SO_4^{2-} 会随水流渗入混凝土孔隙中,与混凝土成分发生反应生成二水石膏结晶体 $CaSO_4 \cdot 2H_2O$,这种石膏再与水化铝酸钙 $CaO \cdot Al_2O_3 \cdot 6H_2O$ 发生化学反应,生成水化硫铝酸钙,这是一种铝和钙的复合硫酸盐,习惯上称为水泥杆菌。由于水泥杆菌结合了许多的结晶水,因而其体积比化合前增大很多,约为原体积的221.86%,于是在混凝土中产生很大的内应力,使混凝土的结构遭到破坏,这种侵蚀称为结晶型侵蚀。为了防止硫酸根离子对水泥的破坏作用，在硫酸根离子含量高（如石膏分布区、海水入侵区、硫化矿分布区）的地区，应选用抗硫酸盐水泥和高抗硫酸盐水泥，作为建筑物地下部分的建筑材料。

b. 分解型侵蚀。

地下水中侵蚀性二氧化碳及 H^+ 对混凝土的侵蚀作用称为分解性侵蚀，表现为混凝土中碳酸盐的溶解与溶滤，其化学反应式为：

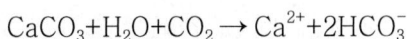

$$CaCO_3 + H_2O + CO_2 \rightarrow Ca^{2+} + 2HCO_3^-$$

当水中二氧化碳含量较多，且多于上述反应式平衡所需数量时，反应向右进行，溶解碳酸钙形成新的 HCO_3^-。这部分多余的游离的二氧化碳称为侵蚀性二氧化碳。

当水中含有 H^+ 时，产生溶滤作用：

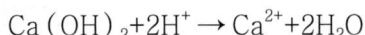

$$Ca(OH)_2 + 2H^+ \rightarrow Ca^{2+} + 2H_2O$$

溶滤作用使水泥中的 $Ca(OH)_2$ 转化为 Ca^{2+}，从而造成混凝土的破坏。这说明地下水的 PH 值越小，对混凝土的侵蚀性越强。

为了防止 CO_2 及 H^+ 对混凝土的侵蚀作用，在 PH 较小的酸性地下水地区，应设置防水材料阻止地下水与混凝土直接接触，同时增加混凝土厚度防止基础的破坏，选择合适添加剂预防地下水对混凝土侵蚀。

②地下水对铁质材料及设备的腐蚀作用。

当水中 H^+ 的浓度较大时，水呈酸性，酸性水与铁质材料及设备接触时会发生如下反应：

$$Fe + 2H^+ \rightarrow Fe^{2+} + H_2 \uparrow$$

酸性水对铁质材料及设备的腐蚀能力，取决于水中 H^+ 浓度。H^+ 浓度越大，pH 值越小，腐蚀性越强。当酸性水中含有游离的 O_2、CO_2、H_2S 及 H_2SO_4 时，腐蚀作用更强。

另外，硫化矿物（如黄铁矿、黄铜矿）和硫的氧化物，也会使水中 SO_4^{2-} 增多，形成酸性水，从而对铁质材料及设备产生腐蚀作用。

（4）基坑突涌现象

当工程基坑设计在承压含水层的顶板上部时，开挖基坑必然会减少承压水顶板隔水层的厚度，当隔水层变薄到一定程度，经受不住承压水头的压力作用时，承压水将会顶裂、冲毁基坑底板向上突涌，从而出现基坑突涌现象。

基坑突涌不仅破坏了地基强度，给施工带来困难，而且给拟建工程留下安全隐患。

（5）地下水的浮托作用

在地下水静水位以下，建筑物基础的底面所受的均布向上的静水压力，称为地下水的浮托力。地下水上升产生的浮托力对地下室的防潮、防水及稳定性会产生较大的影响。

为了平衡地下水的浮托力，避免地下室或地下构筑物上浮，目前国内常采用抗拔桩或抗拔锚杆等抗浮设计。

（6）路基翻浆

路基翻浆主要发生在季节性冰冻地区的春融时节，以及盐渍、沼泽等地区。因为地下水位高、排水不畅、路基土质不良、含水过多，行车反复作用后，路基会出现弹簧、裂缝、冒泥浆等现象。

根据导致路基翻浆的水类来源的不同，可将翻浆分为表1-4-5中所列类型。根据翻浆高峰期路基、路面的变形破坏程度，又可将翻浆分为3个等级，见表1-4-6。

翻浆分类 表1-4-5

翻浆类型	导致翻浆的水类来源
地下水类型	受地下水影响，土基经常发生潮湿，导致翻浆。地下水包括上层滞水、潜水、层间水、裂隙水、泉水、管道漏水等。潜水多见于平原区，层间水、裂隙水、泉水多见于山区
地表水类型	受地表水的影响，土基经常发生潮湿。地表水主要是指季节性积水，也包括因路面排水不良而造成的路旁积水和路面渗水
土体水类型	因施工遇雨或用过湿的土填筑路堤，造成土基原始积水量过大，在负温度作用下使上部含水率显著增加导致翻浆
气态水类型	在冬季强烈的温差作用下，土中水主要以气态形式向上运动，聚积于土基顶部和路面结构层内，导致翻浆
混合水类型	受地下水、地表水、土体水或气态水等两种以上水类综合作用产生的翻浆。此类翻浆需要根据水源主次定名

翻浆分级 表1-4-6

翻浆等级	路面变形破坏程度
轻型	路面龟裂、湿润，车辆行驶时有轻微弹簧现象
中型	大片裂纹、路面松散、局部鼓包、车辙较浅
重型	严重变形、翻浆冒泥、车辙很深

任务实施 3

为判定某公路环境土、地下水的化学类型，评价其对钢筋混凝土等建筑材料的腐蚀性，应对全线所采取水样进行腐蚀性分析试验，试验项目包括简项分析和侵蚀性 CO_2 检测，详见《水质分析报告》（表 1-4-7）。已知区内地表下及地下水的 pH 值为 7.8 ～ 7.9，属弱碱性水，总硬度 400.5 ～ 482.7mg/L，属极硬水，地下水类型为 SO_4-HCO_3-Ca-Mg 型水。请依据《公路工程地质勘察规范》（JTG C20—201）附录 K 对沿线地表水进行判定腐蚀性判定，确定沿线地表水对混凝土的腐蚀等级。

水 质 分 析 报 告　　　　　表 1-4-7

工程名称：某公路工程　　　取样地点：某大桥（窟野河河水）　　　取样时间：　　　分析时间：

物理性质	颜色	无	透明度	透明	硬度（以 $CaCO_3$ 计，mg/L）			
	气味		悬浮物		总硬度	暂时硬度	永久硬度	负硬度
	口味		沉淀	少量	662.6	482.7	179.9	0.00

简项分析				特殊分析			
离子 mg/L	含量			项目	mg/L	项目	mg/L
	mg/L	毫克当量/L	毫克当量/L/100				
阳离子	K^+	34.16	0.87	7.68	溶解性总固体			
	Na^+	53.20	2.31	20.33	固形物			
	Ca^{2+}	92.60	4.62	40.59	灼烧残渣			
	Mg^{2+}	43.45	3.58	31.41	灼烧减量			
	Fe^{3+}	—			消耗氧			
	Fe^{2+}	—			溶解氧			
	NH_4^+	—			游离 CO_2	7.43		
					侵蚀 CO_2	0.00		
					固定 CO_2			
					可溶 CO_2			
	总计	223.41	11.38	100.00	N_2O_5			

续上表

简项分析					特殊分析			
离子 mg/L		含量			项目	mg/L	项目	mg/L
		mg/L	毫克当量/L	毫克当量/L/100				
阴离子	CO_3^{2-}	24.83	0.83	7.28	N_2O_3			
	HCO_3^-	240.92	3.95	34.72	Br^-			
	Cl^-	60.83	1.72	15.09	I^-			
	SO_4^{2-}	234.40	4.88	42.91	HBO_2^-			
	NO_3^-	—			CN^-			
	NO_2^-	—			酚			
	F^-	—			总碱度(以$CaCO_3$计)		482.7	
	PO_4^{3-}	—			pH 值		7.8	
					水的类型		SO_4-HCO_3-Ca-Mg 型水	
					评价			
	总计	560.98	11.37	100.00				

思考 与 练习

1. 地下水的物理性质包括哪些内容? 地下水的化学成分有哪些?

2. 什么是矿化度、水的硬度?

3. 地下水按埋藏条件可以分为哪几种类型?

4. 什么是含水层、隔水层、泉?

5. 什么是潜水? 简述潜水的特征。简述潜水等水位线的用途。

6. 什么是承压水? 简述承压水的特征。简述承压水等水压线的用途。

7. 潜水和承压水有什么区别?

8. 从工程角度研究地下水引起的环境问题主要有哪些?

9. 地下水对混凝土的侵蚀类型有哪些?

任务五　认识地貌与第四纪地质

学习目标	● 知识目标	❶ 了解地貌形成过程和地貌形成影响因素。 ❷ 掌握地貌的类型及其特征。 ❸ 熟悉第四纪松散堆积物类型及工程特性。
	● 能力目标	❶ 能识别第四纪松散堆积物。 ❷ 能识读地质图。
	● 素质目标	增强文化自信。

┤任 务 描 述├

　　通过对矿物岩石、地质构造、水文地质、地貌与第四纪地质内容的学习，能够识读地质图。

‖相 关 知 识

微课：
地貌概述

一、地貌概述

　　地貌是指在内、外动力长期地质作用下，在地壳表面形成的各种不同成因、不同类型、不同规模的起伏形态。地形是指地球表面起伏形态的外部特征。所以地貌不同于地形。地貌学是专门研究地壳表面各种起伏形态、发展和空间分布规律的科学。

　　地貌条件与公路工程建设有着密切的关系，公路是建在地壳表面的线形建筑物，它常常穿越不同的地貌单元，在公路勘测设计、桥隧位置选择时，经常会遇到各种不同的地貌以及地质问题。因此，地貌条件便成为评价公路工程地质条件的重要内容之一。为了处理好工程建设与地貌条件之间的关系，提高公路的勘测设计质量，必须学习和掌握一定的地貌知识。

(一)地貌的形成与发展

1.地貌形成与发展过程

地球内部时刻都在发生着剧烈的变化,影响着地球表面的地貌不停地发生变化,地球表面的各种外动力地质作用也在影响着地球表面的形态。所以说,在内、外动力地质的共同作用下,形成了形形色色复杂的地貌。

内动力地质作用中的地壳运动和岩浆活动,特别是地壳运动,不仅使地壳岩层受到强烈的挤压、拉伸或扭转,形成一系列褶皱带和断裂带,而且还在地壳表面造成大规模的隆起区和沉降区,使地表变得高低不平。隆起区形成大陆、高原、山岭,沉降区形成海洋、平原、盆地。另外,地下岩浆的喷发活动,对地貌的形成和发展也有一定的影响。内力作用形成了地壳表面的基本起伏形态,对地貌的形成和发展起着决定性的作用,而且还对外动力地质作用的条件、方式和过程产生深刻的影响。

外动力地质作用总在把内动力地质作用所造成的隆起部分进行剥蚀破坏,同时把破坏了的碎屑物质搬运堆积到由内动力地质作用所造成的低地和海洋中去。外力作用对内力地质作用形成的基本地貌形态不断地进行雕塑、加工,使之复杂化。

总之,地貌的形成和发展是内、外动力地质作用不断斗争的结果。由于内、外动力地质作用始终处于对立统一的发展过程之中,因而在地壳表面便形成了各种各样的地貌形态。

2.影响地貌形成发展的因素

影响地貌形成和发展变化的因素包括岩石性质、地质构造及其他因素。

(1)岩石性质

不同性质的岩石抵抗风化的能力不同,因而反映在地貌上也不同。一般来说,砂岩、石英岩、玄武岩及干旱地区的石灰岩等属于坚硬岩石,页岩及热湿地区的石灰岩等属于软弱岩石,坚硬岩石抗风化剥蚀能力大于软弱岩石。特别是硬软岩层交替出露的地区,在外力条件基本相似的情况下,因风化差异所形成的地貌形态尤为显著,不同岩石的风化差异也是形成地面较小起伏的重要原因。同一岩性的岩石,在不同气候条件下,抗风化能力也不相同。如石灰岩,在湿热地区易于风化溶蚀,而在干旱地区抗风化能力较强。

(2)地质构造

地质构造的形态对地貌发育有着重要影响。在地壳上升伴随剥蚀作用的影响下,多数地质构造(褶皱、断裂)才能显示出地貌意义,如大地质构造体系控制着山脉水系的格局;如单面山和方山,分别是单斜和水平构造在地貌上的反映。

（3）其他因素

地貌的形成和发展除受上述因素制约外，还受气候、植被、土壤和人类活动等因素的影响。气候条件对地貌形成和发展的影响也是显著的，例如，高寒气候地带常常形成冰川地貌，干旱地带则易形成风沙地貌等。植被和土壤对地面起着固土和防护作用，能减弱或扼制地貌的发展。若植被被破坏、土壤流失，就会加速地貌的发展。人类活动可以促进或拟制地貌的发展过程，如水系改造、拦河筑坝、河流裁弯取直、开垦荒地等。

（二）地貌的分级与分类

1. 地貌的分级

不同等级的地貌，其成因不同，形成的主导因素也不同。地貌等级一般划分为巨型地貌、大型地貌、中型地貌和小型地貌四个等级。

（1）巨型地貌

即地球上的大陆与海洋。巨型地貌几乎完全由内动力地质作用形成，所以又称为大地构造地貌。

（2）大型地貌

即大陆和海洋中的山地和平原等。大型地貌基本上由内动力地质作用形成。

（3）中型地貌

中型地貌是大型地貌的一部分，如山岭与谷地。内动力地质作用产生的基本构造形态是中型地貌形成和发展的基础，而地貌的外部形态则取决于外动力地质作用。

（4）小型地貌

小型地貌主要是各种外动力地质作用形成的多种多样的小型剥蚀地貌和堆积地貌，也有很少一部分是内动力地质作用形成的，如活动断层崖、地震裂缝和火山等。

2. 地貌的分类

地貌按照成因不同可分为构造剥蚀地貌、山麓斜坡堆积地貌、河流侵蚀堆积地貌、河流堆积地貌、大陆停滞水堆积地貌、大陆构造 - 侵蚀地貌、海成地貌、岩溶（喀斯特）地貌、冰川地貌、风成地貌。具体分类见表 1-5-1。

地貌分类　　　　　　　　　　　　　　表 1-5-1

成　因	地貌单元		主导地质作用
构造剥蚀	山地	高山	构造作用为主，强烈的冰川刨蚀作用
		中山	构造作用为主，强烈的剥蚀切割作用和部分的冰川刨蚀作用

续上表

成　因	地貌单元		主导地质作用
构造剥蚀	山地	低山	构造作用为主，长期强烈的剥蚀切割作用
	丘陵		中等强度的构造作用，长期剥蚀切割作用
	剥蚀残丘		构造作用微弱，长期剥蚀切割作用
	剥蚀准平原		构造作用微弱，长期剥蚀和堆积作用
山麓斜坡堆积	堆积扇		山谷洪流洪积作用
	坡积裙		山坡面流坡积作用
	山前平原		山谷洪流洪积作用为主，夹有山坡面流坡积作用
	山间凹地		周围的山谷洪流洪积作用和山坡面流坡积作用
河流侵蚀堆积	河谷	河床	河流的侵蚀切割作用或冲积作用
		河漫滩	河流的冲积作用
		牛轭湖	河流的冲积作用或转变为沼泽堆积作用
		阶地	河流的侵蚀切割作用或冲积作用
	河间地块		河流的侵蚀作用
河流堆积	冲积平原		河流的冲积作用
	河口三角洲		河流的冲积作用，间有滨海堆积或湖泊堆积
大陆停滞水堆积	湖泊平原		湖泊堆积作用
	沼泽地		沼泽堆积作用
大陆构造－侵蚀	构造平原		中等构造作用，长期堆积和侵蚀作用
	黄土塬、黄土梁、黄土峁		中等构造作用，长期黄土堆积或湖泊堆积
海成	海岸		海水冲蚀或堆积作用
	海岸阶地		海水冲蚀或堆积作用
	海岸平原		海水堆积作用
岩溶（喀斯特）	岩溶盆地		地表水、地下水强烈的溶蚀作用
	峰林地形		地表水强烈的溶蚀作用
	石芽残丘		地表水的溶蚀作用
	溶蚀准平原		地表水的长期溶蚀作用及河流的堆积作用

续上表

成　因	地貌单元		主导地质作用
冰川	冰斗		冰川刨蚀作用
	幽谷		冰川刨蚀作用
	冰蚀凹地		冰川刨蚀作用
	冰碛丘陵、冰碛平原		冰川堆积作用
	终碛堤		冰川堆积作用
	冰前扇地		冰川堆积作用
	冰水阶地		冰川侵蚀作用
	蛇堤		冰川接触堆积作用
	冰碛阜		冰川接触堆积作用
风成	沙漠	石漠	风的吹蚀作用
		沙漠	风的吹蚀和堆积作用
		泥漠	风的吹蚀作用和水的再次堆积作用
	风蚀盆地		风的吹蚀作用
	沙丘		风的堆积作用

二、山地地貌

（一）山地地貌的类型

1. 从形态方面分类

山地地貌最突出的特点是它具有一定的海拔高度（绝对高度）、相对高度和坡度，故形态分类一般多是根据这些特点进行划分，见表 1-5-2。

微课：
山地地貌

山地按地貌形态分类　　表 1-5-2

山地名称		绝对高度（m）	相对高度（m）	主要特征
最高山		>5000	>5000	其界线大致与现代冰川位置和雪线相符
高山	高山	3500～5000	>1000	以构造作用为主，具有强烈的冰川刨蚀切割作用
	中高山		500～1000	
	低高山		200～500	

续上表

山地名称		绝对高度（m）	相对高度（m）	主要特征
中山	高中山	1000～3500	>1000	以构造作用为主，具有强烈的剥蚀切割作用和部分的冰川刨蚀作用
	中山		500～1000	
	低中山		200～500	
低山	中低山	500～1000	500～1000	以构造为主，受长期强烈的剥蚀切割作用
	低山		200～500	

2. 从成因方面分类

根据地貌成因分类，山地地貌的成因类型划分如下：

（1）构造变动形成的山地

①平顶山。

平顶山是由水平岩层构成的一种山地，如图1-5-1所示，多分布在顶部岩层坚硬（如石灰岩、胶结紧密的砂岩和砾岩）和下卧层软弱（如页岩）的相互层发育地区，在侵蚀、溶蚀和重力崩塌作用下，四周形成陡崖或深谷。由于顶面坚硬、抗风化力强而兀立如桌面，又称为方山、桌状山。由水平硬岩层覆盖的分水岭，有可能成为平坦的高原。

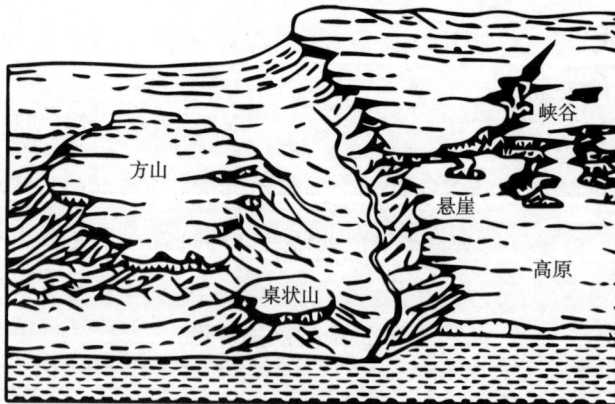

图1-5-1 平顶山

②单面山。

单面山是由单斜岩层构成的沿岩层走向延伸的一种山地。它常常出现在构造盆地的边缘、舒缓的穹窿、背斜和向斜构造的翼部，其两坡一般不对称。与岩层倾向相反的一坡短而陡，称为前坡。由于前坡多是经外力的剥蚀作用所形成，故又称为剥蚀坡。与岩层倾向一致的一坡长而缓，称为后坡或构造坡。如果岩层倾角超过 40°，则两坡的坡度和长度均相差不大，其所形成的山岭外形很像猪背，所以又称猪背岭。

单面山的前坡（剥蚀坡），由于地形陡峻，若岩层裂隙发育，风化强烈，则容易产生崩塌，且其坡脚常分布有较厚的坡积物和倒石堆，稳定性差，故对敷设线路不利。后坡（构造坡）由于山坡平缓，坡积物较薄，故常常是敷设线路的理想部位。不过在岩层倾角大的后坡上深挖路堑时，应注意边坡的稳定问题，因为开挖路堑后，与岩层倾向一致的一侧会因坡脚开挖而失去支撑，特别是当地下水沿着其中的软弱岩层渗透时，容易产生顺层滑坡。

③断块山。

断块山是由断裂变动所形成的山地，如图 1-5-2 所示。它可能只在一侧有断裂，也可能两侧均有断裂。

断块山在形成的初期有完整的断层面及明显的断层线，断层面构成了山前的陡崖，断层线控制了山脚的轮廓，使山地与平原或山地与

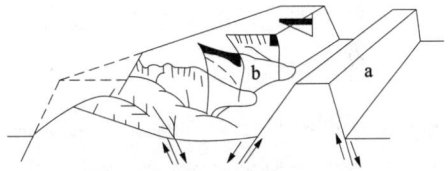

图 1-5-2　断块山

a- 断层面；b- 断层三角面

河谷间的界线相当明显而且比较顺直。以后由于长期强烈的剥蚀作用，断层面遭到破坏而模糊不清。另外，由断层面所构成的断层崖，常受垂直于断层面的流水侵蚀，因而在谷与谷之间就形成一系列断层三角面，它常是野外识别断层的一种地貌证据。

④褶皱山。

褶皱山是由褶皱岩层所构成的一种山地。在褶皱形成的初期，往往是背斜形成高地（背斜山），向斜形成凹地（向斜谷），地形是顺应构造的，所以称为顺地形。但随着外力剥蚀作用的不断进行，有时地形也会发生逆转现象，背斜因长期遭受强烈剥蚀而形成谷地，而向斜则形成山地，这种与地质构造形态相反的地形称为逆地形。一般在年轻的褶曲构造上顺地形居多，在较老的褶曲构造上还可能同时存在背斜谷和向斜谷，或者深化为猪背岭或单斜山、单斜谷。

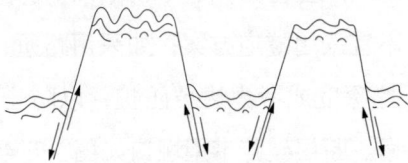

图 1-5-3　褶皱断块山形象图

⑤褶皱断块山。

上述山地都是由单一的构造形态所形成，但在更多情况下，山地常常是由它们的组合形态所构成。由褶皱和断裂构造的组合形态构成的山地称褶皱断块山，如图 1-5-3 所示。这里曾经是构

造运动剧烈和频繁的地区。

（2）火山作用形成的山地

火山作用形成的山地，常见有锥状火山和盾状火山。

①锥状火山是由多次火山活动造成的，其熔岩黏性较大，流动性小，冷却后便在火山口附近形成坡度较大的锥状外形。由于多次喷发，故锥状火山越来越高，如日本富士山就是锥状火山，高达3776m。

②盾状火山则是由黏性较小、流动性大的熔岩冷凝形成，故其外形呈基部较大、坡度较小的盾状，如冰岛、夏威夷群岛则属于盾状火山。

（3）剥蚀作用形成的山地

这种山地是在山体地质构造的基础上，经长期外力剥蚀作用所形成的。例如，地表流水侵蚀作用所形成的河间分水岭，冰川刨蚀作用所形成的刃脊、角峰，地下水溶蚀作用所形成的峰林等，都属于此类山地。由于此类山地的形成是以外力剥蚀作用为主，山体的构造形态对地貌形成的影响已退居不明显地位，所以此类山地的形态特征主要决定于山体的岩性、外力的性质，以及剥蚀作用的强度和规模。

（二）垭口与山坡

1. 垭口

山脊上高程较低的鞍部或相连的两山顶之间较低的山腰部分称为垭口。在山区公路勘测中，经常会遇到选择过岭垭口和展线山坡的问题。对于公路工程来说，研究山地地貌必须重点研究垭口。因为对于越岭的公路，若能寻找到合适的垭口，可以降低公路高程和减少展线工程量。根据垭口形成的主导因素，可将垭口归纳为以下三个基本类型。

微课：
垭口

（1）构造型垭口

这是由构造破碎带或软弱岩层经外力剥蚀所形成的垭口。其常见者有下列三种：

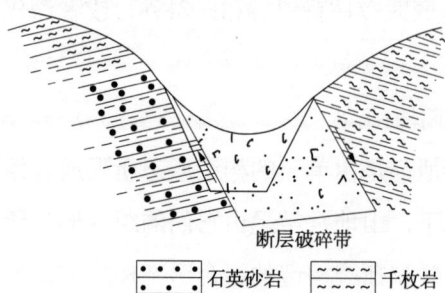

①断层破碎带型垭口。

这类垭口的工程地质条件比较差。岩体的整体性被破坏，经地表水侵入和风化，岩体破碎严重，不宜采用隧道方案；如采用路堑，也需控制开挖深度或考虑边坡防护，以防止边坡发生崩塌。断层破碎带型垭口如图1-5-4所示。

断层破碎带

| 石英砂岩 | 千枚岩 |

图1-5-4 断层破碎带垭口

②背斜张裂带型垭口。

这类垭口虽然构造裂隙发育，岩层破碎，但工程地质条件较断层破碎带型更好，因为两侧岩层外倾，有利于排除地下水，也有利于边坡稳定，一般可采用较陡的边坡坡度，使挖方工程量和防护工程量都比较小。如果选用隧道方案，施工费用和洞内衬砌都比较省，是一种较好的垭口类型。背斜张裂带型垭口如图 1-5-5 所示。

③单斜软弱层型垭口。

这类垭口主要由页岩、千枚岩等易风化的软弱岩层构成。两侧边坡多不对称，一侧岩层外倾可略陡一些。由于岩性松软，风化严重，稳定性差，故不宜深挖。若采取路堑深挖方案，与岩层倾向一致的一侧边坡的坡脚应小于岩层的倾角，两侧边坡都应有防风化的措施，必要时应设置护壁或挡土墙。穿越这一类垭口，宜优先考虑隧道方案，可以避免因风化带来的路基病害，还有利于降低越岭线的高程，缩短展线工程量或提高公路纵坡标准。单斜软弱层型垭口如图 1-5-6 所示。

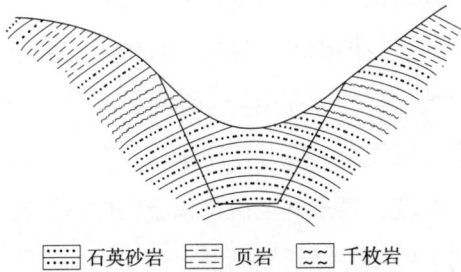

图1-5-5　背斜张裂带型垭口　　　　　　　图1-5-6　单斜软弱层型垭口

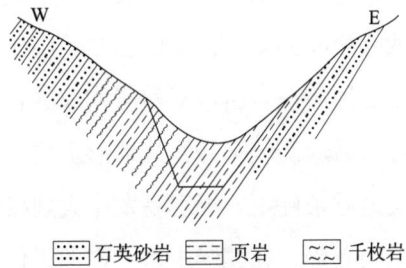

（2）剥蚀型垭口

这是以外力强烈剥蚀为主导因素所形成的垭口。其形态特征与山体地质结构无明显联系。此类垭口的特点是松散覆盖层很薄，基岩多半裸露。垭口的"肥瘦"和形态特点主要取决于岩性、气候以及外力的切割程度等因素。在气候寒冷地带，岩石坚硬而切割较深的垭口本身较薄，宜采用隧道方案；采用路堑深挖也比较有利，是一种最好的垭口类型。地处气候温湿地区和岩性较软弱的垭口，本身平缓宽厚，采用深挖路堑或隧道对穿越都比较稳定，但工程量较大。在石灰岩地区的溶蚀性垭口，无论是明挖路堑还是开凿隧道，都应注意溶洞或其他地下溶蚀地貌的影响。

（3）剥蚀 - 堆积型垭口

这是在山体地质结构的基础上，以剥蚀和堆积作用为主导因素所形成的垭口。其开挖后的稳定条件主要决定于堆积层的地质特征和水文地质条件。这类垭口外形浑缓、宽厚,易于展线,但松散堆积层的厚度较大,有时还发育有湿地或高地沼泽,水文地质条件较差,故不宜降低过岭高程,通常多以低填或浅挖的断面形式通过。

2. 山坡

山坡是山岭地貌形态的基本要素之一。不论越岭线或山脊线,路线的绝大部分都是设置在山坡或靠近岭顶的斜坡上的。所以在路线勘测中,总是把越岭垭口和展线山坡作为一个整体来考虑。

微课:
山坡

自然山坡是在长期地质历史过程中逐渐形成的。山坡的形态特征是新构造运动、山坡的地质结构和外动力地质条件的综合反映,它对公路的建设条件有着重要的影响。

山坡的外形包括山坡的高度、坡度及纵向轮廓等。山坡的外部形态是各种各样的,根据山坡的纵向轮廓和坡度,将山坡分为如下几类。

(1)按山坡的纵向轮廓分类

①直线形山坡。

野外可见到的直线形山坡,概括地说有三种情况。第一种情况是山坡岩性单一,经长期的强烈冲刷剥蚀,形成纵向轮廓比较均匀的直线形山坡,这种山坡的稳定性一般较高;第二种情况是由单斜岩层构成的直线形山坡,其外形在山岭的两侧不对称,一侧坡度较陡,另一侧较平缓,从地形上看,有利于布设线路,但开挖路基后,在不利的岩性和水文地质条件下,很容易发生大规模的顺层滑坡;第三种情况是由于山体岩性松软或岩体相当破碎,在气候干寒、物理风化强烈的条件下,经长期剥蚀碎落和坡面堆积而形成的直线形山坡,这种山坡在青藏高原和川西峡谷比较发育,其稳定性最差。三种山坡的外形如图1-5-7所示。

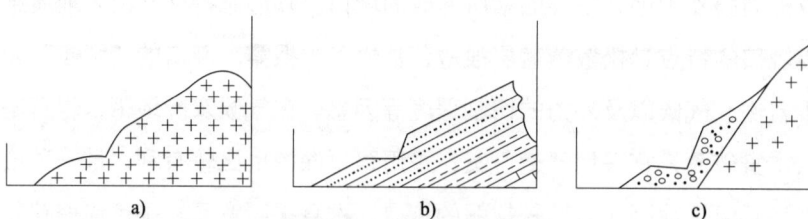

图1-5-7 几种直线形山坡示意图

a)岩性单一;b)单斜构造;c)破碎堆积

②凸形山坡。

这种山坡上缓下陡,坡度渐增,下部甚至呈直立状态,坡脚界线明显。这类山坡往往是由于新构造运动加速上升、河流强烈下切所造成。其稳定条件主要取决于岩体结构，一旦发生山坡变形，则会形成大规模的崩塌。在凸形山坡上部的缓坡上可建造公路路基，但应注意考察岩体结构，避免因人工扰动和加速风化导致其失去稳定，如图 1-5-8a）所示。

③凹形山坡。

这种山坡上部陡，下部急剧变缓，坡脚界线很不明显。山坡的凹形曲线可能是新构造运动的减速上升所造成，也可能是山坡上部的破坏作用与山麓风化产物的堆积作用相结合的结果。分布在松软岩层中的凹形山坡，不少都是在过去特定条件下由大规模的滑坡、崩塌等山坡变形现象形成的，凹形坡面往往就是古滑坡的滑动面或崩塌体的依附面。从近年来我国地震后的地貌调查统计资料中可以明显看出，凹形山坡在各种山坡地貌形态中是稳定性比较差的一种。在凹形山坡的下部缓坡上，也可进行公路布线，但设计路基时，应注意稳定平衡，沿河谷的路基应注意冲刷防护，如图 1-5-8b）所示。

④阶梯形山坡。

阶梯形山坡有两种不同的情况，一种是由软硬不同的水平岩层或微倾斜岩层组成的基岩山坡，由于软硬岩层的差异风化而形成阶梯状的山坡外形。这种山坡的稳定性一般比较高。另一种是由于山坡曾经发生过大规模的滑坡变形，由滑坡台阶组成的次生阶梯状斜坡。这种斜坡多存在于

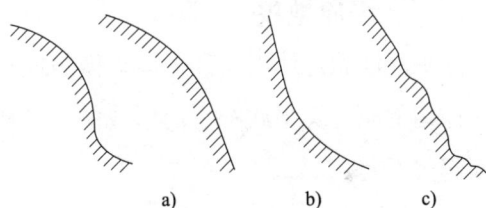

图 1-5-8　各种形态的山坡

a）凸形山坡；b）凹形山坡；c）阶梯形山坡

山坡的中下部，如果坡脚受到强烈冲刷或不合理的切坡，或者受到地震的影响，可能引起古滑坡复活，威胁建筑物的稳定，如图 1-5-8c）所示。

（2）按山坡的纵向坡度分类

按山坡的纵向坡度分类：当坡度小于 15° 时为微坡，介于 16° ~ 30° 之间的为缓坡，介于 31° ~ 70° 之间的为陡坡，大于 70° 的为垂直坡。

从路线角度来讲，山坡稳定性高，坡度平缓，对布设线路无疑是有利的。特别对越岭线的展线山坡，坡度平缓不仅便于展线回头，而且可以拉大上下线间的水平距离，既有利于路基稳定，又可减少施工时的干扰。但平缓山坡特别是在山坡的一些坳洼部分，通常有厚度较大的坡积物和其他重力堆积物分布，而且坡面径流容易在这里汇聚，当这些堆积物与下伏基岩的接触面因开挖而被揭露后，遇到不良水文情况，很容易引起堆积物沿基岩顶面滑动。

回 拓展内容 ‖‖‖‖‖‖►

五岳，是中国五大名山的总称。即东岳泰山（海拔1545m，位于山东省泰安市）、南岳衡山（海拔1300m，位于湖南省衡阳市）、西岳华山（海拔2155m，位于陕西省华阴市）、北岳恒山（海拔2016m，位于山西省浑源县）、中岳嵩山（海拔1492m，位于河南省登封市）。

"东岳泰山之雄，西岳华山之险，中岳嵩山之峻，北岳恒山之幽，南岳衡山之秀"。俗话说"五岳归来不看山"，也有"恒山如行，泰山如坐，华山如立，嵩山如卧，唯有南岳独如飞"的说法。五岳经历了怎样的地质变迁，才形成了现在各具特色的景色，让我们走进五岳。

地理中国《五岳》链接网址 http://tv.cctv.com/2013/01/03/VIDA1357183807978640.shtml。

三、平原地貌

平原地貌是地壳在升降运动微弱或长期稳定的条件下，经外动力地质作用的充分夷平或补平而形成的。其特点是地势开阔，地形平缓，地面起伏不大。

微课：
平原地貌

按高程不同，平原可分为高原、高平原、低平原和洼地，见表1-5-3。

平原按高度分类表　　　表1-5-3

海拔高度（m）	名称	例子	地质作用特征
>600	高原	云贵高原、伊朗高原、蒙古高原	剥蚀、侵蚀、谷地重力作用
200～600	高平原	中法兰西平原、巴西中部平原	
0～200	低平原	华北平原、杭嘉沪平原	外力堆积作用、洪泛、河岸侵蚀、海蚀和海积
海平面以下	洼地	吐鲁番低地、死海低地	

按成因不同，平原可分为构造平原、剥蚀平原、堆积平原和剥蚀 - 堆积平原。

（一）构造平原

构造平原主要是由地壳构造运动形成而又长期稳定的结果。其特点是微弱起伏的地形面与岩层面一致，堆积物厚度不大。构造平原又分为海成平原和大陆拗曲平原，前者是由地壳缓慢上升、海水不断后退所形成，上覆堆积物多为泥沙和淤泥，并与下伏基岩一起微向海洋倾斜，工程地质条件不良；后者是由地壳沉降使岩层发生拗曲所形成，岩层倾角较大，平原表面呈凹状或凸状的起伏形态。构造平原成因示意如图 1-5-9 所示。

图 1-5-9　构造平原成因示意图

a）海成平原；b）大陆拗曲平原

构造平原由于基岩埋藏不深，所以地下水一般埋藏较浅。在干旱或半干旱地区，如排水不畅，常易形成盐渍化。在多雨的冰冻地区则常易造成道路的冻胀和翻浆。

（二）剥蚀平原

剥蚀平原是在地壳上升微弱、地表岩层高差不大的条件下，经外力的长期剥蚀夷平所形成，如图 1-5-10 所示。其特点是地形面与岩层面不一致，上覆堆积物很薄，基岩常裸露于地表，只是在低洼地段有时才覆盖有厚度稍大的残积物、坡积物、洪积物等。按外力剥蚀作用的动力性质不同，剥蚀平原又可分为河成剥蚀平原、海成剥蚀平原、风力剥蚀平原和冰川剥蚀平原。其中，较为常见的是前面两种剥蚀平原。河成剥蚀平原是由河流长期侵蚀作用所造成的侵蚀平原，其地形起伏较大，并向河流上游逐渐升高，有时在一些地方则保留有残丘。海成剥蚀平原是由海流的海蚀作用所造成，其地形一般极为平缓，微向现代海平面倾斜。

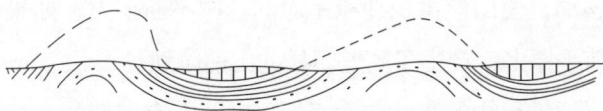

图 1-5-10　剥蚀平原的形成

剥蚀平原形成后，往往因地壳运动变得活跃，剥蚀作用重新加剧，使剥蚀平原遭到破坏，故其分布面积通常不大。剥蚀平原的工程地质条件一般较好，剥蚀作用将起伏不平的小丘夷平，某些覆盖层较厚的洼地也比较稳定，宜修建公路路基，或作为小桥涵的天然地基。

（三）堆积平原

堆积平原是在地壳缓慢而稳定下降的条件下，经各种外动力地质作用的堆积填平所形成，其特点是地形开阔平缓，起伏不大，往往分布有厚度很大的松散堆积物。按外力堆积作用的动力性质不同，堆积平原可分为河流冲积平原、山前洪积冲积平原、湖积平原和冰碛平原等，其中较为常见的是前三种。

1. 河流冲积平原

河流冲积平原是由河流改道及多条河流共同沉积所形成。它大多分布于河流的中、下游地带，因为在这些地带河床常常很宽，堆积作用很强，且地面平坦，排水不畅，每当雨季洪水溢出河床，其所携带的大量碎屑物质便堆积在河床两岸，形成天然堤。当河水继续向河床以外广大面积淹没时，流速不断减小，堆积面积越来越大，堆积物的颗粒越来越细，久而久之，便形成广阔的冲积平原。

河流冲积平原地形开阔平坦，是工程建设的良好条件，对公路选线也十分有利。但其下伏基岩往往埋藏很深，第四纪堆积物很厚，细颗粒多且地下水一般埋藏较浅，地基土的承载力较低。在潮湿冰冻地区，道路的冻胀、翻浆问题比较突出。此外，为避免洪水淹没路基，路线应设在地形较高处，而在淤泥层分布地段，还应采取可靠的技术措施，以保证路基、桥基的强度和稳定性，使其免受影响。

2. 山前洪积冲积平原

山前区是山区和平原的过渡地带，一般是河流冲刷和沉积都很活跃的地区。汛期到来时，由于洪水冲刷，在山前堆积了大量的洪积物；汛期过后，常年流水的河流中冲积物增加。洪积物或冲积物多分布在山麓，地形较高，环绕在山前形成一狭长地带，形成规模大小不一的山前洪积冲积平原。由于山前平原是由多个大小不一的洪（冲）积扇互相连接而成，因而呈高低起伏的波状地形。在新构造运动上升的地区，堆积物随洪（冲）积扇向山麓的下方移动，使山前洪积冲积平原的范围不断扩大；如果山区在上升过程中曾有过间歇，在山前平原上就产生了高差明显的山前阶地。

山前洪积冲积平原堆积物的岩性与山区岩层的分布有密切的关系，其颗粒为砾石或砂，也有粉粒或黏粒。由于地下水埋藏较浅，常有地下水溢出，水文地质条件较差。

3. 湖积平原

湖积平原是由于河流注入湖泊时，将所挟带的泥沙堆积湖底使湖底逐渐淤高，湖水溢出、干涸后沉积层露出地面所形成。在各种平原中，湖积平原的地形最为平坦。

湖积平原中的堆积物，由于是在静水条件下形成的，故淤泥和泥炭的含量较多，其总厚度一般也较大，其中往往夹有多层呈水平层理的薄层细砂或黏土，很少见到圆砾或卵石，且土颗粒由湖岸向湖心逐渐由粗变细。

湖积平原地下水一般埋藏较浅。其沉积物由于富含淤泥和泥炭，常具可塑性和流动性，孔隙度大，压缩性高，故承载力很低。

（四）剥蚀-堆积平原

剥蚀-堆积平原是剥蚀平原与堆积平原之间的过渡形式。当剥蚀平原形成后，地壳发生轻微的、不均匀的下降运动，随着地面松散堆积物覆盖面积的扩大，厚度增大，使地面更趋于平坦，如图1-5-11所示。有的地区地壳发生挠曲或倾斜，作不等量的升降，上升部分受侵蚀，下降部分接受堆积。所以，虽有不等量的升降，但由于侵蚀与堆积的抵消与补偿，结果地面仍很平缓。如我国东北平原就是剥蚀-堆积平原。

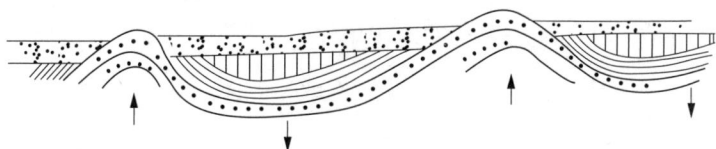

图1-5-11　剥蚀-堆积平原的形成

回 拓展内容 ⅡⅢⅢⅢ▶

中国四大平原包括东北平原、华北平原、长江中下游平原、关中平原。其中，面积最大的平原为东北平原（约35万 km^2）、最小的平原为关中平原（约4万 km^2）

东北平原四周为山麓洪积冲积平原和台地，海拔200m左右。北部台地形状较明显，南部强烈侵蚀呈浅丘外貌。平原西南部风沙地貌发育，形成大面积沙丘覆盖的冲积平原。平原东北端循松花江谷地与三江平原相通。

华北平原是华北陆台上的新生代断陷区。晚第三纪和第四纪时期，形成连片的大平原，与此同时平原边缘断块山地相对隆起，大平原轮廓日趋鲜明。新生代相对下沉，存在较厚的沉积，局部沉积竟达千米。华北平原海拔多不及百米，地势平缓倾斜。由山麓向滨海顺序出现洪积倾斜平原、洪积-冲积扇形平原、冲积平原、冲积-湖积平原、海积-冲积平原、海积平原等地貌类型。黄河、淮河、海河、滦河等河流所塑造的地貌构成了华北平原的主体，即黄河冲积扇平原、淮河中下游平原、海河中下游平原、滦河下游冲积扇平原。

长江中下游平原位于扬子准地台褶皱断拗带内，燕山运动时期产生一系列断陷盆地，经长江切通、贯连和冲积后而形成。受新构造运动影响，平原边缘白垩系-

第三系红层和第四纪红土层微微掀升，经流水冲切，形成相对高度 20~30m 的红土岗丘，中部和沿江沿海地区则继续下降形成泛滥平原和滨海平原。

关中平原是由秦岭山前大断裂和北山断裂形成的地堑，经渭河及其支流泾河、洛河等河流冲积而成的冲积平原，和渭河谷地及渭河丘陵一起构成渭河盆地，居晋陕盆地带的南部。

四、河谷地貌

（一）河谷形态

河谷是河流挟带着砂砾在地表侵蚀塑造的线形洼地，包括河床、河漫滩、牛轭湖、阶地、河间地块等小的地貌单元。

河谷由谷底、谷坡和谷肩（谷缘）等要素构成，如图 1-5-12 所示。

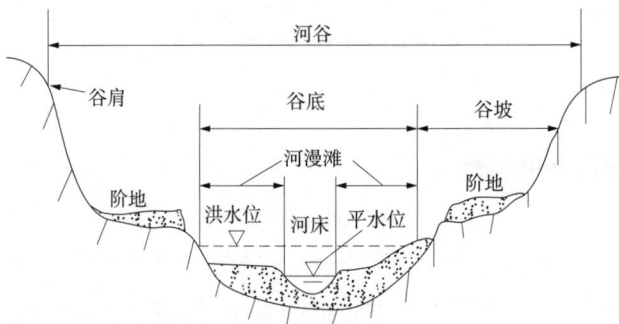

图 1-5-12 河谷横剖面形态图

谷底包括河水占据的河床和洪水能淹没的河漫滩，其中常年洪水能淹没的谷底部分称低河漫滩，特大洪水能淹没的部分称高河漫滩；谷底变化很大，可有河床而无河漫滩，或河床和河漫滩都很发育。谷坡是由河流侵蚀形成的岸坡，它可能是单纯的侵蚀坡，也可能发育有河流阶地。谷肩（谷缘）是谷坡上的转折点（或带），它是计算河谷宽度、深度和河谷制图的标志。

（二）河谷的形成和发展

从河谷的成因来看，河谷可分为构造谷和侵蚀谷两类。

1.构造谷

构造谷受地质构造控制，河流沿地质构造线发展。如河流在构造运动所形成的凹地内流动，如向斜谷、地堑谷等；或河流沿着构造软弱带流动，如断层谷、背斜谷、单斜谷等，如图 1-5-13 所示。

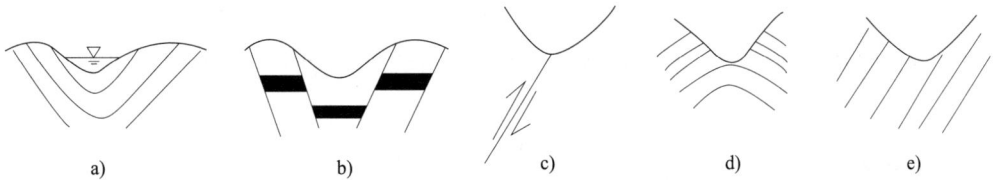

图 1-5-13　构造谷

a）向斜谷；b）地堑谷；c）断层谷；d）背斜谷；e）单斜谷

2. 侵蚀谷

侵蚀谷是由水流侵蚀而成，不受地质构造的影响，它可以任意切穿构造线。侵蚀谷发展为成形河谷一般可分三个阶段：

（1）第一阶段是"V"形谷。在河流形成早期（或河谷上游或坚硬岩石或新构造运动上升区）以垂直侵蚀作用为主，河流深切入基岩，形成河身直，河床坡度陡，急流险滩多，水流湍急，两岸崩塌发育，断面狭窄的"V"形谷。我国著名的长江三峡、金沙江的虎跳峡、美国科罗拉多峡谷等均属此类。

（2）第二阶段是河漫滩河谷。当峡谷形成后，下蚀作用减弱，侧蚀作用相对增强，凹岸冲刷，凸岸堆积，其特点是谷底不仅有河床，而且有河漫滩，谷坡平缓，山脊浑圆，地势起伏缓和，由原来的坡峰深谷演变为低丘宽谷。

（3）第三阶段是成形河谷。河漫滩河谷继续发展，因侵蚀基准面下降，河流重新产生下蚀作用，河漫滩被抬高而转化为阶地，这种具有阶地的河谷称为成形河谷。

（三）河流阶地

阶地是地壳上升、河流下切形成的地貌。当上升过程中有几次停顿的阶段，就形成几级阶地，如图 1-5-14 所示。阶地由河漫滩以上算起，分别称为一级阶地、二级阶地等。高阶地靠山坡一侧也可能有新近堆积的坡积层、洪积层，其压缩性高，结构强度低。在低阶地，地下水位较浅。特别要注意低阶地上地形比较低洼的地段，这些地方有时积水，生长一些水草，往往曾经是河漫滩湖泊和牛轭湖。有时河漫滩湖泊或牛轭湖的堆积物埋藏很深，成为透镜体或条带状的淤泥。河流阶地通常开阔平坦，土地肥沃，是进行农业生产、工程建筑、人类居

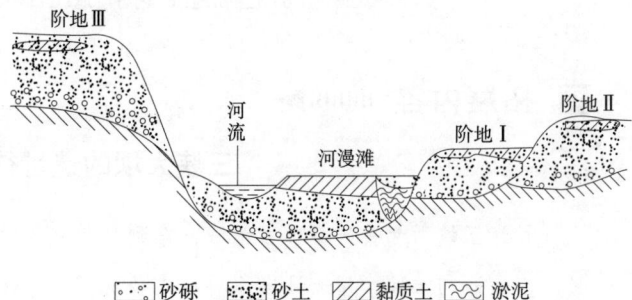

┌┄┄┐砂砾　▨砂土　▨黏质土　▨淤泥

图 1-5-14　河流阶地

住的良好场所。

河流阶地根据侵蚀与堆积之间关系的不同,可分为侵蚀阶地、堆积阶地和基座阶地三大类型。

1. 侵蚀阶地

阶地表面为侵蚀基岩,或覆盖有很薄的冲积物的阶地称为侵蚀阶地[图1-5-15a)],又称基岩阶地。一般多分布于山区河谷流速较大的河段,或者分布在河流的上游,构造上升强烈的河谷地段。侵蚀阶地的工程地质条件较好,是建筑坝肩、桥台、厂房的良好地基。

2. 堆积阶地

完全由冲积物组成的阶地称为堆积阶地,可分为上叠阶地[图1-5-15b)]、内叠阶地[图1-5-15c)]及嵌入阶地[图1-5-15d)]。地壳上升幅度逐次减小可形成上叠阶地,地壳上升幅度逐次相差不大可形成内叠阶地,地壳上升幅度逐次增加但不超过冲积物厚度可形成嵌入阶地。堆积阶地的工程地质条件好坏取决于冲积物性质及土层分布情况。在堆积阶地区修建建筑物应特别注意掩埋的古河道或牛轭湖堆积的透镜体。

3. 基座阶地

基座阶地[图1-5-15e)]属侵蚀阶地和堆积阶地的过渡类型。阶地面上有冲积物覆盖,阶地陡坎的下部是基岩的阶地称为基座阶地。当地壳上升幅度超过河谷冲积物的厚度并切入基岩时会形成基座阶地。其工程地质条件比较好,可作为建筑物地基,沉降量较小,但应注意冲积物与基岩接触部位的稳定性。

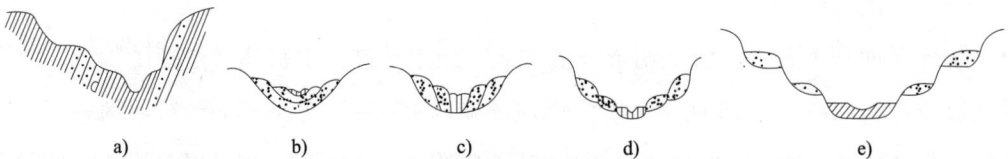

a)   b)   c)   d)   e)

图1-5-15 河流阶地类型

a)侵蚀阶地;b)上叠阶地;c)内叠阶地;d)嵌入阶地;e)基座阶地

回 拓展内容 |||||||||▶

三峡大坝的选址往事

长江三峡西起重庆奉节白帝城,东到湖北宜昌的南津关,从西向东依次是瞿塘峡、巫峡和西陵峡。瞿塘峡两岸岩壁高耸如削,巫峡万峰磅礴嵯峨,西陵峡同样是连绵的峻岭悬崖,但这些坚硬山岩之下的河床地质条件却并不理想,大都是很不稳定和遍布断层的变质岩、砂岩、石灰岩地质，贸然在上面修建高达 185m 的混凝土大坝和高水位库区，无疑会面临重大的安全风险。

1955 年我国全面开展长江流域规划和三峡工程的勘测研究时，援助工程设计的苏联专家建议在三峡上游的猫儿峡拦江建坝，猫儿峡位于长江上游重庆市江津境内的铜罐驿附近，其特点是江面狭窄便于拦江建坝，而且完全避开了分布着大量不稳定岩体地质的三峡江段。但猫儿峡的选址距离长江中下游地区过远，会大大削弱大坝建成后的防洪作用。除此之外，猫儿峡方案所带来的水库淹没面积太大，重庆市的一部分地区都将因此淹没成为库区，不仅不能充分发挥防洪和利用长江水运条件的作用，还会产生更大量的库区移民。因此，这个把拦江建坝位置推前到三峡上游的选址方案很快被放弃了，中国人不相信在长达 200km 的长江三峡江段找不到合适修建三峡工程的坝址。

1959 年 5 月，长江流域规划办公室在武汉组织全国有关部门讨论三峡大坝选址方案，讨论对象就是美国专家萨凡奇提出的南津关选址方案和中国专家林一山等人提出的三斗坪选址方案。由于南津关地区广泛分布石灰岩溶蚀，存在很难解决的岩溶，会使大坝面临很大的地基稳定性问题。三斗坪地区的基岩则是坚硬的火成岩，地质条件非常牢固可靠，而且当地地形开阔，三斗坪坝址上下游 15km 范围内都没有区域性和活动性断裂通过，坝区地壳的稳定性非常可靠，是一个十足的刚性地块，便于进行大型混凝土高坝枢纽的施工修建。在此前后，长江流域规划办公室在西陵峡江段沿线组织勘测研究的坝址共计达到 15 个。最终在 1983 年 5 月召开的长江三峡水利枢纽工程可行性研究报告审查会议上，经历 28 年锤炼的三斗坪坝址方案得到正式确认。三峡大坝选定的三斗坪坝址，几乎集中了国内外所有高坝坝址的全部优点，其优越的建坝条件在世界范围内都是非常少见的。

五、第四纪地质

（一）第四纪地质概况

第四纪（距今 258 万年）是地球演化历史上最新的一个地质时期，是现今地球环境形成和现代人类出现的关键时段。第四纪时期，地球环境经历了山岳冰川和大陆冰盖的周期性进退、全球海面的大幅度升降，以及全球大气环流和海洋环流形式

微课：
第四纪地质

的急剧重组。伴随着全球性的气候变化和海陆变迁，动植物发生了相应变化，人类逐渐进化。

第四纪时期地壳有过强烈的活动，为了与第四纪以前的地壳运动相区别，把第四纪以来发生的地壳运动称为新构造运动。地球上巨大块体大规模的水平运动、火山喷发、地震等都是地壳运动的表现。地区新构造运动的特征对于评价工程区域的稳定性来说是一个基本要素。

第四纪气候多变，曾多次出现大规模冰川。第四纪气候寒冷时期，冰雪覆盖面积扩大，冰川作用强烈，称为冰期；气候温暖时期，冰川面积缩小，称为间冰期。在第四纪冰期中，晚新生代冰期规模最大，地球上的高、中纬度地区普遍为巨厚冰流覆盖，由于当时气候干燥，因而沙漠面积扩大。中国大陆在第四纪冰期时，由于海平面下降，因此渤海、东海、黄海均为陆地，台湾与大陆相连，气候干燥，风沙盛行，黄土堆积作用强烈。第四纪冰川不仅规模大而且频繁，对深海沉积物的研究结果表明，第四纪冰川作用有20次之多，而近80万年每10万年有一次冰期和间冰期。

（二）第四纪地层特征及其成因类型

第四纪历史虽然只有200万年左右，但新构造运动强烈，海平面和气候变化频繁，因而第四纪沉积环境极为复杂。第四纪沉积物形成时间短，成岩作用不充分，常常成为松散、多孔、软弱的土层（土体）。

一般把第四纪地层称为沉积物或沉积层。例如，河流作用形成的称"冲积物"或"冲积层"，风化作用形成的称"残积物"或"残积层"，洪流作用形成的称"洪积物"或"洪积层"等。第四纪堆积物的成因类型详见表1-5-4。

第四纪堆积物的成因类型　　　　　表 1-5-4

成　　因	成因类型	主导地质作用
风化残积	残积	物理、化学风化作用
重力堆积	坠积	较长期的重力作用
	崩塌堆积	短促间发生的重力破坏作用
	滑坡堆积	大型斜坡块体重力破坏作用
	土溜	小型斜坡块体表面的重力破坏作用
大陆流失堆积	坡积	斜坡上雨水、雪水兼由重力的长期搬运、堆积作用
	洪积	短期内大量地表水搬运、堆积作用

续上表

成　因	成因类型	主导地质作用
大陆流失堆积	冲积	长期的地表水流沿河谷搬运、堆积作用
	三角堆洲积（河、湖）	河水、湖水混合堆积作用
	湖泊堆积	浅水型的静水堆积作用
	沼泽堆积	潴水型的静水堆积作用
海水堆积	滨海堆积	海浪及岸流的堆积作用
	浅海堆积	浅海相动荡及静水的混合堆积作用
	深海堆积	深海相静水的堆积作用
	三角洲堆积（河、湖）	河水、海水混合堆积作用
地下水堆积	泉水堆积	化学堆积作用及部分机械堆积作用
	洞穴堆积	机械堆积作用及部分化学堆积作用
冰川堆积	冰碛堆积	固体状态冰川的搬运、堆积作用
	冰水堆积	冰川中冰下水的搬运、堆积作用
	冰碛湖堆积	冰川地区的静水堆积作用
风力堆积	风积	风的搬运堆积作用
	风 - 水堆积	风的搬运堆积作用，又经流水的搬运堆积作用

几种主要成因类型第四纪堆积物的特征见表 1-5-5。

主要成因类型第四纪堆积物的特征　　　　　　　表 1-5-5

成因类型	堆积方式及条件	堆积物特征
残积	岩石经风化作用而残留在原地的碎屑堆积物	碎屑物自表面向深处逐渐由细变粗，其成分与母岩有关，一般不具层理，碎块多呈棱角状，土质不均，具有较大孔隙，厚度在山丘顶部较薄，低洼处较厚，厚度变化较大
坡积或崩积	风化碎屑物由雨水或融雪水沿斜坡搬运；或由本身的重力作用堆积在斜坡上或坡脚处而成	碎屑物岩性成分复杂，与高处的岩性组成有直接关系，从坡上往下逐渐变细，分选性差，层理不明显，厚度变化较大，厚度在斜坡较陡处较薄，坡脚地段较厚
洪积	由暂时性洪流将山区或高地的大量风化碎屑物携带至沟口或平缓地带堆积而成	颗粒具有一定的分选性，但往往大小混杂，碎屑多呈亚棱角状，洪积扇顶部颗粒较粗，层理絮乱呈交错状，透镜体及夹层较多，边缘处颗粒细，层理清楚，其厚度一般在高山区或高地处较大，远处较小

续上表

成因类型	堆积方式及条件	堆积物特征
冲积	由长期的地表水搬运,在河流阶地、冲积平原和三角洲地带堆积而成	颗粒在河流上游较粗,向下游逐渐变细,分选性及磨圆度均好,层理清楚,除牛轭湖及某些河床相沉积外,厚度较稳定
冰积	由冰川融化带携带的碎屑物堆积或沉积而成	粒度相差较大,无分选性,一般不具层理,因冰川形态和规模的差异,厚度变化大
淤积	在静水或缓慢的流水环境中沉积,并伴有生物、化学作用而成	颗粒以粉粒、黏粒为主,且含有一定数量的有机质或盐类,一般土质松软,有时为淤泥质黏性土、粉土与粉砂互层,具清晰的薄层理
风积	在干旱气候条件下,碎屑物被风吹扬,降落堆积而成	颗粒主要由粉粒或砂砾组成,土质均匀,质纯,孔隙大,结构松散

第四纪沉积物可分为陆相沉积物和海相沉积物。

1.第四纪陆相沉积物的一般特征

第四纪陆相沉积物按成因大致可分为残积物、坡积物、冲积物、洪积物、湖积物、风积物、有机质和泥炭沉积物、混合沉积物等几种类型。其主要特征有以下几点:

(1)第四纪陆相沉积物形成时间短,或正处在形成之中,普遍呈松散或半固结状态,易于发生流动和破坏。

(2)第四纪陆相沉积于地表,直接受到阳光、大气和水的影响,易于受物理风化和化学风化,故可通过研究第四纪沉积物风化程度的方法,来研究第四纪地层划分。

(3)第四纪陆相沉积物分布于起伏不平的地表,处于不同气候带,受到各种地质营力影响,故其成因复杂,岩性、岩相、厚度变化大。

(4)第四纪陆相沉积物,各种粒径的比例变化范围较大,多为砂砾层、砾质砂土、砂质黏土、含泥质碎石和碎石土块等混合碎屑层岩类。第四纪有机物有泥炭、有机质淤泥和有机质碎屑沉积物。

2.第四纪海相沉积物的一般特征

海洋随深度和地貌条件不同,其动力条件、压力、光照和含氧量均不相同,第四纪海相沉积物亦有很大区别。根据海洋地貌和动力条件,第四纪海相沉积可分为近岸沉积、大陆架沉积和深海沉积。

(1)近岸沉积

分布于从海岸到海底受波浪作用显著的水下岸坡部分。岩石海岸沉积带宽仅数十米,泥岸可达数十公里。由于近岸动力的多样性,形成的沉积物成分复杂,有砾石、砂、淤泥、泥炭和贝壳等。碎屑物主要来自陆地，砂质沉积是近岸沉积中分布最广泛的一种，因海岸的砂受到波浪影响，具有很高的移动性，常分选堆积成砂质体，如石英砂等。

（2）大陆架沉积

大陆架是大陆沿岸土地向海洋的自然延伸，通常被认为是陆地的一部分，又叫"陆棚"或"大陆浅滩"。它是指环绕大陆的浅海地带。大陆架的地势多平坦，其海床被沉积层所覆盖，它的边缘开始向深海倾斜，称为大陆坡，接着是斜度介于陆架与陆坡之间的陆基，最后，陆基伸入深海平原。大陆架与大陆坡都属于大陆边缘的一部分。

大陆架范围内有粗粒碎屑沉积、砂质沉积和淤泥质沉积。粗粒碎屑沉积主要来源于水下岸坡破坏、河流和冰川搬运物质；砂质沉积主要是河流挟入物，在河流入海处最为发育；淤泥质沉积分布极广，离岸 200～300km 内都有陆源碎屑淤泥质分布，在大河口的分布可远至 400～600km。淤泥质沉积中因常含有机质、硫化铁、氧化锰和绿泥石，故而呈现出不同颜色。

（3）深海沉积

深海由于水深、低温、压力大，大型软体生物很少，河流挟入物达不到，其沉积以浮游性动植物钙质或硅质沉积为主，其次为火山灰沉积、化学沉积（锰结核等）和局部的浮冰碎屑沉积。深海沉积缓慢，故深海第四纪沉积物厚度不大。

3. 陆相沉积物的常见成因类型及工程性质

（1）残积物

残积层是岩石风化后残留原地的松散堆积物。在工程实践中，残积层很少用来作为建筑物的地基。但是山区道路往往通过风化严重的岩质山坡，由于开挖路堑，会引起边坡的不稳。一般来说，残积层的工程地质性质较差，勘察中要了解它的厚度及物理力学性质等。

（2）坡积物

坡积层是由于水的作用或由于重力崩塌作用在斜坡下部较低洼地带堆积而成的。一般说来，坡积层常具有较高的孔隙度，较大的压缩性，透水性较小，抗剪强度较低等性质。同时坡积层易于沿斜坡发生滑动，尤其是在坡积物中开挖路堑和基坑时，常常导致滑坡。当路线通过坡积层时，应查明其厚度及物理力学性质，正确评价建筑物的稳定性。

（3）洪积物

洪积物是由山区暴雨洪水所携带碎屑物质在山间河谷或山前平原地带堆积而成。洪积物的工程地质性质与所处的部位有关，近山口的粗碎屑土的孔隙度和透水性都很大，压缩性小，承载力大；而远离山口的是细碎屑土和黏性土，它的透水性小，压缩性大。

（4）冲积物

冲积物是由河流所挟带的物质沉积下来的堆积物。冲积物的性质视具体情况而定，河床相沉积物一般是粗颗粒，具有很大的透水性，也是良好的建筑材料；当其为细砂时，饱和后在开挖基坑时往往会发生流砂现象，应特别注意。河漫滩相沉积物一般为细碎屑土和黏性土，结构较为紧密，形成阶地，大多分布在冲积平原的表层，成为各种建筑物的地基，我国不少大城市，如武汉、上海、天津等都位于河漫滩沉积物之上。牛轭湖相的沉积物因含多量的有机质，有的甚至形成泥炭，故压缩性大，承载力小，不宜作为建筑物的地基。

（5）湖积物

湖积物是在湖水中沉积的物质。按湖的性质将其划分为淡水湖积物和咸水湖积物两大类。

淡水湖积物又分为湖岸沉积物和湖心沉积物两种。湖岸沉积物多为砾石、砂土或黏砂土，是由于湖水冲刷湖岸形成的。湖心沉积物的成分复杂，主要为黏土质淤泥，距岸越远，则沉积物的颗粒越细，有机质可达 20%～40%，含水率高达 70%～90%，有时可形成泥炭等。

咸水湖积物成分较为复杂，有的以黏性土为主的，有以化学沉积为主的，也有的以淤泥质为主。淤泥的工程性质较差，当它的结构受到破坏时，力学强度突然降低，使建筑物毁坏，故不适宜直接作为建筑物的地基。

（6）风积物

风积物如风成沙、风成黄土、沙漠等，由砂和粉粒组成。其岩性松散，一般分选性好，孔隙度高，活动性强。通常不具层理，其工程性质较差。

（7）其他类型

陆相沉积物还有冰碛物、冰水堆积物、冰湖堆积物等。

（三）中国第四纪地层主要特征

我国第四纪地层无论从分布范围上，还是从成因类型、岩性和岩相上，都与晚第三纪地层密切相关。

1. 岩相 - 沉积类型的复杂性

如前所述，第四纪地层的岩相基本类型可分为海相和陆相（有时又分出海陆交互相）。我国第四纪海相沉积主要分布在东南部，如台湾岛、海南岛、沿海一带及距海一定范围的大陆地区。

第四纪陆相沉积除受地质构造及古地理条件影响外，古气候的影响也特别明显。我国第四纪陆相沉积可分为下列几种类型。

（1）湖相沉积

在更新世，我国湖泊面积比现在大，湖相沉积分布范围相当广泛。如山西、河南、河北、内蒙古、云南等地区，均有更新世湖相地层。

（2）洞穴 - 裂隙堆积

洞穴 - 裂隙堆积在我国华北、华南皆有分布。在华南更新世各时期皆有这种堆积，而在华北主要分布在太行山及北京西山地区，且时代主要是中更新世，也有少数是早、晚更新世。

（3）河流及洪流堆积

河流及洪流堆积在我国的南方及西北各省区均有分布。在南方，如长江、珠江流域，早、中更新世的河流相砾石堆积分布很广。在西北的山区，如祁连山、天山等山麓地带，洪积相砾石堆积也很广，且厚度大，一般为数百米甚至达千余米。

（4）土状堆积

土状堆积是指黄土及红色土堆积。如黄土堆积主要分布在黄河流域的广大地区，其成因十分复杂，有洪积的、坡积的、坡积 - 洪积的、风积的、残积的、残积 - 坡积的等。在山麓地带，土状堆积的底部常有冲积砂砾层。

（5）冰川堆积

更新世的冰川堆积，在长江中下游（如庐山等）及其他高山地区皆有分布；近代的冰川堆积主要分布在西部的高山高原地区。

（6）火山堆积

在我国的华北和东北地区更新世初期及晚期火山喷出的玄武岩、台湾和云南更新世火山喷出的玄武岩和安山岩，都属于这一类型。

2. 沉积物分布的分带性

第四纪沉积物呈现明显的带状分布，带状分布主要受气候条件和地貌条件的影响。在我国西北部，第四纪堆积物的空间分布表现出很严格的地带性。在山地主要为冰碛物和冰缘沉积；在山麓则长期进行冰水沉积和洪积，并向内陆盆地方向过渡为洪积 - 冲积物、黄土状沉积物；在内陆盆地中心则以风成堆积为主，并有局部的盐湖、盐沼化学沉积。例如，塔里木盆地及其周围山地，由山地至盆地中心可分为四个带：山地冰碛及冰缘沉积带；山麓坡积及洪积带；洪积冲积带；盆地内风成、湖泊及盐类化学沉积带。

在我国南部，第四纪洞穴－裂隙堆积物在时间上分带性十分明显。如广西早更新世的"巨猿"洞穴堆积高出地面约 90m，中－晚更新世的洞穴堆积高出地面 35～40m，近代洞穴堆积在地面以下。

随着气候带的不同，我国自北向南，沉积物呈纬向的带状分布：寒带的冻土、温带的黑土、暖温带的黄土、亚热带和热带的红土。

随着距海由远及近、气候由干变湿，我国自西向东，沉积物呈经向的带状分布。这在我国北部表现明显：干旱区的戈壁和风成沙、半干旱区的黄土、潮湿区的冲积物、沿海的海相堆积。

3. 人类发展的阶段性

第四纪时间虽短，但它是地球上生物进化最伟大的时期。生物的不断演化，终于导致了人类的出现，这是第四纪生物发展历史上的一个重大飞跃。我国发现大量的人类化石，是第四纪地层的一大特征，这些各个不同阶段的人类化石体现了人类演化的四个阶段：古猿、猿人、古人和新人。

六、阅读地质图

地质图是将一定地区的地质情况，用规定的符号，按一定的比例缩小投影绘制在相应的地形底图上的图件。它是被形象化的地质语言和地质资料，是地质勘查工作的主要成果之一。工程建设中规划、设计和施工阶段都要以地质勘查资料为依据，而地质图就是可直接利用的主要图表资料。所以，作为工程技术人员必须学会阅读和分析地质图，以便进一步了解一个地区的地质特征，这对我们研究路线的布局，确定野外工程地质工作的重点，以及找矿等均是十分有利的。

（一）地质图的基本知识

地质图的种类很多，其中主要用来表示地层、岩性和地质构造条件的地质图，称为普通地质图，简称地质图。还有许多用来表示某一项地质条件，或服务于某项国民经济的专门性地质图，如地貌及第四纪地质图、工程地质图、水文地质图等。

一幅完整的地质图不仅包括平面图、剖面图、柱状图，还有图名、图例、比例尺和责任栏。

（二）地质条件在地质图上的表现

地质图上反映的地质条件，一般包括地层、岩性、接触关系、各种地质构造等。这些条件通过不同的线条符号和绘制方法，在地质图上表现出来。

微课：
阅读地质图

1. 接触关系在地质图上的表现

基本的地层接触关系分为整合接触、假整合接触和角度不整合接触。整合接触在地质图上表现为岩层分界线彼此平行呈带状分布，地层时代连续；假整合接触表现为岩层分界线彼此平行呈带状分布，但地层时代不连续，有缺失现象；角度不整合接触表现为岩层分界线不平行呈带状分布，地层时代有缺失。

侵入岩体的接触关系有侵入接触和沉积接触等。侵入接触是岩浆岩侵入到先期形成的沉积岩中，所以侵入岩体的界限覆盖了沉积岩的界限；沉积接触是岩浆岩侵入体先形成，后期在侵入体上沉积了其他岩层，岩层分界线的特征与侵入接触相反。

2. 地质构造在地质图上的表现

（1）水平构造

在地质平面图上，水平构造的地层分界线与地形等高线平行或重合。通常较新的岩层分布在地势较高处，较老的岩层分布在地势较低处，如图 1-5-16 所示。

（2）倾斜构造

倾斜构造的地层界限与地形等高线相交，在平面图上呈 V 形或 U 形，由于岩层产状不同，在地质图上表现也不同。

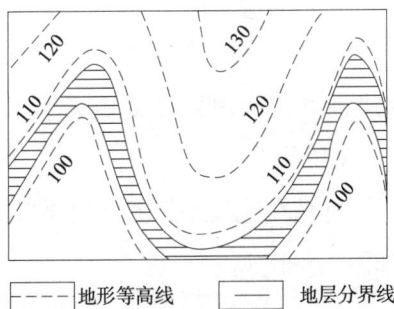

图 1-5-16　水平构造在地质图上的表现

当岩层倾向与地形坡向相反时，地层分界线的弯曲方向和地形等高线的弯曲方向相同，但地层分界线的弯曲度比地形等高线的弯曲度小，如图 1-5-17a）所示。

当岩层倾向与地形坡向一致时，若岩层倾角大于地形坡角，地层分界线弯曲方向和等高线弯曲方向相反，如图 1-5-17b）所示。

当岩层倾向与地形坡向一致且岩层倾角小于地形坡角时，地层分界线的弯曲方向和地形等高线的弯曲方向相同，但地层分界线的弯曲度比地形等高线的弯曲度大，如图 1-5-17c）所示。

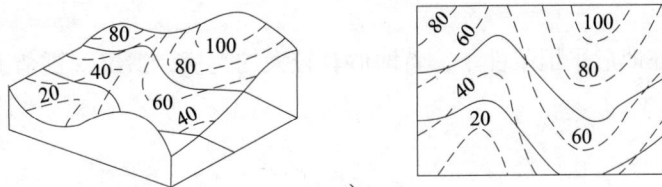

a)

图 1-5-17

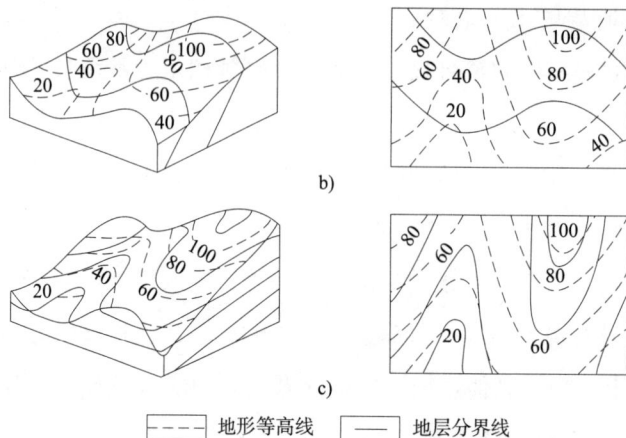

图 1-5-17 倾斜构造在地质图上的表现

（3）直立构造

直立构造的地层分界线沿岩层走向线延伸，不受地形影响，在平面图上表现为一条与地形等高线相交的直线。

（4）褶曲

褶曲在地质平面图上主要根据地层分布特征、地层的新老关系和岩层产状来判断，如图 1-5-18 所示。

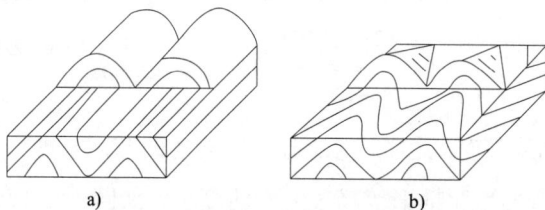

图 1-5-18 褶曲在地质图上的表现

a)水平褶曲；b)倾伏褶曲

水平褶曲在地质图上表现为平行带状分布，两翼地层对称，核部单一地层。若核部地层时代老，两翼地层新，为背斜褶曲；反之，为向斜褶曲。

倾伏褶曲在地质平面图上表现为抛物线形，两翼地层仍然对称，核部单一地层。背斜、向斜判断同上。

上述特征是在地形平坦条件下，若地形有较大的起伏，情况就复杂了，但地层的新老关系不变。

（5）断层

断层在地质图上用断层线表示。由于断层的倾角一般较大，所以断层线在地质图上通常是直线或近于直线的曲线。断层错动后，根据断层线两侧地层的重复、缺失和宽窄变化等来判断断层的类型。

①当断层走向与岩层走向大致平行时，断层线两侧出现同一岩层的不对称重复或缺失，地面被剥蚀后，出露老岩层的一侧为上升盘，出露新岩层的一侧为下降盘，如图 1-5-19 所示。

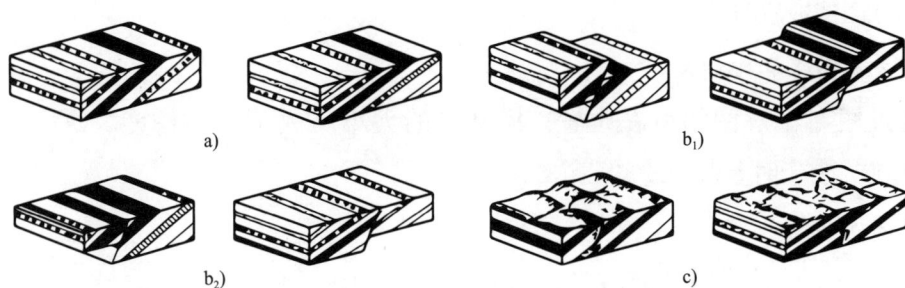

图 1-5-19　断层平行岩层走向造成岩层重复（左）和缺失（右）

a）断裂前；b₁）、b₂）错动后；c）经剥蚀

②当断层走向与岩层走向垂直或斜交时，无论正断层、逆断层还是平移断层，在断层线两侧都出现中断和前后错动现象，对于正断层和逆断层来说，向前错动的一侧为上升盘，向后错动的一侧为下降盘，如图 1-5-20 所示。

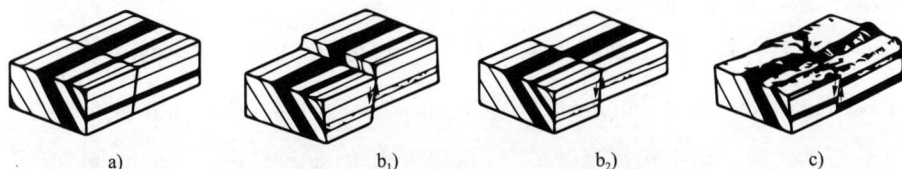

图 1-5-20　断层垂直岩层走向造成岩层的中断和前后错动

a）断裂前；b₁）、b₂）错动后；c）经剥蚀

③当断层与褶曲轴线垂直或斜交时，不仅表现为翼部岩层顺走向不连续，而且还表现为褶曲轴部岩层宽度在断层线两侧有变化。

如果褶曲是背斜，上升盘轴部岩层出露的范围变宽，下降盘轴部岩层出露的范围变窄，如图 1-5-21a）所示。

如果褶曲是向斜，则情况与背斜相反，上升盘轴部岩层变窄，下降盘轴部岩层变宽，如图 1-5-21b）所示。

平移断层两盘轴部岩层的宽度不发生变化，在断层线两侧仅表现为褶曲轴线及岩层错断开，如图 1-5-21c）所示。

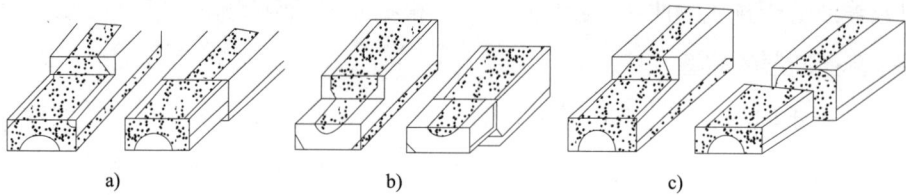

图 1-5-21　断层造成褶曲核部地层宽窄变化

(三)阅读地质图

1. 先看图名和比例尺

通过图名了解图幅所在位置，比例尺的大小反映了图的精度。如比例尺为 1∶10000，表示图上 1cm，实际距离为 100m。

2. 阅读图例

通过图例，了解图中出露的地层、岩性、地质构造等地质情况，要特别注意地层之间是否存在地层缺失现象。

3. 正式读图

先分析图内地形，通过地形等高线与河流水系的分布特点，了解图内山川形势和地形高低起伏情况。

再对照图例，阅读图中地质内容，分析地质特征。一般顺序是：先分析地层、岩性情况及接触关系，然后分析褶皱，最后分析断层。

(1)分析不整合接触时，观察上下两套地层之间的关系，判断是假整合还是角度不整合，然后根据不整合面上部的最老地层和下伏的最新地层，确定不整合形成的年代。

(2)分析褶皱时，可以根据褶皱核部和两翼岩层的新老关系，分析是背斜还是向斜。然后看两翼岩层是大体平行延伸还是向一端闭合，判断是水平褶曲还是倾伏褶曲。再根据两翼岩层产状和轴面关系，可以分析是直立、倾斜、倒转、平卧等褶曲类型。最后，根据未受褶皱影响的最老岩层和受到影响的最新岩层，判断褶皱的形成年代。

(3)分析断层时，首先了解发生断层前的构造类型(如水平构造、倾斜构造、褶皱构造等)，断层产生后断层产状和岩层产状的关系，根据断层的倾向，分析断层线两侧的上下盘；然后根据两盘岩层的新老关系和岩层露头的变化情况，再分析哪一盘是上升盘，哪一盘是下降盘，确定断层的性质；最后，根据覆盖在断层之上的最老地层和被错断开的最新地层，确定断层的形成年代。

(4)若区内有岩浆岩出露，应弄清岩浆活动的时代、侵入或喷发的顺序，然后根据岩浆岩的产出及形态特征，确定其产状。

在以上读图过程中，要参考地质剖面图和综合柱状图，这样才能更好地加深对地质图的理解和分析。根据地层、岩性及地质构造特征分析该地区地质发展概况。根据区域内自然地质条件的客观情况，结合工程的具体要求，进行合理的工程布局和正确的工程设计。

任务实施

微课：
阅读宁陆河地区
地质图

阅读地质图

现以宁陆河地区地质图（图 1-5-22）为例，阅读、分析地质图。其综合柱状图如图 1-5-23 所示。

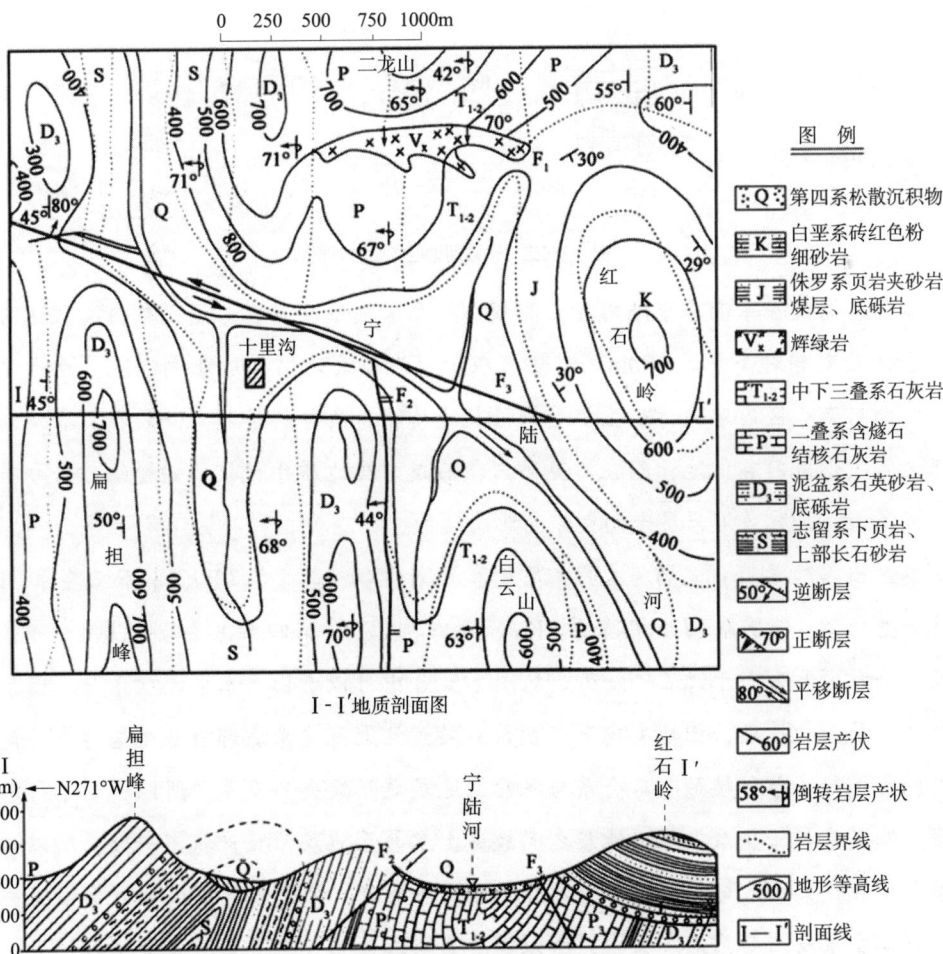

图 1-5-22　宁陆河地区地质图

地层单位				代号	层序	柱状图 (1:25000)	厚度 (m)	地质描述及化石	备注
界	系	统	阶						
新生界	第四系			Q	7	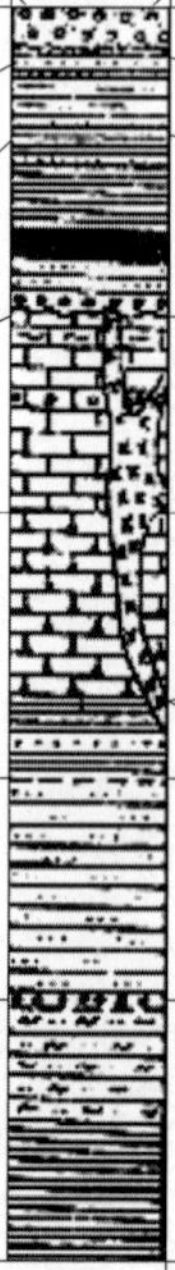	0~30	松散沉积层	
								—————角度不整合—————	
中生界	白垩系			K	6		111	砖红色粉砂岩、细砂岩，钙质和泥质胶结，较疏松	
								—————整合—————	
	侏罗系			J	5		370	浅黄色页岩夹砂岩，底部有一层砾岩，靠下部有一层厚达50m的煤层	
								—————角度不整合—————	
	三叠系	中下统		T₁₋₂	4		400	浅灰色质纯石灰岩，夹有泥灰岩及鲕状灰岩	
								—————整合—————	
古生界	二叠系			P	3		520	黑色含燧石结核石灰岩，底部有页岩、砂岩夹层，有珊瑚化石	
								顺张性断裂辉绿岩呈岩墙侵入，围岩中石灰岩有大理岩化现象	
								—————平行不整合—————	
	泥盆系	上统		D₃	2		400	底砾岩厚度2m左右，上部为灰白色、致密坚硬石英砂岩。有古鳞木化石	
								—————平行不整合—————	
	志留系			S	1		450	下部为黄绿色及紫红色页岩，可见笔石类化石。上部为长石砂岩，有王冠虫化石	
审查				校核		制图		描图	日期 图号

图 1-5-23　宁陆河地区综合柱状图

本区最低处在东南部宁陆河谷，高程300多米，最高点在二龙山顶，高程达800多米，全区最大相对高差近500m。宁陆河在十里沟以北地区，从北向南流，至十里沟附近，折向东南。区内地貌特征主要受岩性及地质构造条件的控制。一般在页岩及断层带分布地带多形成河谷低地，而在石英砂岩、石灰岩及地质年代较新的粉细砂岩分布地带则形成高山。山脉多沿岩层走向大体南北向延伸。

本区出露地层有：志留系（S）、泥盆系上统（D₃）、二叠系（P）、中下三叠系（T₁₋₂）、辉绿岩墙（v_L）、侏罗系（J）、白垩系（K）及第四系（Q）。第四系主要沿宁陆河分布，侏罗系及白垩系主要分布于红石岭一带。从图1-5-23中可以看出，本区泥盆系与志留系地层间虽然岩层产状一致，但缺失中下泥盆系地层，且上泥盆系底部有底砾岩存在，说明两者之间为平行不整合接触。二叠系与泥盆系地层之间缺失石炭系，所以也为平行不整合接触。侏罗系与三叠系中下统地层之间缺失上三叠系地层，且产状不一致，所以为角度不整合接触。第四系与老岩层间也为角度不整合接触。辉绿岩是沿F₁张性断裂呈岩墙状侵入到二叠系及三叠系石灰岩中，所以辉绿岩与二叠系、三叠系地层为侵入接触，而与侏罗系为沉积接触。所以辉绿岩的形成时代应在三叠系中下统之后，在侏罗系以前。

宁陆河地区有三个褶曲构造，即十里沟褶曲、白云山褶曲和红石岭褶曲。

十里沟褶曲的轴部在十里沟附近，轴向近南北延伸。轴部地层为志留系页岩，上部有第四纪松散沉积覆盖，两翼对称分布的是泥盆系上统（D_3）、二叠系、下中三叠系地层，但西翼只见到泥盆系上统和部分二叠系地层，三叠系已出图幅。两翼走向大致南北，均向西倾，但西翼倾角较缓，为 $45° \sim 50°$，东翼倾角较陡，为 $63° \sim 71°$。所以十里沟褶曲为一倒转背斜。十里沟倒转背斜构造，因受 F_3 断裂构造的影响，其轴部已向北偏移至宁陆河南北向河谷地段。

白云山褶曲的轴部在白云山至二龙山附近，南北向延伸。褶曲轴部地层为中下三叠系，由轴部向翼部，地层依次为二叠系、泥盆系上统、志留系，其中西翼为十里沟倒转背斜东翼，东翼志留系地层已出图幅，而二叠系与泥盆系上统因受上覆不整合的侏罗系与白垩系地层的影响，只在图幅的东北角和东南角出露。两翼岩层均向西倾斜，是一个倾角不大的倒转向斜。

红石岭褶曲由白垩系、侏罗系地层组成，褶曲舒缓，两翼岩层相向倾斜，倾角约 $30°$，为一直立对称褶曲。

区内有三条断层。F_1 断层面向南倾斜约 $70°$，断层走向与岩层走向基本垂直，北盘岩层分界线有向西移动现象，是一正断层。由于倾斜向斜轴部紧闭，断层位移幅度小，所以 F_1 断层引起的轴部地层宽窄变化并不明显。

F_2 断层走向与岩层走向平行，倾向一致，但岩层倾角大于断层倾角。西盘为上盘，一则出露的岩层年代较老，二则使二叠系地层出露宽度在东盘明显变窄，故为一压性逆掩断层。

F_3 为区内规模最大的一条断层。从十里沟倒转背斜轴部志留系地层分布位置可以明显看出，断层的东北盘相对向西北错动，西南盘相对向东南错动，是扭性平推断层。

回 拓展内容 ⅠⅠⅠⅠⅠⅠⅠ▶

为做好涉密地质资料管理工作，2008 年国土资源部会同国家保密局制定了《涉密地质资料管理细则》。

其中规定：

（1）比例尺在 1：10 万（不含）～1：50 万（含）和 1：5 000（含）～1：2.5 万（不含）之间的有涉密地理要素的各类地质平面图定为秘密。

（2）比例尺在 1：2.5 万（含）～1：10 万（含）之间的有涉密地理要素的各类地质平面图定为机密。

具体定密原则与密级确定按照《涉密地质资料管理细则》执行。

思考 与 练习

1. 简述地貌类型的划分。

2. 分析各种山地地貌与公路布线的关系。

3. 常见的垭口有几种类型？试从工程地质条件方面做出评价。

4. 山坡按纵向轮廓分为几种类型？分析其与公路布线的关系。

5. 堆积平原有几种类型？公路布线在经过各种堆积平原时应注意什么问题？

6. 试比较坡积层和洪积层的地貌成因。当公路通过两个地貌区时，应分别注意哪些工程地质条件的影响？

7. 什么是河流和河流的地质作用？

8. 什么是河流阶地？河流阶地是如何形成的？根据物质组成不同，可将河流阶地分为哪些主要类型？河流阶地对公路工程有何意义？

9. 简述河流地质作用与道路工程的关系。

任务六　认识土

学习目标	● **知识目标**	❶ 了解土的工程分类、野外鉴别方法。 ❷ 掌握几种特殊土的概念，了解特殊土的特征。 ❸ 了解几种特殊土的工程防治措施及处理方法。
	● **能力目标**	能初步鉴别土的类型，描述其性质。
	● **素质目标**	养成甘于奉献、实事求是、严谨认真的工作态度、不断探索的学习精神、科学的思辨能力，吃苦耐劳的合作精神。

┤ 任 务 描 述 ├

完成某公路黄土场地湿陷等级判定，并提出治理建议。

▌▌相关知识

微课：
土的工程分类

一、土的分类和野外鉴别

（一）土的分类

对于土的工程分类法，世界各国、各地区、各部门，根据自己的传统和经验，都有自己的分类标准，例如：《土的工程分类标准》（GB/T 50145—2007）、《岩土工程勘察规范》（GB 50021—2001）、《铁路桥涵地基和基础设计规范》（TB 10093—2017）、《公路土工试验规程》（JTG 3430—2020）、《公路桥涵地基与基础设计规范》（JTG 3363—2019）和《公路工程地质勘察规范》（JTG C20—2011）等。但总体原则是：粗粒土按粒度成分及级配特征分类；细粒土按塑性指数和液限分类，即塑性图法；有机土和特殊土则分别单独各列为一类。

在《公路工程地质勘察规范》(JTG C20—2011)中土的分类如下：

（1）土可根据其地质成因分为残积土、坡积土、崩积土、冲积土、洪积土、风积土、湖积土、海积土和冰积土等。

（2）土可根据其具有的工程地质特性分为黄土、冻土、膨胀土、盐渍土、软土、红黏土和填土等。

（3）土可根据颗粒级配或塑性指数划分为碎石土、砂土、粉土和黏性土。各类土的划分标准如下：

①碎石土为粒径大于 2mm 的颗粒含量超过总质量 50% 的土。再根据颗粒级配及形状按表 1-6-1 细分为漂石、块石、卵石、碎石、圆砾和角砾六类。

碎石土的分类   表 1-6-1

土的名称	颗粒形状	颗粒级配
漂石	以圆形及亚圆形为主	粒径大于 200mm 的颗粒含量超过总质量的 50%
块石	以棱角形为主	
卵石	以圆形及亚圆形为主	粒径大于 20mm 的颗粒含量超过总质量的 50%
碎石	以棱角形为主	
圆砾	以圆形及亚圆形为主	粒径大于 2mm 的颗粒含量超过总质量的 50%
角砾	以棱角形为主	

②砂土为粒径大于 2mm 的颗粒含量不超过总质量 50%，且粒径大于 0.075mm 的颗粒含量超过总质量 50% 的土。砂土按表 1-6-2 分为砾砂、粗砂、中砂、细砂和粉砂。

砂土的分类   表 1-6-2

土的名称	粒组级配
砾砂	粒径大于 2mm 的颗粒含量占总质量的 25%～50%
粗砂	粒径大于 0.5mm 的颗粒含量超过总质量的 50%
中砂	粒径大于 0.25mm 的颗粒含量超过总质量的 50%
细砂	粒径大于 0.075mm 的颗粒含量超过总质量的 85%
粉砂	粒径大于 0.075mm 的颗粒含量不超过总质量的 50%

③粉土为塑性指数 $I_P \leqslant 10$ 且粒径大于 0.075mm 的颗粒含量不超过总质量50%的土。

粉土含有较多的粉粒，其工程性质介于黏性土和砂土之间，但又不完全与黏性土或砂土相同。粉土的性质与其粒径级配、密实度和湿度等有关。

④黏性土为塑性指数 $I_P > 10$ 且粒径大于 0.075mm 的颗粒含量不超过总质量50%的土。黏性土的工程性质不仅与粒组含量和黏土矿物的亲水性等有关，而且也与成因类型及沉积环境等因素有关。

黏性土根据塑性指数 I_P 值分为黏土和粉质黏土，见表1-6-3。

黏 性 土 的 分 类　　　　　表 1-6-3

塑 性 指 数	土 的 名 称
$I_P > 17$	黏土
$10 < I_P \leqslant 17$	粉质黏土

（二）土的野外鉴别

在公路路线勘测过程中，除了在沿线按需要采集一些土样带回实验室测试有关技术指标外，还常要在现场用目测、手触或借助简易工具和试剂及时直观地对土的性质和状态做出初步鉴定，其目的是为选线、设计和编制工程预算提供第一手资料。对此，我们在现场勘测时应做到：第一，对取样的土层的宏观情况做出较详细的描述和记录，并对其土层的基本性质做出初步判别；第二，对所取土样应直观地做出肉眼描述和鉴别，并定出土名，以供室内试验后定名参考。

1. 对土的基本描述

对土的描述应包括名称、地质年代和成因类型，并应符合下列规定，见表1-6-4。

土 的 野 外 描 述　　　　　表 1-6-4

分　类	描 述 内 容
碎石土	颜色、颗粒级配、颗粒形状、碎石成分、风化程度、充填物的类型、充填程度和密实度等
砂土	颜色、颗粒级配颗粒形状、矿物成分粒含量、湿度和密实度等
粉土	颜色湿度、密实度、含有物等
黏性土	颜色、状态、含有物等

2. 土的野外鉴别

(1) 碎石土的密实度可根据其野外特征鉴别,见表 1-6-5。

碎石土密实度野外鉴别　　　　　　　　　表 1-6-5

密实度	骨架颗粒含量和排列	可挖性	可钻性
密实	骨架颗粒质量大于总质量的 70%,呈交错排列,连续接触	锹镐挖掘困难,用撬棍方能松动,井壁较稳定	钻进极困难,冲击钻探时,钻杆、吊锤跳动剧烈,孔壁较稳定
中密	骨架颗粒质量为总质量的 60%～70%,呈交错排列,大部分接触	锹镐可挖掘,井壁有掉块现象,从井壁取出大颗粒处,能保持颗粒凹面形状	钻进较困难,冲击钻探时,钻杆、吊锤跳动不剧烈,孔壁有坍塌现象
稍密	骨架颗粒质量为总质量的 55%～60%,排列混乱,大部分不接触	锹锅可挖掘,井壁易坍塌,从井壁取出大颗粒后,立即塌落	钻进较容易,冲击钻探时,钻杆稍有跳动,孔壁易坍塌
松散	骨架颗粒质量小于总质量的 55%,排列十分混乱,绝大部分不接触	锹镐可挖掘,井壁极易坍塌	钻进很容易,冲击钻探时,钻杆无跳动,孔壁极易坍塌

注:密实度应按表中所列各项特征综合确定。

(2) 砂土的野外鉴别见表 1-6-6。

砂土的野外鉴别　　　　　　　　　表 1-6-6

鉴别特征	砾砂	粗砂	中砂	细砂	粉砂
观察颗粒粗细	约有 1/4 以上颗粒比荞麦粒或高粱粒 (2mm) 大	约有 1/2 以上颗粒比小米粒 (0.5mm) 大	约有 1/2 以上颗粒与砂糖或白菜籽 (>0.25mm) 近似	大部分颗粒与粗玉米粉 (>0.1mm) 近似	大部分颗粒与小米粉 (<0.1mm) 近似
干燥时状态	颗粒完全分散	颗粒完全分散,个别胶结	颗粒基本分散,部分胶结,胶结部分一碰即散	颗粒大部分分散,少量胶结,胶结部分稍加碰撞即散	颗粒少部分分散,大部分胶结(稍加压即能分散)
湿润时用手拍后的状态	表面无变化	表面无变化	表面偶有水印	表面有水印(翻浆)	表面有显著翻浆现象
黏着程度	无黏着感	无黏着感	无黏着感	偶有轻微黏着感	有轻微黏着感

(3) 粉土和黏性土的野外鉴别见表 1-6-7。

粉土和黏性土的野外鉴别　　　　　　表 1-6-7

鉴别方法	粉　土	黏　性　土	
		黏土	粉质黏土
		塑性指数	
	$I_P \leqslant 10$	$I_P > 17$	$10 < I_P \leqslant 17$
湿润时用刀切	无光滑面，切面比较粗糙	切面非常光滑，刀刃有黏腻的阻力	稍有光滑面，切面规则
用手捻摸时的感觉	感觉有细颗粒存在或感觉粗糙，有轻微黏滞感或无黏滞感	湿土用手捻摸时有滑腻感，当水分较大时极易黏手，感觉不到有颗粒的存在	仔细捻摸感觉到有少量细颗粒，稍有滑腻感，有黏滞感
黏着程度	一般不黏着物体，干燥后一碰就掉	湿土极易黏着物体（包括金属与玻璃），干燥后不易剥去，用水反复洗才能去掉	能黏着物体，干燥后较易剥掉
湿土搓条情况	能搓成直径 2～3mm 的土条	能搓成直径小于 0.5mm 的土条（长度不短于手掌），手持一端不易断裂	能搓成直径 0.5～2mm 的土条
干土的状态	用手很容易捏碎	坚硬，类似陶器碎片，用锤击方可打碎，不易击成粉末	用锤易击碎，用手难捏碎

二、特殊土

特殊土是指在特定地域内，因生成条件特殊，使之不同于一般土而具有某些特殊性质的土。例如，湿陷性黄土、红黏土、软土、填土、膨胀土、冻土和盐渍土等。对在这些特殊土上的地基必须予以处理。

微课：黄土

（一）黄土

1. 黄土的概念

黄土是指第四纪以来在干燥气候条件下沉积而成的多孔性具有柱状节理的黄色粉性土。当土中含有砂粒、黏土和少量方解石的混合物时，呈浅黄或黄褐色。

黄土主要分布于世界大陆比较干燥的中纬度地带。全世界黄土分布的总面积大约有1300 万 km²。我国黄土的分布，西起甘肃祁连山脉的东端，东至山西、河南、河北交接处的太行山脉，南抵陕西秦岭，北到长城，包括山西、陕西、宁夏、甘肃、青海、河南等省区的 220 多个县市，面积达 54 万 km²，占全国土地面积的 6%。我国西北的黄土高原是世界上规模最大的黄土高原，华北的黄土平原是世界上规模最大的黄土平原。

实际上，黄土地区沟壑纵横，常发育成为许多独特的地貌形态，常见的有黄土塬、黄土梁、黄土峁和黄土陷穴等地貌。

2. 黄土的特征及分类

一般认为黄土有如下特征：①颜色为淡黄、灰黄、黄褐、棕褐或棕红色。②颗粒组成以粉粒（0.005～0.075mm）为主，一般不含粗颗粒，富含碳酸钙，常形成钙质结核（俗称"砂姜石"）。③具有多孔性，一般肉眼可见大孔隙、虫孔等。孔隙比一般为0.7～1.2。④土质均匀、层理不发育，有堆积间断的剥蚀面和埋藏的古土壤层。⑤具有垂直节理，边坡在天然状态下能保持直立。⑥表层多具湿陷性，易产生潜蚀形成陷穴或落水洞。具有上述大部分特征，含层理、颗粒组成比较复杂（含砾石、砂等）的土，定名为黄土。

我国黄土的堆积时代包括整个第四纪。黄土地层的划分见表 1-6-8。

黄土地层的划分　　　　　　　　　　　　　　　　表 1-6-8

年　代		黄土名称	成　因		湿陷性
全新世 Q_4	近期 Q_{42}	新近堆积黄土	次生黄土	以水成为主	具有湿陷性，常具有高压缩性
	早期 Q_{41}	新黄土　黄土状土			一般具湿陷性
晚更新世 Q_3		马兰黄土	原生黄土	以风成为主	
中更新世 Q_2		老黄土　离石黄土			上部部分土层具湿陷性
早更新世 Q_1		午城黄土			不具湿陷性

3. 黄土的湿陷性

黄土的湿陷性是指天然黄土在一定压力作用下，被水浸湿后土的结构受到破坏而发生突然下沉的现象。具有这种特性的黄土称为湿陷性黄土；不具有这种特性的称为非湿陷性黄土。湿陷性黄土通常在地面上形成碟形洼地或陷穴，常引起建筑物基础的变形而开裂，甚至造成建筑物倒塌。所以，黄土的湿陷性对建筑工程，特别是基础工程有着重要的影响。

湿陷性黄土通常分为两类：一是被水浸湿后在自重压力下发生湿陷的，称为自重湿陷性黄土；二是被水浸湿后在自重压力下不发生湿陷，而在附加压力作用下产生湿陷的，称为非自重湿陷性黄土。在公路工程中，对自重湿陷性黄土应加以注意。

4. 黄土地区的工程防护处理

黄土结构疏松，具有大孔隙，抗水性能差，易崩解、潜蚀、冲刷和湿陷等特性，处在黄土地区的工程因而出现多种病害，如路堑边坡的剥落、冲刷、坍塌、滑坡；路堤和房屋建筑不均匀沉陷、变形开裂等。因此，在工程中必须采取相应的措施，以保证安全。

（1）边坡防护

①捶面护坡。

在西北黄土地区，为防止坡面剥落和冲刷，可用水泥、石灰、砂、炉渣和黏土等材料在黄土路基边坡上捶面防护。此法适用于年降雨量稍大地区和坡率不陡于 1∶0.5 的边坡。防护层厚度为 10～15cm，一般采用等厚截面；只有当边坡较高时，才采用上薄下厚截面，基础设有浆砌片石及四合土捶面护坡墙脚。

②浆砌片石或干砌片石护坡。

浆砌片石或干砌片石护坡适用于黄土路基边坡在坡高 1～3m 范围内发生严重冲刷和应力集中的边坡下部。这种护坡的效果较好，常被广泛采用。

（2）地基处理

在湿陷性黄土地区修建工程时，需做地基处理，用以改善土的力学性质，消除或减少地基因浸水而引起的湿陷变形，同时经过处理的地基，其承载力也有所提高。地基处理方法主要有以下几种：

①重锤夯实表层。

重锤夯实表层能消除地基持力层的湿陷性，效果较好，被广泛采用。

②土垫层或灰土垫层。

土垫层适用于处理稍湿的地基，处理深度一般为 1～3m，能消除地基持力层的湿陷性，减小或消除地基湿陷变形，增强地基的防水效果，减少土垫层下未处理土层的浸水机会。

③土桩深层加密。

土桩深层加密适用于消除 5～15m 深度内地基土的湿陷性。桩孔可用打桩方法取得，然后在桩孔内以最佳含水率的土料分层夯填。

④硅化加固。

硅化加固适用于加固地下水位以上渗透系数 K=0.1～2.0m/d 范围内的湿陷性黄土地基。加固后的地基不透水，可从根本上消除湿陷性。但这种方法费用昂贵，一般只用于小范围内的地基加固处理。

（3）排水

由于黄土的抗水性能差，在黄土地区修筑公路和其他建筑物时，必须重视排水设施，使水流畅通无阻。同时，对天沟、吊沟和侧沟以及冲刷较大的部位的沟底进行铺砌加固，防止水流渗漏，以免使排水系统遭到破坏，这是保证建筑物稳定的重要措施之一。

回 拓展内容 ⅢⅢ⊳

世界黄土之父——刘东生

刘东生（1917 年 11 月 22 日—2008 年 3 月 6 日），辽宁沈阳人，籍贯天津，中国地球环境科学研究领域专家，中国科学院资深院士，被誉为"黄土之父"。

刘东生 1942 年毕业于西南联合大学地质地理气象系，1980 年当选中国科学院院士，1991 年当选第三世界科学院院士，1996 年当选欧亚科学院院士。同时他也是 2003 年度国家最高科学技术奖得主，欧洲地球科学联合会"洪堡奖章"得主。

刘东生毕生从事地球科学研究，平息 170 多年来的黄土成因之争，建立了 250 万年来最完整的陆相古气候记录。在近 60 年的地学研究中，他在中国的古脊椎动物学、第四纪地质学、环境科学和环境地质学、青藏高原与极地考察等科学研究领域中，特别是在黄土研究方面取得了大量的研究成果，创立了黄土学，带领中国第四纪研究和古全球变化研究领域跻身于世界领先行列。

《地理中国》黄土天书

链接网址：https://tv.cctv.com/2017/12/03/VIDEZWOqazUoXLLdpX9Yjb1n171203.shtml。

（二）软土

软土是指滨海、湖沼、谷地、河滩沉积的天然含水率高、孔隙比大、压缩性高、抗剪强度低的细粒土。它主要包括内陆湖塘盆地、江河海洋沿岸和山间洼地沉积的各种淤泥和淤泥质黏性土；广泛分布在上海、天津、宁波、温州、连云港、福州、厦门、广州等东南沿海地区及昆明、武汉等内陆地区。此外，全国各省区市都存在小范围的淤泥和淤泥质土。

微课：软土

1. 软土的工程性质

（1）软土的物理力学性质

①天然含水率高、孔隙比大。

软土的孔隙比 $e>1.0$，天然含水率一般都大于 30%，有的达 70%，有的甚至高达

200%，多呈软塑或潜液状态，一经扰动很容易破坏其结构而流动，山区软土的含水率变化幅度更大。

②压缩性高。

软土的压缩系数 α_{1-2} 一般在 $0.05 \times 10^5 Pa^{-1}$ 以上，最高可超过 $0.3 \times 10^5 Pa^{-1}$。压缩性随天然含水率及液限的增加而提高。软土多为近代沉积，为欠固结土。同时它的矿物成分、粒度成分及结构决定了它具有高亲水性及低透水性，水不易排出，也不易压密。因此，软土在建筑物荷载作用下，土体沉降变形量大，而且沉降不均匀。

③抗剪强度低。

软土的内摩擦角 φ 值大多小于或等于 $10°$，最大也不超过 $20°$，有的甚至接近于0。黏聚力 c 值一般在 $0.05 \times 10^5 \sim 0.15 \times 10^5 Pa$，很少超过 $0.2 \times 10^5 Pa$，有的趋近于0，故其抗剪强度很低。经排水固结后，软土的抗剪强度虽有所提高，但由于软土孔隙水渗出很慢，其强度增长也很缓慢。因此，要提高软土的强度，必须在建筑物的施工和使用期间控制加荷速度，特别是开始阶段的加荷不能过大，否则土中水分来不及排出，不但土体强度不能提高，反而会由于土中孔隙水压力的急剧增大而破坏土体结构，发生挤出现象。

④透水性低。

由于大部分软土地层中存在着带状砂层，在垂直方向和水平方向的渗透系数 K 值不一样，一般垂直方向的更小，其 K 值在 $10^6 \sim 10^8 cm/s$，几乎是不透水的，因此软土的排水固结需要相当长的时间。同时，在加载初期，地基中常出现较高的孔隙水压力，影响地基土的强度。

⑤触变性。

软土是"海绵状"结构性沉积物，当原状土的结构未受到破坏时，常具有一定的结构强度，但一经扰动，结构便被破坏。如果在含水率不变的条件下，静置不动又可恢复原来的强度。这种因受扰动而强度减弱，再静置而又增强的特性，称为软土的触变性。软土中含亲水性矿物（如蒙脱石）多时，其触变性较显著。从力学观点鉴别触变性的大小，用灵敏度来表示。软土的灵敏度一般为 $3 \sim 4$，个别情况可达 $8 \sim 9$，属中高灵敏性土。灵敏度高的土，其触变性也大，所以，软土地基受动荷载后，易产生侧向滑动、沉降或基底面向两侧挤出等现象。我国软土多属中等灵敏度土，个别的为高灵敏度土。

⑥流变性。

流变性是指在一定荷载的持续作用下，土的变形随时间而增长的特性。软土是一种具有典型流变性的土，在剪应力作用下，土体将发生缓慢而长期的剪切变形，使其长期强度小于瞬时强度。这对边坡、堤岸等的稳定性极为不利。因此，用一般剪切试验求得的抗剪强度值，应加适当的安全系数。

（2）不同成因软土的物理力学指标

由于软土的沉积环境不同，土的结构强度有所差别，因此，有时土的物理性质指标相差不多，而力学性质往往有很大的不同，这种特性在工程上应给予足够的重视。不同成因软土的物理力学性质指标，见表1-6-9。

不同成因软土的物理力学性质指标　　　　表 1-6-9

类　　型	天然密度 ρ （g/cm³）	天然含水率 w （%）	天然孔隙比 e	抗剪强度		压缩系数 α_{1-2} [（1×10⁻⁵）Pa⁻¹]
				内摩擦角 φ （°）	黏聚力 c （kPa）	
海滨淤积土	1.5～1.8	40～100	1.0～2.3	1～7	2～20	0.12～0.35
河滩淤积土	1.5～1.9	30～60	0.8～1.8	0～10	5～30	0.08～0.3
湖泊淤积土	1.5～1.9	35～70	0.9～1.8	0～11	5～25	0.08～0.3
谷地淤积土	1.4～1.9	40～120	0.2～1.5	0	5～19	>0.05

2. 软土地基的加固与处理

对软土地基的处理效果如何，工程地质勘探是关键。因此，在对软土地基进行处理前，应认真详细地将软土地基的工程地质情况勘探清楚，以便针对软土地基采取相应的处理措施。软土地基的处理措施及其适用性见表1-6-10。

软土地基的处理措施及其适用性　　　　表 1-6-10

序号	处理措施	适用情况					处理有效深度（m）	高路堤适用性
		淤泥	黏性土		非黏性土	湿陷性黄土		
			饱和	非饱和				
1	强夯			*		*	5～10	*
2	挤密砂桩	*	*	*	*		10～20	*
3	石灰桩	*		*	*		15～20	*
4	灰土桩			*		*	15～20	
5	碎石桩	*	*	*	*		15～20	*

续上表

序号	处理措施	适用情况					处理有效深度（m）	高路堤适用性
		淤泥	黏性土		非黏性土	湿陷性黄土		
			饱和	非饱和				
6	塑料排水板	*	*			*	15～20	
7	灌浆	*	*	*	*	*	15～20	
8	堆载预压	*	*	*	*	*	20～30	*
9	真空预压	*	*				10～20	
10	降水预压	*	*				25～30	
11	水泥搅拌桩	*	*	*			15～20	
12	高压注浆	*	*	*	*		15～20	*
13	石灰土垫层			*	*	*	1～3	
14	透排水垫层		*	*	*		3～5	*
15	置换土	*	*	*	*		1～2	*
16	抛石挤淤	*					1～3	*
17	土工织物	*	*	*	*	*	5～8	*
18	深层加固		*	*	*	*	15～20	*
19	反压护道			*	*		5～8	

注：*为适合采用。

回 拓展内容 ⅠⅠⅠⅠⅠⅠ▶

港珠澳大桥人造冻土暗挖隧道——世界级难度！

拱北隧道被称为世界上施工难度最大的隧道。尤其是暗挖段，长度仅为255m，但都为砂土夹淤泥含水地层，且都在地下水位之下。工程人员通过冷冻技术人造冻土层实现隧道施工，创造了多项新的纪录。在珠海这样一个南方高温地区，这项技术又是怎么实现的呢？

请观看《解码港珠澳大桥：挑战！淤泥下人造冻土暗挖隧道》。链接网址：http://news.cctv.com/2017/04/03/ARTIpyZMe19X7mfNWF20ZY6S170403.shtml。

（三）盐渍土

根据《公路工程地质勘察规范》（JTG C20—2011）规定，地表以下1m 深度范围内的土层，当其易溶盐的含量大于 0.3%，具有融陷、盐胀等特性时，应判定为盐渍土。

在我国盐渍土主要分布在新疆、青海、甘肃、宁夏、内蒙古等西北干旱地区地势低平的盆地与平原。华北平原、松辽平原、大同盆地以及青藏高原的一些低洼湖泊也有分布。

盐渍土中的易溶盐含量随含水率及存在的状态不同而变化。有的以固态结晶状态分布于土粒之间，有的则以液态溶液存在于土的孔隙之中，而且随外界条件的变化，固态与液态可以相互转化。这种转化以及易溶盐的性质都直接影响盐渍土的物理力学性质。因此，在盐渍土地区布设路线，应充分认识盐渍土对公路工程的危害性，以便采取一些必要的措施保证路基的安全与稳定。

1. 盐渍土的形成与季节变化

（1）盐渍土的形成

盐渍土是由矿化度较高的地下水，沿着土层中毛细孔隙上升到地表或接近地表，经蒸发作用后，水中盐分凝析出来，聚集于地表或地表下不深的土层之中而形成。盐渍土形成需具备三个基本因素：

①地下水的矿化度高，才有充分易溶盐的来源。

②地下水水位较高，毛细作用能达到地表或接近地表，水分才有被蒸发的可能。地下水能通过土层蒸发而形成盐的深度，称为临界深度。地下水埋深大于临界深度时，就不易形成盐渍土。临界深度的大小取决于土的毛细上升高度和蒸发强度。

③气候比较干旱，一般年降雨量小于蒸发量的地区，易形成盐渍土。

由于盐渍土的形成受到上述因素的影响，其在分布上也有一定的地域性，一般多分布在地势较低，地下水位较高的地段。在不同地域内所形成的盐渍土，其性质也是不同的。按地域条件我国盐渍土的形成分为：

①内陆盐渍土。内陆盐渍土多分布于干旱和半干旱地区，年蒸发量大于降水量，地势低洼，地下水埋藏浅、排泄不畅、矿化度高，如我国的内蒙古、甘肃、青海（柴达木盆地）、新疆（塔里木盆地和哈密盆地）等地。在内陆盆地，易溶盐由径流或地下水从高处带向低处，其分布规律受地形及水文地质条件的影响，盐渍化的性质和程度也由盆地边缘向中心有所变化。

②冲积平原盐渍土。冲积平原盐渍土主要是由于河床淤积抬高、修建水库等使沿岸地下水升高，同时沿岸地下水往往为河水补给，造成沿岸地区的土盐渍化。灌溉渠的水流渗漏，引起沿渠地下水上升，也能导致表土盐渍化。在冲积平原地区，表土盐渍化的类型和盐渍化程度相差较悬殊。

③海滨盐渍土。沿海一带受海水的盐渍或海岸退移，经过蒸发，盐分残留于地面而形成。易溶盐中氯离子同硫酸根离子含量之比（即 Cl^-/SO_4^{2-}）较内陆盐渍土更大。沿海地区气候比较湿润，降水量大，这对该地区盐渍土的稳定性影响很大，其分布也没有内陆盐渍土广泛。

（2）盐渍土中盐分的季节变化

盐渍土中的盐分随着季节、气候和水文条件的不同而发生变化。干旱季节降雨少，蒸发量大，盐分向地表大量积聚，表土含盐量增多。雨季淋溶作用加强，地表一部分盐分被淋溶下渗，表土中的盐分减少。

2. 盐渍土的分类

（1）按含盐化学成分分类

盐渍土中常见的易溶盐主要是氯盐，其次是硫酸盐，少量是碳酸盐。根据氯离子同硫酸根离子含量之比（Cl^-/SO_4^{2-}），以及碳酸根离子与碳酸氢根离子含量之和同氯离子与硫酸根离子含量之和的比值 $(CO_3^{2-}+HCO_3^-)/(Cl^-/SO_4^{2-})$，将盐渍土分为五种，见表 1-6-11。

盐渍土按含盐化学成分分类　　　　表 1-6-11

盐渍土名称	离子含量比值	
	Cl^-/SO_4^{2-}	$(CO_3^{2-}+HCO_3^-)/(Cl^-/SO_4^{2-})$
氯盐渍土	>2	—
亚氯盐渍土	1～2	—
亚硫酸盐渍土	0.3～1.0	—
硫酸盐渍土	<0.3	—
碱性盐渍土		>0.3

注：离子含量以 1kg 土中离子的毫摩尔数计（mmol/kg）。

（2）按含盐量分类

根据含盐量，盐渍土按照表 1-6-12，可分为弱盐渍土、中盐渍土、强盐渍土和过盐渍土。

盐渍土按含盐量分类　　　　　　　　　　　　　表 1-6-12

盐渍土名称	细粒土土层的平均含盐量 (以质量的百分数计)		粗粒土通过 10mm 筛孔土的平均含盐量(以 质量的百分数计)	
	氯盐渍土、亚氯 盐渍土	硫酸盐渍土、亚硫酸 盐渍土	氯盐渍土、亚氯 盐渍土	硫酸盐渍土、亚硫酸 盐渍土
弱盐渍土	0.3 ~ 1.0	0.3 ~ 0.5	2.0 ~ 5.0	0.5 ~ 1.5
中盐渍土	1.5 ~ 5.0	0.5 ~ 2.0	5.0 ~ 8.0	1.5 ~ 3.0
强盐渍土	5.0 ~ 8.0	2.0 ~ 5.0	8.0 ~ 10.0	3.0 ~ 6.0
过盐渍土	>8.0	>5.0	>10.0	>6.0

3. 盐渍土的基本特性

盐渍土的基本特性因土中所含易溶盐的性质不同而异。土中常见的易溶盐类主要有三种。

(1)氯盐($NaCl$、KCl、$CaCl_2$、$MgCl_2$)。氯盐盐渍土具有很大的溶解度和吸湿性，且蒸发性弱，能使土中保持一定量的水分，促使土粒有较好的胶结，其强度反而较一般土更高。在干旱地区(如柴达木盆地)，用氯盐盐渍土填筑路堤，易于夯实；但因其吸湿性，在潮湿的雨季，土体过分饱水而易产生路基翻浆冒泥的病害。

(2)硫酸盐(Na_2SO_4、$MgSO_4$)。硫酸盐没有吸湿性，只在结晶时吸收一定数量的水分，体积增大，如 $Na_2SO_4 \cdot 10H_2O$(芒硝)，但其在 32.4℃以上为无水芒硝，体积缩小。硫酸盐盐渍土受季节和昼夜温度变化影响，引起硫酸盐吸水结晶，脱水溶解，而使体积发生变化，导致土体结构发生破坏，变得十分松散。这种松散作用只发生在地表 0.3m 厚的土层中，如果用 >2% 的硫酸盐盐渍土作路堤填料时，则松胀现象特别显著，因而会引起路肩及边坡土体变松，易被雨水冲走或被风吹蚀；路基会发生季节性的胀隆和缩陷，造成路堤不稳，增大养护工作量。

(3)碳酸盐(Na_2CO_3、$NaHCO_3$)。碳酸盐能增加黏性土的塑性和黏性，与水溶液有很大的碱性反应，吸水性大，渗透系数小，因而膨胀作用非常突出。若土中碳酸盐含量 >0.5% 时，则土的隆胀量更为显著，隆胀的深度可达 1 ~ 3m。路堤土体隆胀，造成路面凹凸不平。碳酸盐遇水溶解后，使土的密度降低，产生下沉现象。

4. 盐渍土对工程的影响

(1)盐渍土对路基工程的影响

盐渍土的工程性质随易溶盐的种类和含盐量的大小而变化。盐分对土的作用，既有有利的一面，也有不利的一面。在干旱状态下，氯盐的吸湿、保湿及胶结等作用常有利于路基的稳定；在潮湿状态下，由于易溶盐的存在及其状态的转变（结晶与溶解的相互转化），使路基土的密度减小，并较快地丧失稳定性，使翻浆更严重，造成道路泥泞，甚至坍陷。当含有硫酸盐类时，对路基可产生有害的松胀作用，土体十分疏松，强度降低，失去稳定性。盐渍土的碱化作用，可使土膨胀性增加，破坏路面的平整。

（2）盐渍土对建筑材料的影响

①当盐渍土中氯盐含量在 5% 以下，硫酸盐含量在 2% 以下时，一般对沥青材料的稳定性无有害的影响。当含盐量超过上述数值时，随着含量的增加，则沥青延度普遍下降，但对针入度和软化点指标的影响不大。

土中 Na_2CO_3 和 $NaHCO_3$ 能使土的亲水性增加，并使土与沥青相互作用形成溶盐，使沥青材料发生乳化。

②土中氯盐的总含量在 3% 以下时，水泥硬化速度快、冰点低，对于混凝土与水泥加固土的强度是有利的。

③硫酸盐的含量超过 1% 或氯盐含量超过 4% 时，就会对水泥产生腐蚀作用。尤以硫酸盐结晶水化物的影响最大，会造成水泥、砂浆、混凝土出现疏松、剥落、掉皮等侵蚀现象。

④盐渍土中的各种易溶盐对砖、钢铁、橡胶等材料均有不同的腐蚀性。其对木材、竹材、花岗岩等材料的腐蚀性很轻微。因此，在盐渍土地区修建工程，应加强防腐蚀措施。

5. 盐渍土地区的工程处治措施

盐渍土有很强的腐蚀性，易造成地基松软，路面翻浆，对工程危害性极大。盐渍土地区的选线应根据地质条件并符合下列规定：路线应避开盐渍土强烈发育地带，无法避开时，应选择在地表排水条件好、地势较高、土中含盐程度较低的部位，以最短距离通过。路线应避开低洼潮湿、水质矿化度高的盐沼地带。路线应以路堤形式通过，避免挖方，并结合地表积水情况、地下水位埋深、填土毛细水作用高度、冻胀深度以及公路等级等因素合理确定路堤最小填土高度。根据盐渍土的性质及对路基工程的影响，一般常采用以下几种措施。

（1）控制填料的含盐量

当盐渍土用作路堤填料时，其可用性应按照表 1-6-13 确定。

盐渍土作路基填料的可用性 表 1-6-13

公路等级		高速公路、一级公路			二级公路			三、四级公路	
路堤高度		0～0.8m	0.80～1.50m	1.50m以下	0～0.8m	0.80～1.50m	1.50m以下	0～0.8m	0.80～1.50m
粗粒土	弱盐渍土	×	O	O	Δ^1	O	O	O	O
	中盐渍土	×	×	O	Δ^1	O	O	Δ^3	O
	强盐渍土	×	×	Δ^1	×	Δ^2	Δ^3	×	Δ^1
	过盐渍土	×	×	×	×	×	Δ^2	×	Δ^2
细粒土	弱盐渍土	×	Δ^1	O	Δ^1	O	O	Δ^1	O
	中盐渍土	×	×	Δ^1	×	Δ^1	O	×	Δ^4
	强盐渍土	×	×	×	×	×	Δ^2	×	Δ^2
	过盐渍土	×	×	×	×	×	Δ^2	×	×

注：O－可用；Δ^1－氯盐渍土及亚氯盐渍土可用；Δ^2－强烈干旱地区的氯盐渍土及亚氯盐渍土经过论证可用；Δ^3－粉土质（砂）、黏土质（砂）不可用；Δ^4－水文地质条件差时的硫酸盐渍土及亚硫酸盐渍土不可用；×－不可用。

（2）隔断毛细水

如当地的填料来源困难，不宜采用提高路堤方法解决时，则采用隔断毛细水的措施。隔断毛细水的方法有以下两种：

①渗水土隔断法。渗水土隔断法一般选用渗水性强的粗大颗粒材料，如卵石（碎石）土、砂石土或粗砂土等，铺在路堤底部或腰部，作为隔断层阻断毛细水的上升。如图 1-6-1 所示。

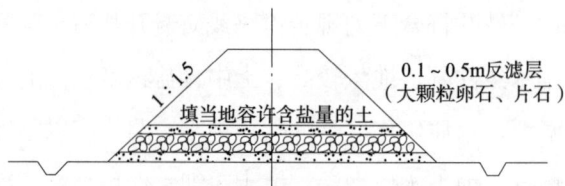

图 1-6-1　用大颗粒卵石、片石作隔断层

②石灰沥青膏隔断法。石灰沥青膏隔断法用沥青、石灰膏和水三种材料按比例拌和做成隔断层，厚为 2～5cm。在缺乏透水材料的情况下，用此法效果良好，但在材料的配合比方面尚待进一步研究，且施工工艺复杂。

此外，采用垫层、重锤击实及强夯法处理浅部土层，可消除地基土的湿陷量，提高其密实度及承载力，降低透水性，阻挡水流下渗；同时，破坏土的原有毛细结构，阻隔土中盐分向上运移。

（3）提高路堤高度

提高路堤高度，使毛细水达不到基床。同时，由于盐渍土地区的地下水位一般较高，路堤除了有再盐渍化的可能外，还有冻胀和翻浆的病害。为使路堤不受冻害和再盐渍化的影响，也应提高路堤高度。

（4）降低地下水位和设置排水系统

如地形有利于排水，宜在路基旁侧设置降低地下水位的排水沟，将水引排至路基范围以外，使路基以下的地下水位降低。这样，可适当压低路堤高度，减少填方工程数量。但应摸清地下水活动规律，正确地进行设计。

地面排水系统可与降低地下水位的排水系统合并设置。如地表径流大，则宜分开布设，以免冲毁降低地下水位的排水沟，影响路基的稳定。

（5）防松胀与溶蚀

硫酸盐盐渍土有松胀性，虽然填料的硫酸盐含量不容许超过 2%，而在毛细水能达到的高度范围内，路堤边坡仍会产生盐渍化，使表层发生松胀，故应设置护道，如图 1-6-2 所示。当路堤高出毛细水上升高度甚多时，可在毛细水上升高度处的边坡两侧各修筑 0.5m 宽的护道。另外还可加宽路肩，每侧不小于 0.2m；或用卵石平铺路堤边坡。

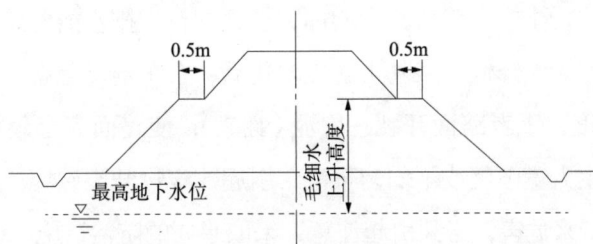

图 1-6-2　设置护道

微课：
冻土

（四）冻土

冻土是指高纬、高寒地区土层温度 ≤ 0℃并含有冰的土层。

冻土从冻结时间看有季节冻土和多年冻土两种。季节冻土是指冬季冻结、夏季融化的土。在平均气温低于 0℃的地区，冬季长，夏季很短，冬季冻结的土层在夏季结束前还未全部融化，又随气温降低开始冻结，这样地面以下一定深度的土层常年处于冻结状态，就形成多年冻土。通常认为，持续三年以上处于冻结不融化状态的土称为多年冻土。

季节性冻土主要分布在我国华北、西北及东北地区。多年冻土多分布在北纬48°以北的黑龙江省北部地区以及西部海拔4300～4500m以上的高原区。我国东北平原的永冻层(多年冻土层)上限埋深在4m左右,其厚度一般为20～30m,个别地段可达60m;青藏高原的永冻层上限埋深在3m以下,河谷地带稍深一些,有的可达10m以上。

多年冻土按其冻结状态可分为:①坚硬冻土。土粒被冰牢固胶结,在荷载作用下,强度高,具有一定的脆性和不可压缩性;粉土和黏土一般在温度低于-1℃左右时便成为坚硬冻土。②塑性冻土。虽被冰胶结,但仍含有多量的未冻结水,具有塑性,强度不高,在荷载作用下可以压缩。当温度介于0℃和坚硬冻土温度的上限之间、饱和度$S_r \leqslant 0.8$时,常形成塑性冻土。③松散冻土。由于土的含水率较小,未被冰胶结仍呈冻前的松散状态,其力学性质与未冻土差不多。砂土和碎石土在气温低时常呈松散冻土。

1. 冻土现象及其对工程的危害

冻土是冻土地区特有的不良地质现象,它是由冻结及融化两种作用引起的。某些细粒土,如粉土及粉质土之类的土层,冻结时通常会发生土层体积膨胀,使地面隆起成丘,即冻胀现象。冻土发生冻胀会使路基隆起,使柔性路面鼓包、开裂;刚性路面错缝或折断。冻胀还使修建在其上的建筑物抬起,引起建筑物的开裂、倾斜,甚至倒塌。

对工程危害更大的是季节性冻土,一到春暖时节,土层解冻融化后,由于土层上部积聚的冰晶体融化,土中含水率大大增加,加之细粒土排水能力差,土层处于饱和状态,土质软化,强度大大降低。路基土解冻融化后,在车辆反复碾压下,轻者路面变得松软,限制行车速度,重者路面开裂、冒泥(翻浆),使路面完全破坏。冻融还会使房屋、桥梁、涵管发生大量下沉或不均匀下沉,引起建筑物开裂破坏。因此,冻土的冻胀及冻融都会给工程带来危害,必须引起注意,采取必要的防治措施。

2. 冻胀的机理与影响因素

(1)冻胀的机理

冻土发生的主要原因是土在冻结时,土中的水分向冻结区迁移和积聚的结果,关于水分迁移的学说较多,其中以"结合水迁移学说"较为普遍。

不同类型水的冰点是不同的:重力水在0℃时冻结,毛细水稍低于0℃;弱结合水要在-20～-30℃时才全部冻结,强结合水在-78℃才可能冻结。

基于上述特性,当气温降至负温时,土温也随之降低,首先冻结成冰晶体的是土孔隙中的自由液态水。随着土温的继续下降,弱结合水的最外层开始冻结,冰晶体逐渐增大，使其周围的结合水膜减薄。也正由于结合水膜减薄，水膜中的粒子浓度相对增加，于是在高、低两种浓度溶液之间产生一种压力差，导致低浓度溶液向高浓度溶液的方向迁移。在这两种力的作用下，附近未冻结区水膜较厚处的结合水，被吸引到冻结区的水膜较薄处。当水分被吸引到冻结区后，因负温作用，水即冻结，使冰晶体增大，而不平衡引力继续存在。若未冻结区存在着水源（如地下水距冻结区很近）及适当的渗水通道（即毛细通道），能够源源不断地补给被吸引的结合水，则未冻结区的水分就会不断地向冻结区迁移和积聚，使土层中的冰晶体扩大，形成冰夹层，土体积发生隆胀，即冻胀现象。这种冰晶体的不断增大一直到水源的补给断绝后才会停止。

（2）影响冻胀的因素

冻胀现象是在一定条件下形成的，通常要受到下列三个因素的影响。

①土。

冻胀现象一般发生细粒土中，特别是粉土、粉质亚黏土和粉质亚砂土等，由于这类土具有较显著的毛细现象，毛细水上升高度大、速度快，且有较畅通的水源补给通道，在冻结时水分迁移积聚最为强烈，冻胀现象严重。同时，这类土的颗粒较细，表面能大，土粒矿物成分亲水性强，能持有较多的结合水，从而能使大量结合水迁移和积聚。相反，黏土虽有较厚的结合水膜，但因孔隙很小，不能形成毛细水，对水分迁移的阻力很大，故其冻胀性较粉质土小。至于砂砾等粗粒土，没有或有很少量的结合水，且无毛细现象，孔隙中自由水冻结后，不会发生水分迁移积聚，因而也不会发生冻胀。基于粗粒土的这一特性，在工程实践中常在地基或路基中换填砂土，以防治冻胀。

②水。

土在冻结时，土中水分的迁移和积聚是土层发生冻胀的主要原因。当冻结区附近地下水位较高，毛细水上升高度能够达到或接近冻结线，使冻结区能得到水的补给时，将发生比较强烈的冻胀现象。因此，可将冻胀区分为两种类型：一种是在冻结过程中有外来水源补给的，称为开敞型冻胀；另一种是在冻结过程中没有外来水分补给的，称为封闭型冻胀。开敞型冻胀通常在土层中形成很厚的冰夹层，产生强烈冻胀；而封闭型冻胀，土中冰夹层薄，冻胀量也小。

③气温。

负温变化的速度、幅度、持续时间对冻胀的形成有着重要的影响。如气温骤降、冷却强度很大时，冻结速度很快，土的冻结面迅速下移。此时，土中弱结合水及毛细水来不及向冻结区迁移而在原地冻结成冰，毛细通道也被冰晶体所堵塞。于是，水分的迁移和积聚就无法发生，在土层中只有散布于空隙中的冰晶体，而无冰夹层，此时冻土一般无明显的冻胀现象。如气温缓慢下降且冷却强度小，但负温持续的时间较长时，则能促使未冻结区的水分不断地向冻结区迁移积聚，在土中形成冰夹层，出现明显的冻胀现象。

上述三个因素是土层发生冻胀的必要条件。因此，在持续负温作用下，地下水位较高处的粉砂、粉土、亚黏土和轻亚黏土等土层的工程常见有较严重的冻胀病害。我们可以根据影响冻胀的三个因素，采取相应的防治冻胀的工程措施。

3. 冻土地区的工程防治措施

由于土的冻胀和冻融将危害建筑物的正常使用和安全，冻土地区工程防治措施的基本原则是排水、保温和改善土的性质。

（1）排水

水是冻胀和冻融的决定因素，必须控制土中的水分。在地面修建一系列排水沟、管，拦截地表周围流来的水，聚集、排除地面及内部的水，不得使这些地表水渗入地下；在地下修建盲沟、渗沟和管道等拦截周围流来的地下水，降低地下水位。

（2）保温

采用各种保温材料，将地温对工程的影响降至最小，从而最大限度地防治冻胀和冻融。在路堑或基坑的底部和边坡上或填土路堤地面上，铺设一定厚度的草皮、泥炭、苔藓、炉渣或黏土，起到一定的保温隔热作用，使多年冻土上限相对稳定。

（3）改善土的性质

①换填土。

用粗砂、卵石、砾石等不冻胀土置换天然地基的细粒土，是广泛采用的防治冻害的有效措施。一般基底砂垫层厚度为 0.8～1.5m，基底侧面砂垫层厚度为 0.2～0.5m。在铁路路基下常用这种砂垫层换填土，但在换填土层上要设置 0.2～0.3m 的隔水层，以免地表水渗入基底。

②物理化学法。

在土中加入某种物质，改变土粒与水的相互作用，使土体中水的冰点降低，水分转移受到影响，从而削弱和防治土的冻胀。如在土中加入一定数量的可溶性无机盐类（氯化钠、氯化钙等），使之成为人工盐渍土，从而限制土中水分的转移，降低冻结温度，将冻胀变形限制在容许范围内。

回 拓展内容 |||||||▶

建在冻土上的路

世界首条高海拔高寒多年冻土区高速公路——青海省共和至玉树高速公路，被称为高海拔、高寒、高速度"三高"公路。路线全线穿越冻土区，其中穿越多年冻土区里程长达227km，占路线总长的36%。在多年冻土区进行路基、隧道、桥涵施工，不可避免地会引发冻土消融，这在全国乃至世界都没有技术先例。负责项目总体设计的中交第一公路勘察设计研究院有限公司依托40年冻土研究成果，攻克了一系列技术难题，实现了隧道冻融防治有据、有效，为快速施工提供了科学依据。

青藏铁路是世界海拔最高、线路最长的高原铁路，修建青藏铁路面临着三大难题：千里多年冻土层、高寒缺氧的环境和脆弱的生态，其中最难解决的是冻土问题。

40年·见证：坚守冻土科研的"热土"

链接网址：http://news.cctv.com/2018/11/27/ARTIWtoaLLPKUPjgg1kUQeB3181127.shtml。

建设故事·川藏青藏公路　青藏铁路

链接网址：https://tv.cctv.com/yskd/special/zgjs/llqztl/index.shtml。

《国家记忆》修筑青藏铁路　攻坚克难

链接网址：https://tv.cctv.com/2020/09/10/VIDEMIO3gk6jBTE6EdhFJqIT200910.shtml？spm=C28340.PujOJuKNLWMa.ECqpcBjgbdTh.7。

《天路故事》第一集　云上天路

链接网址：https://tv.cctv.com/2016/06/22/VIDEi0BkWwS8OeEeFrMN3BNM160622.shtml。

≡ 任务实施

依据《公路工程地质勘察规范》（JTG C20—2011）的规定，黄土场地湿陷等级按表1-6-14判定。

黄土地基的湿陷等级　　　　　　　　表 1-6-14

湿陷类型	非自重湿陷场地	自重湿陷场地	
Δ_{ZS}（mm）	$\Delta_{ZS} \leq 70$	$70 < \Delta_{ZS} \leq 350$	$\Delta_{ZS} > 350$

续上表

湿陷类型		非自重湿陷场地	自重湿陷场地	
总湿陷量 Δ_S (mm)	$\Delta_S \leqslant 300$	I（轻微）	II（中等）	—
	$300 < \Delta_S \leqslant 700$	II（中等）	II（中等）或 III（严重）*	III（严重）
	$\Delta_S > 700$	II（中等）	III（严重）	IV（很严重）

注：*当总湿陷量的计算值 $\Delta_S > 600mm$、自重湿陷量的计算值 $\Delta_{ZS} > 300mm$ 时，可判为III级，其他情况可判为II级。

某公路 K1105+000—K1114+020 段路基土为湿陷性黄土，湿陷土层厚度 $10.0 \sim 16.0m$，总湿陷量 $\Delta_S = 745.2 \sim 1096.0mm$，总自重湿陷量 $\Delta_{ZS} = 365 \sim 568mm$，判定黄土场地湿陷类型及等级，并提出治理措施。

思考与练习

1. 什么是特殊土？由哪几类构成？为什么？

2. 什么是软土？软土对工程建筑物有何危害性？软土地基上的路堤常采用哪些工程措施？

3. 解释黄土的湿陷性、非湿陷性、自重湿陷性与非自重湿陷性。

4. 黄土地区常见的工程病害有哪些？通常采取哪些技术措施来加以防范？

5. 盐渍土形成所必须具备的条件有哪些？我国盐渍土按地域条件可以分为哪些类型？

6. 盐渍土对路基工程和对建筑材料有何影响？

7. 位于盐渍土地区的工程建筑，一般常采用哪些治理措施？

8. 什么是冻土？季节性冻土和多年冻土有何区别？

9. 简述冻胀形成的机理及其影响因素。

10. 冻土地区的路堤和路堑，常根据哪些不同情况采取一些什么样的处治措施？其实质是要防治什么病害的发生？试各举一、二例加以分析说明。

常见不良地质现象认知

任务一　认识崩塌

学习目标	● 知识目标	掌握崩塌的概念、类型、工程危害和防治方法。
	● 能力目标	能识别崩塌并提出工程防治措施。
	● 素质目标	培养爱岗敬业、争创一流、艰苦奋斗、勇于创新、淡泊名利、甘于奉献的劳模精神。

任务描述

　　通过实际工程案例，总结崩塌发生的原因和特征，并分析案例采取的防治措施。

相关知识

微课：
崩塌

一、概述

　　崩塌是指陡峻斜坡上的岩土体在重力作用下，脱离母岩，突然而猛烈地向下倾倒、翻滚、崩落的现象。规模巨大的崩塌称为山崩。如四川北川 2007 年 7 月底发生了 150 万 m³ 山体崩塌，造成山谷中白水河淤塞，三个自然村 1700 多名村民外出困难。陡崖上个别较大岩块的崩落称为落石。斜坡上岩体在强烈物理风化作用下，较细小的碎块、岩屑沿坡面坠落或滚动的现象称为剥落。

　　崩塌是山区常见的一种突发性的地质灾害现象，小型崩塌对行车安全及路基养护影响较大；大型崩塌不仅会摧毁路基、桥梁，击毁行车，有时崩塌堆积物堵塞河道，引起路基水毁，影响交通运营及安全。

二、崩塌形成的条件

1.地形条件

一般在陡崖临空面高度大于 30m，坡度 55°～ 75° 的高陡斜坡、孤立山嘴或凸形陡坡及阶梯形山坡均为崩塌的形成提供了有利的地形条件。

2.岩性条件

通常坚硬性脆的岩石（如花岗岩、玄武岩、砂岩、厚层石灰岩和石英岩等）形成的山体易产生规模较大的崩塌，在软硬互层（如砂页岩互层、石灰岩与泥灰岩互层、石英岩与千枚岩互层）的悬崖上，因差异风化硬质岩层常形成突崖，软质岩层易风化形成凹崖坡，使其上部硬质岩失去支撑而引起较大的崩塌，如图 2-1-1 所示。

3.构造条件

岩体中存在的各种构造面（如节理面、岩层层面、断层面、软弱夹层及软硬互层等）对坡体的切割、分离，为崩塌的形成提供脱离母体（山体）的边界条件，如图 2-1-2 所示。当其软弱结构面倾向于临空面且倾角较大时，易发生崩塌。或者坡面上两组呈楔形相交的结构面，当其组合交线倾向临空面时，也容易产生崩塌。

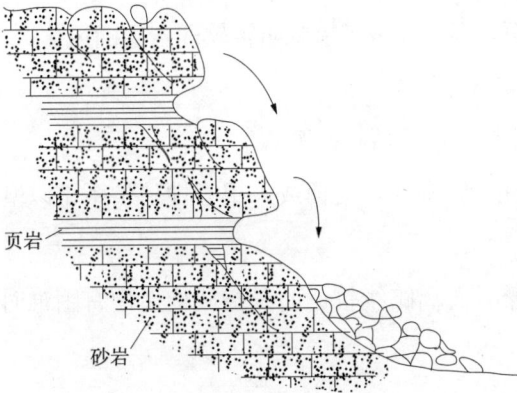

图 2-1-1　软硬岩层互层坡体的局部崩塌　　　　图 2-1-2　节理与崩塌

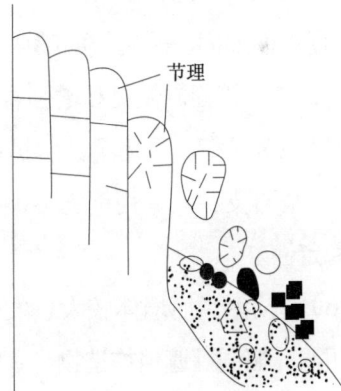

4.其他因素

风化作用、地表水和地下水的破坏作用、地震、人类工程活动等因素的影响，使山体稳定性变差，易产生崩塌。

了解崩塌形成的条件，有利于在崩塌产生前能尽早识别并采取防治措施，预防崩塌的发生。

三、崩塌的防治

1. 防治原则

由于崩塌发生得突然而猛烈，治理比较困难而且十分复杂，一般应采取以防为主的原则。

在选线时，应根据斜坡的具体条件，认真分析发生崩塌的可能性及其规模。对有可能发生大、中型崩塌的地段，应尽量避开。若完全避开有困难，可调整路线位置，离开崩塌影响范围一定距离，尽量减少防治工程；或考虑其他通过方案（如隧道、明洞等），确保行车安全。对可能发生小型崩塌或落石的地段，应视地形条件进行经济比选，确定绕避还是设置防护工程。

在设计和施工中，应避免使用不合理的高陡边坡，避免大挖大切，以维持山体的平衡。在岩体松散或构造破碎地段，不宜使用大爆破施工，以防震裂岩体引起崩塌。

2. 防治措施

（1）排水。修建截水沟、排水沟等排水设施排除地面水；修建纵、横盲沟等排除地下水，防止水流渗入岩土体而使坡体失稳。

（2）清除坡面危岩。

（3）坡面加固。采用坡面喷浆、抹面、砌石铺盖等措施防治软弱岩层的风化；灌浆、勾缝、镶嵌、锚固以恢复和增强岩体的完整性。

（4）拦截防御。采用柔性防护系统或拦石墙、落石槽等。

（5）危岩支顶。采用钢筋混凝土立柱、浆砌片石支顶或采用柔性防护系统以增加斜坡的稳定性。

（6）遮挡。当崩塌体较大、发生频繁且距离路线较近而设拦截构造物有困难时，可采用明洞、棚洞等遮挡构造物处理。

任务实施

某高速公路某隧道出口边坡危岩落石所在山体边坡与公路路面最大高差达200m，边坡顶部植被茂盛，坡度较缓。坡体中部通常有一至两处缓坡平台，缓坡平台处植被茂密，平台上部及下部坡体陡立，下部陡立区高度约60～80m，上部陡立区高度约70～80m。山体坡表基岩裸露，主要为灰岩、白云岩等，属硬质岩，岩体节理裂隙较发育，岩体岩层近水平。陡立区岩体受多组节理面切割，易产生岩块剥落导致上部岩体临空，该临空区岩体在自身重力及节理裂隙面等作用下形成危岩，陡崖顶部边缘由于卸荷裂隙发育，岩体完整性较差，发育有数量较多、块径相对较小的危岩，极易坠落或倾倒形成落石和坍塌体，对公路线路危害极大。每逢雨季，均有大小不等的危岩块石坠落，砸坏隧道出口附近观景台走廊及梯步或在路面上形成坑槽，严重影响交通安全。为了防止边坡崩塌，提高边坡的稳定性，需对边坡进行加固处理。

从边坡顶部向下安装覆盖式帘式网至上部陡崖崖脚，将落石引导至中部缓坡平台；在中部缓坡平台设置柔性被动防护网，将上部覆盖式帘式网引导的落石拦挡，防止有危岩掉落至下部隧道口附近，防护高度5m，防护宽度约95m；在下部陡崖边坡顶部设置主动柔性防护网，防止下部陡崖边坡上的危岩掉落；对危岩带顶部裂缝进行灌浆封填，防止雨水进入裂缝导致风化进一步发展；针对重点危岩（带）采用锚杆（索）进行锚固，锚杆深度根据危岩（带）厚度确定；清除坡表易松动崩落的危岩块体。

回 拓展内容 ⅢⅢⅢ▶

最美铁路人

黄伟是中国铁路西安局集团公司汉中工务段乐素河桥隧车间主任。2018年7月12日，由于持续降雨，宝成线发生山体坍塌，崩塌体7.5万 m^3，白雀寺隧道北口被全部掩埋，泥石覆盖线路逾100m，接触网受损400m，宝成铁路被迫中断。他孤身一人上山查看险情，为抢险获取了第一手资料。他还主动请缨当上了"蜘蛛人"，承担起危活石观察清理任务，带着职工上到最危险的塌方坡面，用铁锤和钢钎将松动山体上的浮石、活石、危石敲掉，连续奋战了16天。在黄伟的带领下，乐素河桥隧车间人人奋勇争先，奔着早日抢通宝成铁路的目标，完成了多项抢险攻坚任务。在西安局集团公司宝成铁路抗洪抢险表彰大会上，该车间获得最佳党员突击队称号，8人获得先进个人称号，2人被记大功。

《最美铁路人》20190504宝成铁路守护者　黄伟

链接网址：https://tv.cctv.com/2019/05/04/VIDERcU2fUEdweUtbERrPXiP190504.shtml

任务二 认识岩堆

学习目标	● 知识目标	掌握岩堆的概念、类型、工程危害和防治方法。
	● 能力目标	能识别岩堆并提出工程治理措施。
	● 素质目标	培养严谨求实的职业精神。

任 务 描 述

通过实际工程案例，总结岩堆形成的原因和特征，并分析案例采取的防治措施。

相关知识

微课：
岩堆

一、概述

岩堆是指由碎落、崩塌和落石在山坡的低凹处或坡脚形成的疏松堆积体。

在地质构造作用强烈、气候比较干旱、风化严重的山区和高山峡谷地区易形成岩堆，特别是在岩性软弱、易风化的岩层分布地区，如页岩、千枚岩、片岩等，以及在破碎的花岗岩、石灰岩等组成的山坡和坡脚地带也易形成岩堆。

岩堆有时互相连接，成片分布，长达几公里至几十公里。岩堆的平面形状是多种多样的，这主要取决于局部地形条件。岩堆床纵剖面形态一般呈三种典型形状，如图 2-2-1 所示。峡谷地区发育的岩堆，上部为陡壁，下部为急流，其本身又处于极限平衡状态，具有一定的活动性，常给公路选线和路基设计造成很大困难，其影响程度取决于岩堆的工程地质特征。

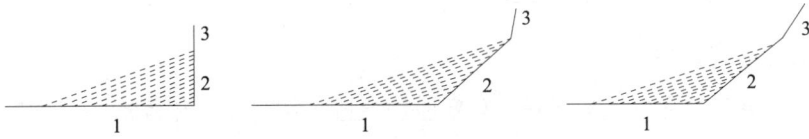

图 2-2-1　岩堆床纵剖面组成

1- 岩堆基底；2- 傍依区；3- 搬运区

二、工程地质特征

1. 表面坡度

岩堆大多为近期堆积，其表面坡度接近其组成物质在干燥状态下的天然休止角，它的大小与组成物质的岩性、大小、表面粗糙程度等有关，见表 2-2-1。

不同岩石组成的岩堆天然休止角参考值　　　　表 2-2-1

岩石名称	岩堆天然休止角（°）	岩石名称	岩堆天然休止角（°）
花岗岩	37	砂页岩	35
砂岩	32～33	石灰岩	32～36.5
钙质砂岩	34～35	片麻岩	34
页岩	38	云母片岩	30

2. 结构、构造

岩堆内部结构疏松，孔隙大且不均匀，细粒物质较少，充填于大颗粒（如碎石或块石）中，一般没有胶结或稍有胶结，在荷载作用下易产生沉陷。岩堆内都常具有向外倾斜的层理，层理面与表面坡度大致平行，在外力或其他因素作用下易发生滑动变形。

3. 岩堆的基底位置

岩堆的基底全部或大部分坐落在基岩斜坡上，它们之间的连接薄弱，在外力及水的作用下，岩堆易沿着基底或傍依区滑动。

由上所述可以看出，岩堆的稳定性差，当公路通过岩堆体时，容易发生路基变形、边坡坍塌等病害，因此，在岩堆分布地区进行路线勘测、设计和施工，必须认真考虑它的工程地质特征问题。

三、岩堆按稳定程度分类

岩堆按稳定程度可分为以下三种。

1. 正在发展的岩堆

山坡基岩裸露,坡面参差不齐,有新崩塌痕迹,常有落石和碎落。岩堆表面呈直线形,坡角接近天然休止角。坡面无草木生长或仅有很稀少的杂草,堆积的石块大部分颜色新鲜。内部结构松散,岩块间无胶结现象,孔隙度大。表层松散凌乱,人行其上有石块滑落。

2. 趋于稳定的岩堆

岩堆上方的基岩大部分已稳定,具有平顺的轮廓,仅有个别的落石和碎落。岩堆坡面接近凹形,大部分已生长杂草和灌木。岩堆的石块大部分颜色陈旧,仅个别地方有颜色新鲜的石块零星分布。岩堆内部结构密实或中等密实,但表层还是松散的,由于草木生长而不致散落,岩堆坡面上部的坡度常稍陡于其天然休止角。

3. 稳定的岩堆

岩堆上方的基岩已稳定,坡度平缓,不稳定的岩块已完全剥落,岩堆的坡面呈凹形,已长满草木,无颜色新鲜的石块。岩堆体胶结密实,大孔隙已被充填。有些地方因表层失去植被覆盖而有水流冲刷的痕迹。

四、岩堆的防治

1. 防治原则

一般采取以防为主的原则。对于规模大、正在发展的岩堆,以绕避为宜,绕避有困难时,选择合适部位设置防护建筑物;对于中、小岩堆,或已趋停止或已停止发展的岩堆,路线可采取必要的工程防治措施通过。

2. 防治措施

路线通过岩堆时可采取以下措施:

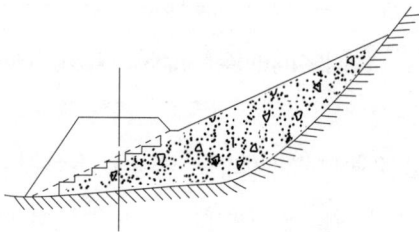

图 2-2-2　路堤在岩堆下部通过

(1)排水。由于水对岩堆的稳定性影响很大,要做好排除地表水及地下水的工作。

(2)线路位置选择。路堑通过岩堆时,路堑位置应选在岩堆顶部,应注意边坡的稳定性问题;以路堤通过岩堆时,路堤位置应选在岩堆下部,如图 2-2-2 所示。

（3）在岩堆上的线路，应尽量少填少挖。填方底部原地面应做成台阶形以防填土路基滑动。在线路上、下均应设置挡土墙，但应注意挡土墙和岩堆的整体稳定性问题和发生不均匀沉陷问题。

任务实施

拟建湄渝高速公路尤溪段，该区长约450m，宽400m，高差130～200m，分岩堆堆积区和后缘危岩区。堆积区长度约350m，高差130m，宽400m，厚度10～40m，总体积超过100万 m^3。地表见大量碎、块石，直径达2～4m，为石英砂岩和粉砂岩，并见块石架空结构，坡较缓处被开垦为农田和果园。其后缘为陡崖，为崩塌、危岩区，出露中风化石英砂岩及中风化粉砂岩，后缘整体下挫迹象明显，最大竖直位移量约20m。

通过勘探，已经查明了该岩堆区工程地质、水文地质条件。该岩堆属一大型古崩塌岩石堆积体。该岩堆沉积区现状处于基本稳定状态，但若岩堆中部或前缘公路建设开挖路基或边坡，在附加荷载与动荷载作用下，可能诱发整体滑移，产生滑塌，对公路建设不利，应注意避让或采取综合防治措施。该岩堆后缘处危岩区分布面积较大、边坡稳定性差、地形起伏大、易发生落石现象，对公路线路建设具有较大危害，治理难度大，工程造价高，因此建议采取避让措施。

任务三　认识滑坡

学习目标	● 知识目标	掌握滑坡的概念、类型、工程危害和防治方法。
	● 能力目标	能识别滑坡并提出工程防治措施。
	● 素质目标	培养尊重生命、敬畏自然、守护一方的工作理念。

任务描述

　　通过实际工程案例，总结滑坡发生的原因和特征，并分析案例采取的防治措施。

微课：
滑坡

相关知识

一、概述

　　滑坡是指斜坡上岩体或土体在重力作用下沿一定的滑动面（或滑动带）整体地向下滑动的现象，俗称"走山""垮山""地滑"等。

　　滑坡是山区公路的主要病害之一。山坡或路基边坡发生滑坡，常使交通中断，影响公路交通运输。大规模的滑坡能堵塞河道、摧毁公路、破坏厂矿、掩埋村庄，对山区建设和交通设施危害很大。例如，2008年5月12日都江堰至汶川路段的水井湾大桥，发生约100m宽的山体滑坡，导致都江堰至汶川路段完全中断，数辆车被埋。2008年6月13日，山西吕梁市离石区西属巴街道办上安村发生山体自然滑坡，滑坡将靠近山脚的上安村久兴砖厂的厂房摧垮。此次滑坡土高约70m，宽约60m，共计10000余立方

米，将久兴砖厂的生产人员 19 人全部掩埋，掩埋深度达 7 ～ 8m，生产设备全部摧毁。

我国是一个滑坡灾害多发的国家，西南地区为我国滑坡的主要分布地区，该地区滑坡类型多、规模大、发生频繁、分布广泛、危害严重。西北黄土高原地区，以黄土滑坡广泛分布为其显著特征。东南、中南的山岭、丘陵地区，滑坡、崩塌也较多。在青藏高原和兴安岭的多年冻土地区，也有不同类型的滑坡分布。总之，我国的滑坡分布极广，滑坡灾害十分严重，应重视研究和防治工作。

二、滑坡形态要素

一个发育完整的滑坡，一般由下面的几部分组成，如图 2-3-1 所示。

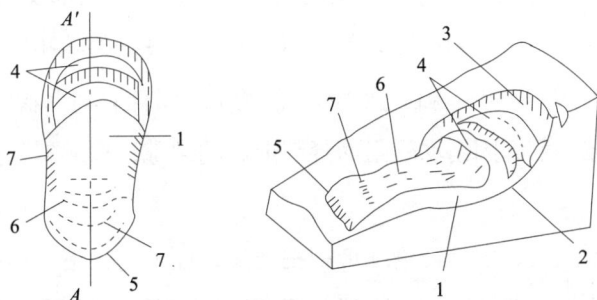

图 2-3-1　滑坡形态要素

1- 滑坡体；2- 滑动面；3- 滑坡后壁；4- 滑坡台阶；5- 滑坡舌；6- 滑坡鼓丘；7- 滑坡裂隙

1. 滑坡体

滑坡体是指滑坡的整个滑动部分，即沿着滑动面向下滑动的岩土体。其内部一般保持未滑动前的层位和结构，但产生许多新的裂缝，个别部位可能遭受较强的扰动。

2. 滑动面（滑动带）

滑动面是指滑坡体沿之滑动的面，滑动带是指滑动面以上被揉皱了的结构扰动带。滑动面（带）是表征滑坡的主要标志，它的位置、数量、形状和滑动面（带）土石的物理力学性质，对滑坡推力的计算和滑坡治理起到重要作用。

一般情况下，在均质黏性土和软质岩体中，滑动面多呈圆弧形；而层状岩体或构造裂隙发育的滑坡，滑动面多呈直线形或折线形。

3. 滑坡后壁

滑坡后壁是指滑坡发生后，滑坡体与斜坡断开后下滑形成的陡壁。有时能见到擦痕，以此识别滑动方向。滑坡后壁在平面上多呈圈椅状，它的高度自几厘米至几十米，

陡度一般为 $60° \sim 80°$。

4. 滑坡台阶

滑坡台阶是指滑坡体滑动时由于各段滑动速度的差异，在滑坡体表面形成台阶状的错台。

5. 滑坡舌

滑坡舌是指滑坡体前缘形如舌状的伸出部分。

6. 滑坡鼓丘

滑坡鼓丘是指滑坡体滑动时因前缘受阻而隆起的小丘。

7. 滑坡裂隙

滑坡裂隙是指滑坡体由于各部分移动的速度不等，在其内部及表面所形成的裂隙。根据受力状态的不同，它可分为拉张裂隙、剪切裂隙、鼓张裂隙和扇形裂隙四种。拉张裂隙分布在滑坡体上部；剪切裂隙位于滑体中部两侧，常伴有羽毛状排列的次一级裂隙；鼓张裂隙是由于滑坡体前部因滑动受阻而隆起形成的裂隙；扇形裂隙呈放射状展布在滑坡舌部。

较老的滑坡由于风化、水流冲刷或坡积物覆盖，原来的构造、形态特征往往遭到破坏，不易被观察。但是一般情况下，必须尽可能地将其形态特征识别出来，以助于确定滑坡性质和发展状况，为整治滑坡提供可靠的资料。

三、滑坡发生的条件

1. 斜坡外形

斜坡的存在，使滑动面在斜坡前缘临空出露，这是滑坡产生的先决条件。不同高度、坡度、形状等要素的斜坡可使其内部应力状态改变，而应力的变化可导致斜坡失稳。当斜坡越陡、高度越大以及斜坡中上部凸起而下部凹进，且坡脚无抗滑地形时，易产生滑坡。

2. 岩性条件

岩、土体是产生滑坡的物质基础。滑坡通常发生在遇水易软化的土层和一些软质岩层中，如胀缩黏土、黄土、黄土状土和黏性的山坡堆积层等，它们遇水容易软化、膨胀和崩解，强度和稳定性遭到破坏，产生滑坡；软质岩层中如页岩、泥岩、煤系地层、凝灰岩、片岩、板岩和千枚岩等遇水软化导致抗剪强度降低，容易产生滑坡。另外，当坚硬岩层或岩体中存在着有利于滑动的软弱结构面时，在适当的条件下也可能产生滑坡。

3. 地质构造

滑动产生常发生在倾向与斜坡一致的层面、大节理面、不整合面和断层面（带）等软弱构造面上，因其抗剪强度较低，当斜坡受力情况突然改变时，有可能成为滑动面。上部岩层透水性强，下部岩层透水性弱（隔水层），在其接触面上成为地下水的运动带时，易产生滑坡。

4. 水

水是滑坡产生的重要条件，绝大多数滑坡都是沿饱含地下水的岩体软弱结构面产生的。当水渗入到滑坡体中的孔隙、裂隙后，不仅降低了岩土体的黏聚力，削弱了其抗剪强度，还降低了其摩擦系数，增大了滑坡体的下滑力，导致滑坡产生滑动。

5. 地震

地震能破坏斜坡上岩土的结构，使某些地层因震动产生液化现象。此外，地震波附加给岩土的巨大惯性力破坏了斜坡的稳定性，也会产生滑坡。例如，2008 年 5 月 12 日四川汶川地震导致多起山体滑坡，形成 34 个堰塞湖。

6. 人为因素

人类不恰当的工程活动，如开挖坡脚、坡体堆载、爆破施工和水库蓄（泄）水等，破坏了山体的平衡，诱发滑坡产生。

四、滑坡的分类

根据《公路工程地质勘察规范》（JTG C20—2011）中的规定，滑坡的分类方法有以下几种。

1. 按滑坡体的物质组成分类

根据滑坡体的物质组成，滑坡可分为黄土滑坡、膨胀土滑坡、堆积层滑坡、基岩滑坡和破碎岩体滑坡等类型，如图 2-3-2 所示。

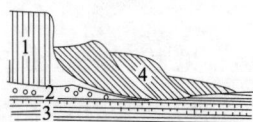

1-黄土层；2-含水砂砾层；3-砂、页岩互层；4-滑落黄土和砾层
a)黄土滑坡

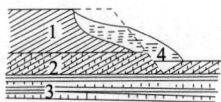

1-膨胀土；2-砂砾层；3-页岩；4-滑落膨胀土
b)膨胀土滑坡

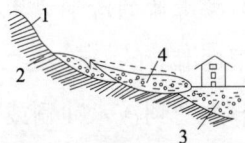

1-碎石；2-砂岩与黏土页岩互层；3-松散碎石土；4-滑动的碎石土体
c)堆积层滑坡

图 2-3-2

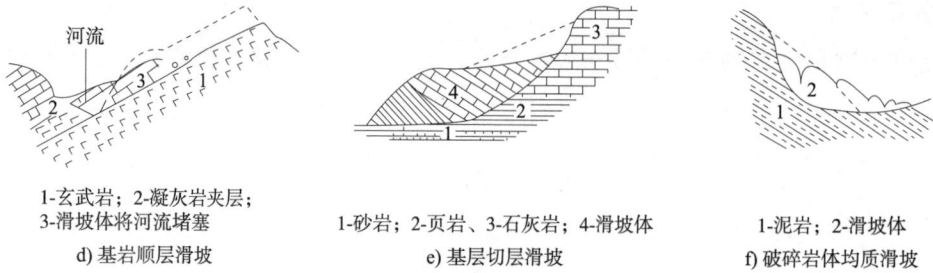

1-玄武岩；2-凝灰岩夹层；
3-滑坡体将河流堵塞
d) 基岩顺层滑坡

1-砂岩；2-页岩、3-石灰岩；4-滑坡体
e) 基层切层滑坡

1-泥岩；2-滑坡体
f) 破碎岩体均质滑坡

图 2-3-2 按滑坡体的物质组成进行分类

2. 按滑动面的埋藏深度分类

根据滑动面的埋藏深度，滑坡可分为浅层滑坡、中层滑坡和深层滑坡，见表 2-3-1。

滑坡按滑动面埋深分类　　　　　　　　　表 2-3-1

滑坡类型	浅层滑坡	中层滑坡	深层滑坡
滑动面埋深 H(m)	$H \leqslant 6$	$6 < H \leqslant 20$	$H > 20$

3. 按滑坡体的体积分类

根据滑坡体的体积，滑坡可分为小型滑坡、中型滑坡、大型滑坡和巨型滑坡，见表 2-3-2。

滑坡按滑坡体的体积分类　　　　　　　　表 2-3-2

滑坡类型	小型滑坡	中型滑坡	大型滑坡	巨型滑坡
滑坡体体积 V(m^3)	$V \leqslant 4 \times 10^4$	$4 \times 10^4 < V \leqslant 3 \times 10^5$	$3 \times 10^5 < V \leqslant 1 \times 10^6$	$V > 1 \times 10^6$

4. 按滑坡的滑动方式分类

根据滑坡的滑动方式，滑坡可分为牵引式滑坡和推移式滑坡，见表 2-3-3。由于斜坡坡脚处受到流水冲刷或人工挖方、切坡等因素的影响，坡体下部失去原有岩土的支撑而丧失其平衡引起的滑坡为牵引式滑坡。因在斜坡上部加载(修建建筑物、弃土或堆放重物等)引起边坡上部岩土体先滑动而挤压下部岩土体变形一起滑动称为推移式滑坡。

滑坡按滑动方式分类　　　　　　表 2-3-3

滑 坡 类 型	滑 动 方 式
推移式滑坡	中上部滑体挤压推动前缘段产生滑动形成的滑坡
牵引式滑坡	前缘段发生滑动后牵引后部滑体形成的滑坡

五、滑坡的野外识别

在山区进行路线勘测时，如何识别滑坡的存在，并初步判断其稳定性，是合理布设线路，提出防治措施的一个基本前提。野外识别古滑坡可考虑以下几方面的标志特征。

1. 地形地物上的标志

滑坡滑动后，常使斜坡出现圈椅状地形和槽谷地形，其上部有陡壁和弧形拉张裂隙；中部坑洼起伏，有一级或多级台阶，两侧可见羽毛状剪切裂隙；下部有鼓丘，呈舌状向外突出，表面多鼓胀扇形裂隙；两侧多形成沟谷，出现双沟同源现象；有时内部多积水洼地，喜水植物茂盛。斜坡上的树木常出现醉汉林和马刀树，建筑物开裂和倾斜。

2. 地层构造上的标志

滑坡滑动后，在其范围内出现地层整体性破坏，有扰乱松动现象；层位不连续；岩层产状发生明显变化；构造不连续等。

3. 水文地质标志

滑坡地段含水层的原有状态发生改变，使滑坡体成为单独含水体，水文地质条件变得特别复杂，无一定规律可循。如潜水位不规则，斜坡下部有成排的泉水溢出等现象。

上述几方面的识别标志是滑坡滑动后的现象，它们之间有着不可分割的内在联系，因此，在分析调查时必须综合考察几方面的标志特征，互相验证，才能保证判断准确无误。

六、滑坡的防治

滑坡防治应贯彻"以防为主，防治结合"的原则。在选择防治措施前一定要查清和确定滑坡的地形、地质和水文地质条件，认真研究滑坡的性质及其所处的发展阶段，了解产生滑坡的原因，结合工程建筑的重要程度、施工条件及其他情况进行综合考虑。

1.滑坡的防治原则

（1）对于可能产生大型滑坡的地段，在公路选线时应尽可能采用绕避方案。对已建工程的路基不稳问题，需要周密分析，衡量其经济和安全两方面的得失，并应制订治理方案。

（2）中、小型滑坡地段一般情况下不必绕避，但应注意调整路线平面位置，必要时做方案比较，以路基稳定为首要考虑因素，以求工程量小，施工方便，经济合理的路线方案。

（3）路线通过古滑坡时，应对滑坡体的结构、性质、规模和成因等做详细勘察后，再对路线的平、纵、横做出合理布设；对施工中的开挖、切坡、弃方和填土等都要做通盘考虑，稍有不慎即可引起滑坡的复活。

2.滑坡的防治措施

防治滑坡的工程措施归纳起来分为三类：一是消除或减轻水的危害；二是改变滑坡体外形，设置抗滑建筑物；三是改善滑动带土石性质。主要治理措施如下：

（1）消除或减轻水的危害——排水

①排除地表水。排除地表水的措施主要是设置截水沟和排水明沟系统。截水沟目的是截排来自滑坡体外的坡面径流，在滑坡体上设置树枝状的排水明沟系统是为了汇集坡面径流，然后引导出滑坡体外，如图 2-3-3a）所示。

②排除地下水。排除地下水的措施主要是设置各种形式的渗沟或盲沟系统，以截排来自滑坡体外的地下水流，如图 2-3-3b）所示。

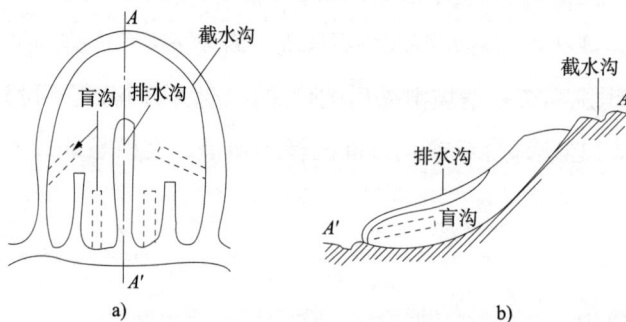

图 2-3-3　排除滑坡地表水和地下水示意图

③防治河水、水库水对滑坡体坡脚的冲刷。其主要是设置丁坝、在滑坡前缘抛石、铺设石笼、修筑钢筋混凝土块排管，以防治坡脚的土体遭受河水冲刷，如图 2-3-4所示。

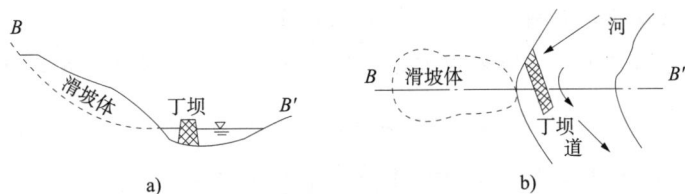

图 2-3-4　河岸防护堤示意图

a）剖面图；b）平面图

（2）改变滑坡体外形，设置抗滑建筑物

①削坡减重。主要是降低坡的高度，以减轻斜坡不稳定部位的重量，从而减小滑坡上部的下滑力，提高滑坡体的稳定性。

②修筑支挡工程。在滑坡体的下部修建支挡建筑物，改善滑坡体的力学平衡条件，提高滑体的抗滑阻力，使滑体迅速恢复稳定。支挡建筑物有抗滑桩、抗滑挡墙、锚杆和锚固桩等。

（3）改善滑动带土石性质

为了改善岩土性质和结构，增加坡体的强度，一般采用焙烧、固结灌浆等物理化学方法对滑坡进行整治。

由于滑坡成因复杂、影响因素多，常需要上述几种方法同时使用，综合治理，方能达到目的。

任务实施

重庆市某高速公路滑坡治理工程地处巫山县，位于路线 K39+080 ～ K39+390 右侧，滑坡纵向长度为 10m。高速公路高边坡设计挖方段正好通过该古滑坡的前部，原设计地勘资料与实际现场开挖揭露的地质情况出入较大，出现了厚度较大且不均匀分布的钙质泥岩地层，部分地段不良地质侵入路床；在开挖部分路段的路基后，坡体出现纵向裂缝，线外村民房屋亦出现裂缝，加之该路段施工正处于雨季，整个古滑坡体全面复活的可能性极大，急需采取有效措施加以治理。

该滑坡体主要由含碎石亚黏土、碎石土以及全风化碳质泥灰岩形成的残积土组成，碎石土呈松散状，局部有大块石，碎块石为次棱角状，亚黏土充填，局部亚黏土含量较高。通过现场勘测，滑坡体滑面主要为软塑至硬塑亚黏土，含碎石亚黏土，局部为全风化碳质泥灰岩形成的残积土。滑面总体西高东低，呈倾斜状。现场坡面有大量明显裂缝，裂缝发展速度较快，坡脚及边坡坡面出现明显的剪出迹象。

该区域存在古滑坡和地质条件差是引起滑坡滑动变形的首要原因；其次是该古滑坡体在工程建设前曾产生过滑动，坡体已松动，雨水容易下渗并汇聚在老滑坡坡面附近，降低了滑动带的抗剪强度指标。此外由于路基挖方设计正好处于滑坡前部，路基挖方切断了滑坡前缘的阻滑段，原有滑坡的力学平衡被打破，滑坡抗滑力减小，导致滑坡产生滑动。

根据滑坡体钻孔资料和现场坑探滑动带处取样土的抗剪指标及经验指标，采用滑坡极限平衡反算法进行边坡稳定性分析和支挡线剩余下滑力计算。

结合滑坡体工程地质情况和稳定性系数综合分析如下：

（1）在 K39+080 ～ K39+120 段，边坡岩土体处于稳定状态，采用适当的坡面防护措施。

（2）在 K39+120 ～ K39+200 段，边坡岩土体处于欠稳定状态，采用抗滑桩进行支挡。

（3）在 K39+200 ～ K39+270 段，边坡岩土体处于不稳定状态，由于下滑力较大，采用抗滑桩和桩顶预应力锚索进行支挡。

（4）在 K39+270 ～ K39+300 段，边坡岩土体处于不稳定状态，采用抗滑桩进行支挡。

回 拓展内容 ⅢⅢⅢⅢ▶

长安大学用北斗技术成功预警滑坡，近 10 万 m^3 黄土倒塌零伤亡

"甘肃黑方台党川 5 号滑坡区域附近，北斗监测点 HF09 三维方向累计位移达到 1457.05mm，变形速率 72.93mm/d……" 2021 年 1 月 27 日 20 时 53 分，甘肃省黑方台地质灾害隐患点，长安大学的"高精度北斗地质灾害监测预警平台"再次紧急发出了滑坡即将失稳的红色告警，7min 后滑坡发生失稳破坏！而 6h 前，当地相关部门就收到了该校发出的预警信息，及时组织群众避险。

地质灾害每年都会造成巨大的人员伤亡与财产损失，对地质灾害进行预报预警对于防灾减灾至关重要，此次是如何实现黑方台党川 5 号滑坡精准预警的呢？

由于农业灌溉等原因，甘肃黑方台地区频繁发生滑坡灾害。早在 2018 年 10 月，张勤教授和黄观文教授研究团队就在黑方台地质灾害隐患点布设了北斗高精度

监测设备，该设备能实时捕捉到毫米级的滑坡位移变化，同时得益于北斗三号全球卫星导航系统的组网成功，该监测精度也进一步提高，通过对高精度的滑坡位移监测序列进行分析，可以得到滑坡的运动状态，进而分析出滑坡所处的变形阶段，从而发出准确预警。

2020 年 12 月 23 日，党川 5 号滑坡北斗 HF09 监测点变形速率达到 5.3mm/d，触发黄色预警；2021 年 1 月 23 日，变形速率达到 25.96mm/d，触发橙色预警；2021 年 1 月 27 日 14 点 47 分，变形速率达到 68.72mm/d，触发红色预警，20 点 53 分变形速率达到 72.93mm/d，系统发出滑坡即将失稳的紧急红色告警。

"1 月 27 日 14 点 47 分，触发红色预警时，团队立即向当地相关部门发出预警信息。当地收到长安大学发出的红色预警信息后及时组织群众避险，6h 后一起体积近 10 万 m^3 的黄土滑坡轰然发生。由于预警及时，此次滑坡未造成人员伤亡。"据团队相关工作人员介绍，本次滑坡灾害中长安大学自主研发的位移计监测设备也同时准确捕捉了滑坡变形全过程。研究团队将相关预警信息以短信、邮件方式通知了当地镇政府、镇地质灾害应急中心和当地的地质灾害巡查员，同时团队以微信和紧急电话等方式进行特别通知，当地立即采取防范措施，做好了防灾准备。而安装在滑坡体上的远程视频监控装置再次成功记录了滑坡失稳的全过程。

任务四 认识泥石流

学习目标	● 知识目标	掌握泥石流的概念、类型、工程危害和防治方法。
	● 能力目标	能识别泥石流并提出工程防治措施。
	● 素质目标	培养人与自然和谐共处的工程理念。

┤ 任务描述 ├

　　通过实际工程案例，总结泥石流发生的原因和特征，并分析案例采取的防治措施。

微课：
泥石流

相关知识

一、概述

　　泥石流是指突然暴发的含有大量泥沙、石块的特殊洪流。它具有来势迅猛、历时短暂、破坏力大等特点，是山区特有的一种不良地质现象。泥石流不仅可以摧毁房屋、村镇，淹没农田，堵塞河道，还堵塞、淤埋、冲毁路基和桥梁，给山区人民生命财产和经济建设造成重大灾害。例如：2006年2月17日上午9时左右在菲律宾中东部的莱特岛突发大型泥石流，当地有数百栋房屋和一所小学被泥石流掩埋，造成了大量的人员伤亡和巨大的经济损失。泥石流广泛分布在世界各地，其中比较严重的有哥伦比亚、秘鲁、瑞士、中国和日本。我国泥石流主要分布在青藏高原及其边缘地区，西南、西北山区，华北、东北的山地部分，在东部山地及台湾、海南岛等地亦有零星分布。据统计资料分析，泥石流的发生具有一定的时空分布规律。时间上多发生在降雨集中的雨季或冰雪消融的季节，空间上分布在新构造活动强烈的陡峻山区。

二、泥石流的形成条件

泥石流的形成必须同时具备以下三个条件：陡峻的地形、地貌，有丰富的松散物质以及充沛的水源。

1. 地形地貌条件

地形上具备山高沟深、地势陡峻、沟床纵坡降大、流域形态有利于汇集周围山坡上的水。在地貌上，泥石流的地貌一般可分为形成区、流通区和堆积区三个部分，如图 2-4-1 所示。上游形成区的地形多为三面环山、一面出口的瓢状或漏斗状，地形比较开阔，周围山高坡陡，山体破碎，植被生长不良，这样的地形有利于水和碎屑物质的集中；中游流通区的地

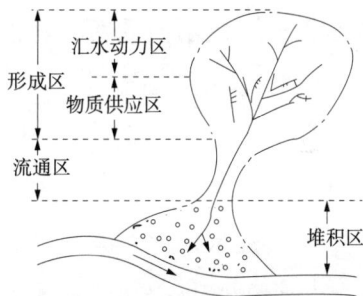

图 2-4-1　泥石流流域分区示意图

形多为狭窄陡深的峡谷，谷床纵坡降大，使泥石流能迅猛直泻；下游堆积区的地形为开阔平坦的山前平原或河谷阶地，便于泥石流的倾泻和堆积。

2. 松散物质来源条件

泥石流常发生在地质构造复杂、断裂褶皱发育、新构造活动强烈、地震烈度较高的地区。地表岩石破碎，崩塌、滑坡、错落等不良地质现象发育，为泥石流的形成提供了丰富的固体物质来源。另外，岩层结构松散软弱、易风化、节理发育或软硬相间成层地区，因易受破坏，也能为泥石流提供丰富的碎屑物来源；一些人类工程活动，如毁林开荒、陡坡垦殖、开山采矿和采石弃渣等，往往也为泥石流提供大量的松散物质来源。

3. 水源条件

水是泥石流的重要组成部分。泥石流的水源主要是大气降水，其次是地下水、冰雪融水和水库（池）溃决水体。我国泥石流的水源主要是暴雨和长时间的连续降雨等。

三、泥石流的类型

1. 按其物质组成成分分类

（1）泥流

泥流的组成物质以黏性土为主，含少量砂砾和石块，黏度大，呈稠泥状。

（2）泥石流

泥石流由大量黏性土和砂砾、石块组成，具有一定的黏结性。

（3）水石流

水石流主要由大石块和水或稀泥浆组成。

2. 按形成泥石流的动力条件分类

（1）水力类泥石流

水力类泥石流是指由于地表径流的强烈侵蚀作用或水体溃决，大量固体物质进入沟道而形成的泥石流；其属于泥沙运动力学研究的范畴。

（2）重力类泥石流

重力类泥石流是指由于土体内含水量超过饱和状态，土体失去平衡并引起滑动而产生。

3. 按流体性质分类

（1）稀性泥石流（紊流型泥石流）

稀性泥石流以水为主要成分，黏性土含量少，固体物质占10%～40%，水为搬运介质，石块以滚动或跃移方式前进。其堆积物在堆积区呈扇状散流，停积后似"石海"。

（2）黏性泥石流（结构型泥石流）

黏性泥石流是含有大量黏性土的泥流或泥石流，固体物质占40%～60%，其中水不是搬运介质，而是组成物质。这种泥石流以间歇性的阵流形式出现，一次泥石流过程中形成十几次至几十次阵流。阵流的前锋高而陡，多由大石块组成，俗称龙头。泥石流停积以后，仍保持运动时的结构不变。

除此之外还有其他分类方法。例如，按泥石流的成因分类有冰川型泥石流和阵雨型泥石流；按泥石流规模分类有大型泥石流、中型泥石流和小型泥石流；按泥石流发展阶段分类有发展期泥石流、旺盛期泥石流和衰退期泥石流等。

四、泥石流的防治措施

防治泥石流的原则是以防为主，具体防治措施如下。

1. 生物措施

在山坡坡面铺设草皮或种树，保持水土，制止泥石流继续发展，甚至最终根治泥石流。

2. 跨越工程

跨越工程是指修建桥梁和涵洞，从泥石流沟的上方跨越通过，让泥石流在其下方排泄，用以避防泥石流。

3. 穿越工程

穿越工程是指修建隧道、明洞或渡槽，从泥石流的下方通过，而让泥石流从其上方排泄。

4. 防护工程

防护工程主要措施有护坡、挡墙、顺坝和丁坝等，用以抵御或消除泥石流对主体建筑物的冲刷、冲击、侧蚀和淤埋等危害。

5. 排导工程

排导工程的主要措施有导流堤、急流槽和排洪道等，用以顺利排走泥石流，防止掩埋道路，堵塞桥涵。

6. 拦挡工程

拦挡工程的主要措施有拦截坝、栏栅和溢流坝等，以阻挡泥石流中挟带的物质，减少泥石流对下游工程建筑物的冲刷、撞击和淤埋等危害。

人们在防治泥石流时，通常采用综合治理的方案，即采取坡面、沟道兼顾，上游、下游统筹的综合治理方案。一般在沟谷上游以治水为主，中游以治土为主，而下游以排导为主。通过上游的稳坡截水和中游的拦挡护坡等，减少泥石流的固体物质，控制泥石流规模，改变泥石流的性质，有利于下游的排导效果，从而能够有效地控制泥石流的危害。所以，采用多种措施相结合，比用单一措施更为有效。

任务实施

受整体气象、水文、地质结构等因素的影响，青海省海西州地区频繁出现短时间强降雨，导致察德高速公路 K123+000 ～ K125+500 段（尕海湖周边）泥石流频发，造成公路多处边坡塌方及桥梁、涵洞冲毁，危及交通安全。

根据现场勘察，该区域泥石流属于小型、稀型、高频泥石流，集中发生在 6 ～ 9 月，一次最大冲出量 1 600m³，流量 13.3m³/s，跨越泥石流桥梁墩台一般冲刷深度为 1.54m，桥梁结构形式为 4×20m 装配式预应力混凝土连续箱梁，桩柱式墩台，桥下净高 4.5m。

据此提出防治措施：保持原有道路平面线形不变，增加路基填高，加大桥梁孔径，利用桥梁跨越泥石流，并设置公路左右幅连接排导设施，以便泥石流再次发生后顺利通过该区域，对公路安全运营提供保障。

回 拓展内容 |||||||▶

甘肃舟曲特大泥石流

2010年8月7日22时左右,甘南藏族自治州舟曲县城东北部山区突降特大暴雨,降雨量达97mm,持续40多分钟,引发三眼峪、罗家峪等四条沟系特大山洪地质灾害,泥石流长约5km,平均宽度300m,平均厚度5m,总体积750万 m^3,流经区域被夷为平地。舟曲特大山洪泥石流灾害造成了惨重的人员伤亡和财产损失,截至2010年10月11日,共造成1501人遇难,264人失踪,被认为是新中国成立以来最为严重的山洪泥石流灾害。8月8日,解放军战士帮助居民转移到安全地带。

造成灾害发生主要有以下5个原因:

(1)地质地貌原因。舟曲是全国滑坡、泥石流、地震三大地质灾害多发区。舟曲一带是秦岭西部的褶皱带,山体分化、破碎严重,大部分属于炭灰夹杂的土质,非常容易形成地质灾害。

(2)"5·12"地震震松了山体。舟曲是"5·12"地震的重灾区之一,地震导致舟曲的山体松动,极易垮塌,而山体要恢复到震前的稳定水平至少需要3~5年时间。

(3)气象原因。当年国内大部分地区遭遇严重干旱,这使岩体、土体收缩,裂缝暴露出来,遇到强降雨,雨水容易进入缝隙,引发地质灾害。

(4)瞬时的暴雨和强降雨。由于岩体产生裂缝,瞬时的暴雨和强降雨深入岩体内部,导致岩体崩塌、滑坡,形成泥石流。

(5)地质灾害自有的特征。地质灾害隐蔽性、突发性、破坏性强,难以排查出来。

任务五　认识岩溶

学习目标	● **知识目标**	掌握岩溶的概念、工程危害和防治方法。
	● **能力目标**	能识别岩溶并提出工程防治措施。
	● **素质目标**	培养攻坚克难的职业精神和节约环保的工作理念。

╞ 任务描述 ╡

　　通过实际工程案例，总结岩溶形成的原因和特征，并分析案例采取的防治措施。

‖ 相关知识

微课：
岩溶

一、概述

　　岩溶是指地表水和地下水对可溶性岩石进行的长期化学作用和机械作用，以及由这些作用所产生的特殊地貌形态和水文地质现象。

　　岩溶又称喀斯特，它是原南斯拉夫西北沿海一带石灰岩高原的地名，那里发育着各种奇特的石灰岩地形。19 世纪末，南斯拉夫学者 J.Cvijic（司威治）研究了喀斯特高原的各种石灰岩地形，并把这种地貌称为喀斯特。以后，喀斯特一词便成为世界各国通用的专门术语。1966 年在我国广西桂林召开的岩溶学术会议上，决定将喀斯特一词改称岩溶。

　　我国岩溶地貌分布广，面积大，尤其以西南地区岩溶面积最大，广西的桂林山水和云南的路南石林闻名于世。

岩溶地区会给工程建设带来一系列的工程地质问题，例如地基塌陷、水库渗漏和隧道涌水等现象。因此，在岩溶地区修建公路时，必须掌握岩溶的发展规律和形成机理，采取有效的防治措施。

二、岩溶形成的基本条件

1. 岩石的可溶性

可溶性岩石是岩溶形成的物质基础，自然界中可溶性岩石有碳酸盐类(如石灰岩、白云岩、大理岩等)、硫酸岩类(如石膏、硬石膏、芒硝等)和卤盐类(如岩盐、钾盐等)。由于它们的成分和结构不同，其溶解性能也不同，碳酸盐类溶解度小，硫酸盐类溶解度中等，而卤盐类属于易溶盐类，溶解度最大。这三类岩石中，碳酸盐类岩石分布最广，因此碳酸盐类岩石地区岩溶发育最典型、最普遍。

2. 岩石的透水性

岩石的透水性主要取决于岩体的裂隙、孔隙的多少及连通情况。岩层透水性越好，岩溶越发育，所以在断层破碎带、风化带、背斜轴部或近轴部的地段、岩层的层理面处，岩溶发育强烈。

3. 水的溶蚀性

有溶蚀能力的水是岩溶发育的外因和条件。水的侵蚀性强弱取决于水中 CO_2 的含量，其含量越多，水的溶蚀力就越大。反应方程式如下：

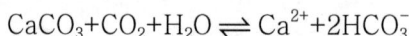

$$CaCO_3 + CO_2 + H_2O \rightleftharpoons Ca^{2+} + 2HCO_3^-$$

上式反应是可逆的，即当水中含有一定数量的 HCO_3^- 时，则要有相应数量的游离 CO_2 与其平衡，当水中游离 CO_2 含量增多时，反应式将向右进行，即发生 $CaCO_3$ 溶蚀。

4. 水的流动性

由于溶解作用消耗了 CO_2，若要水继续具备溶解能力，就需要补充 CO_2，这种补充是由水的流动循环来完成的。水的流动能使水中 CO_2 不断得到补充，岩溶就能不断进行，而且岩体中的渗透通道越来越大，水流的冲刷和侵蚀能力越来越强；反之水的流动缓慢或处于静止状态，岩溶发育就会迟缓，甚至停止发育。

此外，影响岩溶作用的因素还有气候因素(如温度、降水和气压等)、地貌因素(平坦地区还是坡度较大地区)、生物因素(植被、微生物等)和水的动态(垂直下渗带、季节变动带、水平流动带和深部滞流带)。

三、岩溶地貌

岩溶地貌根据其发展的空间位置，可以分为两大类：一类是地表岩溶地貌，另一类是地下岩溶地貌。

1.地表岩溶地貌

（1）石芽

地表水流沿石灰岩坡面上流动，溶蚀和冲蚀出许多凹槽，称为溶沟。溶沟之间的突出部分，称为石芽。石芽除有裸露的外，还有埋藏的。从山坡上部到下部，由全裸露石芽过渡为半裸露石芽至埋藏石芽，如图2-5-1所示。溶沟和石芽的特征常和地形和地质等条件有关。

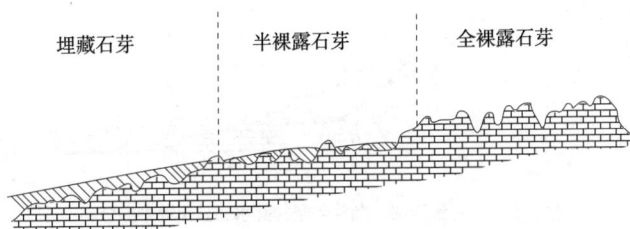

埋藏石芽　　半裸露石芽　　全裸露石芽

图2-5-1　石芽

①地形。地形坡度较大的地面上，常形成彼此平行的溶沟和石芽，而在平缓的地面上，溶沟和石芽则纵横交错。

②地质。在节理发育的区域，形成格状的溶沟。在纯而致密的石灰岩地面，溶沟和石芽较密集；在硅质灰岩、泥质灰岩和白云岩等组成的地面，溶沟和石芽发育较差。

（2）石林

石林是一种非常高大的石芽，它是在热带多雨气候条件下形成的。云南路南石林，石芽高达 20～30m，密布如林，故名石林。

（3）漏斗

漏斗是由地表水的溶蚀和冲刷作用并伴随着塌陷作用形成的。漏斗在地面上是一种口大底小的锥形洼地，直径数米至数十米，深十几米至数十米。漏斗下部常有管道通往地下，地表水沿此管道下流，如果通道被堵塞，则可积水成池。

漏斗是岩溶水垂直循环作用的地面标志，因而多数漏斗分布在岩溶化的高原面上。如果地面上有连续分布的成串漏斗，这通常是地下暗河存在的标志。

（4）落水洞

落水洞是由垂直方向流水对裂隙不断进行溶蚀并伴随塌陷而成。落水洞岩溶区地表水流向地下河或地下溶洞的通道，其大小不等，形状也各不相同。按其垂直断面形态特征，可分为裂隙状落水洞、竖井状落水洞和漏斗状落水洞等；按其分布方向有垂直的、倾斜的和弯曲的，洞壁直立的井状落水洞称为竖井落水洞。

（5）溶蚀洼地

溶蚀洼地是由四周为低山丘陵和峰林所包围的封闭洼地，直径由数米到数百米，如图2-5-2所示。溶蚀洼地是由漏斗进一步溶蚀扩大而成，其底部较平坦，常附生着漏斗和落水洞。溶蚀洼地底部如被红土或边缘的坠积岩块覆盖，底部的漏斗和落水洞就被阻塞，将形成岩溶湖。

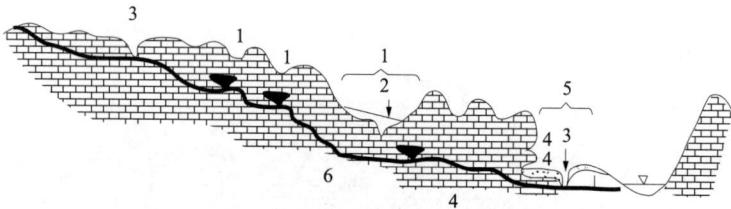

图 2-5-2　溶蚀洼地、漏斗和竖井落水洞在山地中的分布

1- 溶蚀洼地；2- 漏斗；3- 竖井落水洞；4- 溶洞；5- 阶地；6- 地下河

（6）坡立谷（岩溶盆地）

坡立谷（岩溶盆地）是指岩溶地区的一些宽广平坦的盆地或谷地。其宽度从数百米至数公里，长度可达几十公里。盆地的边坡陡峭，底部平坦，经常有河流冲积层覆盖，坡立谷进一步发育可形成溶蚀平原。

（7）干谷、盲谷和伏流

干谷又称死谷，是指岩溶地区地表干涸的河谷。在地表河流的某一段河道，河水沿着谷底发育的漏斗、落水洞等全部流入地下，使河谷干涸，则形成干谷。它往往成为寻找地下河的重要标志。盲谷是一种死胡同式的地表河谷，其前方常被陡崖所阻，河水从崖脚的落水洞潜入地下，变为地下河。地表河水转入地下的河流段称为伏流。

（8）峰丛、峰林和孤峰

峰丛是由上部为耸立的锥形山峰和下部为相连的基座组成，相对高度为300～600m，山峰坡度为30°～60°。从峰丛或峰林的单个山峰外形来看，有呈锥状、塔状、圆柱状等不同形态，山峰的表面发育石芽和溶沟，山峰之间洼地或平原有河流落水洞和溶洞。它们构成峰丛洼地和峰林平原两个地貌组合单元。

峰林是高耸林立的石灰岩山峰，相对高度100～200m，直径小于高度，坡度较陡，大多在 60° 以上，分散或成群出现在平地上，形似树林，故而得名。

孤峰是岩溶区的孤立石灰岩山峰，常分布在岩溶平原或岩溶盆地中，相对高度由数十米至百余米。孤峰是在地壳相对长期稳定条件下，峰林不断溶蚀降低的产物。

2. 地下岩溶地貌

（1）溶洞

溶洞是地下水沿着可溶性岩石的层面、节理或断层进行溶蚀和侵蚀而成的地下洞穴。溶洞的形态大多数极不规则，通道都是曲折的，支洞很多，这是由于受地质构造的制约及洞内坍塌作用造成的。溶洞中有钟乳石、石笋和石柱、石幕、豆石、石灰华、泉华等岩溶产物，这些岩溶沉积物是由于洞内的滴水含碳酸氢钙，因环境改变释放 CO_2，使碳酸钙沉淀形成的。

钟乳石是地下水从洞内渗出时，滞留在洞顶上的小水滴中的 $CaCO_3$ 逐渐沉积并向下伸展悬挂，形似钟乳，称为钟乳石。它的横剖面有同心圆状的层次。石笋是从洞顶滴落下来的水溅到洞底，其中 $CaCO_3$ 逐渐沉积形成的。它形似竹笋，称为石笋。石笋自下而上逐层增长，它的横剖面为叠层状。钟乳石和石笋各自向相对方向伸展，最后连接起来，称为石柱。从洞壁沿裂隙渗出的水，$CaCO_3$ 呈片状沉积，如同帷幕一样展开，称为石幕。碳酸钙围绕一个核心沉积而成，称为豆石或溶洞珍珠。溶洞底沉淀的碳酸钙称为石灰华；由泉水出露的 $CaCO_3$ 沉积物称为泉华。

（2）暗河

暗河是岩溶地区地下水汇集和排泄的主要通道，部分暗河常与地表的沟槽、漏斗和落水洞相通，因此，可根据地表岩溶形态分布位置，大致判明地下暗河的流向。

（3）天生桥

天生桥是溶洞或暗河的塌陷，有时残留一段没有塌陷的洞顶，形成一个横跨水流的石桥。

四、岩溶地区工程地质问题

1. 溶蚀后岩石的强度降低

岩溶水在可溶岩层中溶蚀，使岩层产生孔洞，结构松散，从而降低了岩石强度。

2. 造成基岩面不均匀起伏

因石芽或溶沟溶槽的存在，使地表基岩参差不齐，起伏不均匀。如利用石芽或溶沟发育的地区作为地基，则必须做出处理，否则会导致地基沉陷不均匀。

3. 降低地基承载力

建筑物地基中若有岩溶洞穴,将大大降低岩体地基的承载力,容易引起洞穴顶板塌陷,使建筑物遭到破坏。

4. 造成施工困难

在基坑开挖和隧道施工中,如果附近有溶洞或暗河存在时,则可能产生坍塌和突然大量涌水现象,造成生命财产的损失和施工的困难等。

五、岩溶地区路基防治措施

在岩溶地区进行工程活动时,首先应该避开危险的岩溶地区,避不开时,常采用以下工程措施处置。

1. 堵塞

对基本停止发育的干涸的溶洞,一般采用堵塞方法。如用片石堵塞路堑边坡上的溶洞,表面以浆砌片石封闭。对路基或桥基下埋藏较深的溶洞,一般可通过钻孔向洞内灌注水泥砂浆或水泥混凝土等加以堵塞。

2. 疏导

对经常有水或季节性有水的空洞,一般宜疏不宜堵。对自然降水和其他地表水应防止下渗,宜采用截排水措施,将水排出路基。

3. 跨越

对于路基下面有岩溶或暗河,其顶板较薄的地段,宜炸开顶板,以桥涵跨越。

4. 清基加固

为防止基底溶洞的坍塌及岩溶水的渗漏,经常采用加固方法,如洞径大,洞内施工条件好时,可采用浆砌片石支墙和支柱等加固。如需保持洞内水通畅,可在支撑工程间设置涵管排水;深而小的溶洞不能使用洞内加固办法时,可采用石盖板或钢筋混凝土盖板跨越通过;若洞径小、顶板薄或岩层破碎的溶洞,可采用爆破清除回填的办法处理。

隧道工程中的岩溶处理较为复杂。隧道内常有岩溶水的活动,若水量很小,可在衬砌背后压浆以阻塞渗透;对于成股水流,宜设置管道引入隧道侧沟排除;水量大时,可另开横洞(泄水洞);长隧道可利用平行导坑(在进水一侧),以截除涌水。

▤ 任务实施

杭州市留下互通改建工程中路堑工程主要位于 L1 下穿通道 K0+660 ～ K0+850 段丘陵。丘陵中下部现状是既有公路边坡，为五级坡，最大坡高约 37m，上部四级坡坡率缓，坡率为 1：2.0，下部一级坡率为 1：1.00，局部挡墙加固，现状边坡整体稳定。

地质资料显示，在 K0+660 处现状挡墙边坡高程 15.5 ～ 17.0m 处存在溶洞，在后期支挡施工时作填充封闭处理。物探资料显示，在 L1 路线挖方路线 K+780 处坡地地面下 10m 左右有岩溶发育。同时，物探资料显示，在 L1K0+530 ～ L1K0+860 之间，存在大小不一的溶洞，鉴于岩溶发育的复杂性和不均一性，在施工时发现岩溶问题应及时处理。

▣ 拓展内容 ⅢⅢⅢ▶

宜万铁路

宜万铁路位于鄂西、渝东山区，岩溶、滑坡、断层破碎带和崩塌等主要不良地质现象分布广泛，70% 地段位于岩溶强烈发育地区。路段中有 34 座高风险的岩溶隧道。在宜万铁路隧道施工中，突泥突水现象屡见不鲜。

为了最大限度降低施工风险，宜万铁路施工人员进行了复杂隧道风险分级、超前地质预报、排水减压与注浆等技术研究和创新，形成了一套完整的岩溶地区复杂隧道修建技术体系，实现了世界隧道修建技术的重大突破。其中高压富水充填溶腔"释能降压"技术达到世界领先水平。

宜万铁路工程以环保和节约为主旋律，开展了科技攻关和技术创新工作，打破了传统的沿沟谷展线的选线模式，采用了合理的越岭方案，取得了良好效果。

经过 6 年的探索，广大铁路建设者在宜万铁路建设过程中逐步形成并完善了"岩溶隧道风险管理体系"，成功破解了众多世界级施工难题，驯服了有"地质癌症"之称的岩溶地貌。

《宜万铁路》_CCTV 节目官网 - 纪录片 _ 央视网 (cctv.com) http://tv.cctv.com/2012/12/15/VIDA1355569457516719.shtml

任务六 认识沙漠

学习目标	● 知识目标	掌握沙漠概念、工程危害和防治方法。
	● 能力目标	能识别移动沙丘,能对风沙危害提出防治措施。
	● 素质目标	培养甘于奉献、吃苦耐劳、攻坚克难的职业精神。

任务描述

　　通过实际工程案例,总结流动沙丘对公路的危害,并分析案例采取的防治措施。

微课:
沙漠

相关知识

一、概述

　　沙漠是指地表大面积为风积的疏松沙所覆盖的荒漠地区;沙地是指地表为疏松沙所覆盖的草原地区;在不需要区分沙漠与沙地时则统称沙漠。大部分沙漠的沙由冲积物、湖积物或洪积物等受风力吹扬作用而形成。干旱的气候和风的作用是形成沙漠的主要原因,不合理的人为活动(如滥伐森林树木,破坏草原等)则可促进沙漠的形成。例如,我国陕西榆林地区,在明末清初的时候是个天然草原区,没有多少风沙。到了清朝乾隆年间,陕西和山西北部许多人移居到榆林以北关外去开垦,致使原来的草地露出了泥土,日晒风吹,尘沙就到处飞扬。由于长城外的风沙侵入,到解放以前,榆林地区关外30km都变成沙漠了。沙漠地区的共同特征是:气候干旱,日照强烈,温差悬殊(平均

年温差可达 30～50℃，日温差更大，夏天午间地面温度可达 60℃以上，夜间的温度
又降到 10℃以下），植被稀少，易溶盐多，风大沙多。在沙漠地区，风的作用特别活跃，
特别突出。

全世界沙漠面积约占地球陆地面积的 1/5，我国沙漠面积约 70 万 km^2。我国主
要的沙漠和沙地有：塔克拉玛干沙漠、古尔班通古特沙漠、巴丹吉林沙漠、腾格里沙
漠、乌兰布和沙漠、库布齐沙漠、毛乌素沙漠、小腾格里沙地、科尔沁沙地及河西走
廊沙地等。沙漠地区不但有重要的矿产资源，而且有一定的水土资源，但是沙漠给人
类带来很大危害，它吞没农田和村庄，埋没铁路和公路等交通设施。据史书记载，我
国丝绸之路上的楼兰古城，就是被沙漠吞没的。目前人类正在研究、改造、利用和治
理沙漠。

二、风成地貌

风成地貌是风力对地表岩石和风化碎屑物等的侵蚀、搬运和堆积过程中所形成的各
种地貌形态。风成地貌分为风蚀地貌和风积地貌两大类，其分布具有一定的分带性，一
般沿盛行风向分为三个相互过渡和相互联系的地带，即吹扬占优势的地带、风蚀风积带
和堆积占优势的地带。在吹扬占优势的地带形成风蚀地貌，在堆积占优势的地带形成风
积地貌。

1. 风蚀地貌

风蚀地貌是由风的吹扬作用及磨蚀作用所造成的。比较常见的风蚀地貌有以下
几种。

（1）石窝（风蚀壁龛）

陡峭的岩壁上，经风蚀形成大小不等、形状各异的小洞穴和凹坑。有分散的和群集
的，形成蜂窝状外貌。大的石窝称为风蚀壁龛，凹坑有时深达 10～25cm，口径可达
20cm 左右。

（2）风蚀蘑菇和风蚀柱

经长期的风蚀作用形成顶部大于下部的蘑菇形状，称为风蚀蘑菇，又称石蘑菇、风
蘑菇，如图 2-6-1 所示。形成风蚀蘑菇的原因通常有两种：一种是孤立突起的岩石的上
部岩石比下部岩石硬，抵抗风蚀的能力强；另一种是岩石组成均一，但接近地表夹沙气
流有更大的磨蚀力。如果垂直节理发育的岩石，经长期侵蚀形成的柱状地貌，称为风蚀
柱，如图 2-6-2 所示。

图 2-6-1 风蚀蘑菇

图 2-6-2 风蚀柱

（3）雅丹地貌（风蚀垄槽）

在冲积或湖积平原上，风蚀沿着软弱的地方以平行主风向的线状吹蚀为主，形成吹蚀槽地形，而在吹蚀槽之间的较坚硬地面则遗留下来，形成狭长的残余墩台，地面显得支离破碎，这就是雅丹地貌，如图 2-6-3 所示。

（4）风城地貌

在地层水平排列、软硬相间的地区，在流水侵蚀的基础上，经风力吹蚀作用可形成风城地貌，如图 2-6-4 所示。其外观类似片段的城堡或方形建筑物。

图 2-6-3 雅丹地貌

图 2-6-4 风城地貌

（5）风蚀洼地

在松散的沉积层覆盖的地区，由于风蚀作用形成椭圆形洼地。有时也能形成巨大围椅状风蚀洼地，洼地背风坡较陡。较深的风蚀洼地如以后有地下水溢出或存储雨水即可成为干燥区的湖泊，如中国呼伦贝尔沙地中的乌兰湖等。

（6）风蚀谷地与风蚀残丘

风蚀加宽加深冲沟所成的谷地，称为风蚀谷地。谷地无一定的形状，随着风蚀谷地的不断扩大，原始地面不断缩小，最后仅残留下一些孤立的小丘，即风蚀残丘。

2. 风积地貌

风积地貌亦称风沙地貌，是由风力对沙的搬运和堆积而形成。风积地貌是沙漠地区的主要特征，也是沙漠地区公路的主要危害。我国沙漠地区常见的风积地貌按其形态特征可分为以下几种。

（1）坦状沙地

坦状沙地是风积地貌中最简单的一种，是风力作用于沙质地面最原始的形态。主要分布在平坦开阔的地带，多是由各种成因不同的沉积物经过风的改造在原地形成的。一般厚度不大，平沙漫漫，没有明显起伏，仅在表面有风成沙波纹。在坦状沙地上，风沙流的活动强度是很大的，沙波纹是变化无常的，不仅位置经常变动，排列方向也随着风向而时常变化。

（2）沙堆

在风沙流活动的地区，由于草丛和灌丛对近地面的含沙气流有阻挡作用，沙粒沉落下来形成沙堆。

（3）沙丘

由于风力和风速的变化，原始地形的不同，沙丘的形状也不同，常见的有以下几种。

①新月形沙丘。新月形沙丘主要分布在地面平整，风向单一而稳定，气流中沙的含量不很丰富的沙漠边缘地带。其平面轮廓呈现新月形，沙丘两侧有顺风向延伸的两个翼，其交角大小取决于各地主导风向的强弱，风速越大，角度越小。两坡不对称，迎风坡凸出而平缓，背风坡凹入而较陡，斜坡之间有一明显的弧形脊梁。新月形沙丘高度一般为数米，个别可达十余米。这种单个的新月形沙丘，是活动性最大，移动速度最快的沙丘，如图 2-6-5 所示。

②新月形沙丘链。如沙源供应比较丰富，在新月形沙丘密集的地区，个体新月形沙丘逐渐发展增大，侧翼相互联结，便可形成曲折的沙丘链，称为新月形沙丘链，如图 2-6-6 所示。沙丘链一般高数米至数十米，较单个新月形沙丘的活动性小、移动速度慢。

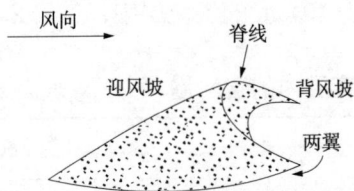

图 2-6-5　新月形沙丘

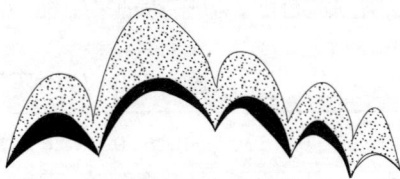

图 2-6-6　新月形沙丘链

③新月形沙垄（纵向新月形沙丘）。在两组风力不等、风向锐角斜交的情况下，新月形沙丘的一翼向前伸很长，而另一翼则相对退缩，形成平面外形如鱼钩状的新月形沙垄，亦称纵向新月形沙丘。

④纵向沙垄。纵向沙垄是在单一方向的风或方向相近的风的影响下形成的，顺着风向伸展，长数百米至数公里，高数米至数十米，垄顶呈尖棱形或圆弧形。纵向沙垄的形成可能有以下几种情况：由新月形沙垄继续发展而成；由灌丛沙堆连接演变而成；由沙质地面的吹扬和堆积而成，如图2-6-7所示。

图2-6-7　纵向沙垄

⑤金字塔沙丘。这种沙丘一般是零星的单个的分布。它具有三角形的斜面（倾斜度为25°～30°）、尖顶和狭窄的棱脊线，状如金字塔，高50～100m，一般有3～4个棱面，每一个棱面表示一种风向。这种沙丘多见于邻近山岭的地带，特别是山岭的迎风面。它在空间上是不移动的，只在规模上发展扩大。

三、风沙运动

风沙运动是指沙在风力作用下遭受吹扬、搬运和堆积的过程。研究风沙运动的规律，对于认识风沙地貌，防止公路沙害都是十分重要的。风沙运动通常分为风沙流与沙丘两种形式，它们是相互区别又相互联系的。

1. 风沙流

在沙漠地区，当风力吹经沙质地面时，将松散沙粒扬起，并带进运动的气流中随之前进，即形成风沙流，它是风沙运动最基本的形式。

风沙流中沙粒的运动形式有蠕移、跃移和悬移三种运动方式，最大的沙粒在地面作蠕移运动；最小的沙粒以悬移方式运动；其他沙粒以跃移方式移动。这三种方式中，以跃移为主，平均约占总输沙量的78%。风沙流中搬运的沙量，绝大部分是在地面30cm的高度范围内通过的，其中特别集中在地面以上0～10cm的气流层中，见表2-6-1。

风速为9.8m/s时不同高度气流层内的含沙量　　　　表2-6-1

高度（cm）	0～10	10～20	20～30	30～40	40～50	50～60	60～70
含沙量（%）	79.32	12.30	4.79	1.50	0.95	0.74	0.40

风沙流的强度一般以输沙率表示，输沙率是指风沙流在单位时间内通过单位宽度断面输送的沙的重量。输沙率随着起沙风风速的增大而迅速增加，与起沙风超过临界风速的差值的三次方成正比。在其他条件相同的情况下，一定的风速有一定的输沙率。当风沙流达到相应的输沙率时，它即处于饱和状态，此时由沙地表面进入气流中的沙量和从气流中沉落的沙量近似相等，既不产生吹蚀，也不产生堆积；如超过相应的输沙率，即处于过饱和状态时，则产生堆积；如未达到相应的输沙率，即处于未饱和状态时，则有利于吹蚀。

2. 沙丘

沙丘是具有一定形态的沙粒集合体，沙丘的移动是在风力作用下沙粒运动的总和。沙丘的运动也是通过风沙流的形式，但不同形态的沙丘各有其特点。

（1）新月形沙丘的移动

典型的新月形沙丘迎风坡缓而长，背风坡（即落沙坡）陡而短，丘顶有明显的脊线。新月形沙丘这种剖面特点，使得地表的连续渐变在丘顶有一个突然的转折。越过沙丘的风不能沿地表平滑地通过，便在背风面形成风荫区。在风荫区内虽有涡旋气流，但它们的平均向前流速很低。风沙流中的沙粒流经风荫区时，几乎全部沉落在落沙坡上。通过落沙坡的不断堆积和塌落，整个新月形沙丘不断移动。据此，可粗略推求沙丘的移动速度。

（2）新月形沙丘的移动分带

在成群分布的新月形沙丘地区，沙丘不同部位的风沙流运动具有明显的分带性，一般可分为以下四个带，即中立带，吹蚀带，交换带和堆积带，如图2-6-8所示。

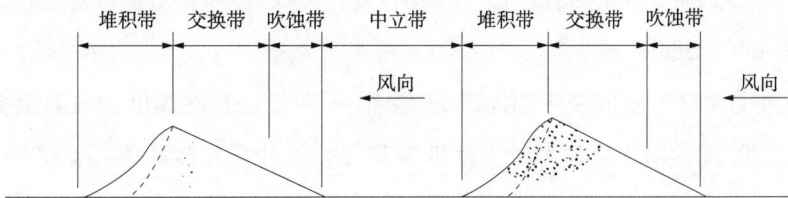

图 2-6-8　新月形沙丘的移动分带

①中立带。两个沙丘之间的空地为中立带。在这一带内，无论吹蚀作用或堆积作用都不能得到充分发展，故地表比较稳定。这一带的宽度主要取决于沙丘的高度和沙源的供应情况。沙丘越高，沙的供应不充分，此带越宽；反之，越窄。

②吹蚀带。在沙丘迎风坡的下部，约占迎风坡的1/3。这一带在主导风的作用下发

生吹蚀，起动的沙粒被向前搬运。

③交换带。在沙丘迎风坡的上部，约占迎风坡的 2/3。这一带地表原有沙粒在主导风的作用下被吹蚀搬运，同时又接受风沙流中来自吹蚀带中的部分沙粒的暂时停积，但总的趋势是风沙流的密度继续有所增大。

④堆积带。从丘顶脊线到落沙坡脚整个背风带都属于堆积带。越过脊线的风沙流几乎全部沉落在落沙坡上。

（3）沙丘移动的基本形式

沙丘移动的形式取决于当地的风型，分为以下几种形式。

①前进式。沙丘只朝一个方向向前移动，速度较快。这种方式是在单一方向或几个方向相近的风系作用下形成的。

②往返式。沙丘在一个方向风的作用下移动一定距离，然后在相反风的作用下又回到原来的位置。

③往返前进式。沙丘随风向变化有不同程度的往返运动，但总的趋势是向优势风向方面做较慢的移动。

④迂回式。因受局部地形的影响，气流发生干扰，使沙丘做迂回运动，前进速度很慢，或只在原地摆动。

（4）沙丘移动的总方向

沙丘移动的总方向是指全年（或某一个时期内）沙丘移动的总和方向。由于一个地区起沙风的方向和速度是随时间变化的，沙丘的移动方向和速度也是随之不断变化的。欲求沙丘在一个时期内移动的总方向，就需求这个时期内起沙风总的合成方向。可以根据附近气象台（站）和野外观测资料，绘出动力风向或起沙风矢量图确定。

（5）沙丘的移动速度

沙丘的移动速度主要取决于当地风的情况，同时与沙丘的高度、表面湿度、沙粒的粗细、植被的覆盖、起沙风频率及下伏地貌有关。若沙丘高度和表面湿度小，沙粒细，沙丘裸露，起沙风频率越大，下伏地表平坦，则沙丘移动速度就越快，反之就越慢。

（6）沙丘稳定性分类

沙丘按其稳定程度，通常可分为以下三类。

①固定沙丘。植被覆盖度在 50% 以上，或者有黏土结皮和盐结皮覆盖，沙丘表面风沙活动不显著。天然的固定沙丘多分布在湖或河的边缘以及流动沙丘的外围，并且一般为塚状。

②半固定沙丘。植被覆盖度在 15% ～ 50%，或者有部分黏土结皮和盐结皮覆盖，沙丘表面流沙呈斑点状分布，有显著的风沙活动。此沙丘多分布在沙漠边缘地带，属于过渡类型，稍加治理，即可稳定。

③流动沙丘。植被覆盖度在 15% 以下，甚至完全裸露，沙丘表面风沙流活动极为显著。此类沙丘的活动性，需要根据沙丘地貌类型，移动的基本形式及其影响移动速度的诸因素做出进一步的判断。

四、风沙危害

1. 风沙对公路的危害

风沙对公路的危害，主要表现为沙埋与风蚀，其中又以沙埋为主。

（1）沙埋

公路遭受的沙埋来自两种风沙运动：其一是在风沙流活动地区，由于路基的屏障作用，风速减弱，导致沙粒的沉落，堆积，掩埋路基；其二是在流动沙丘地区，由于沙丘向前移动，掩埋路基。

（2）风蚀

在沙漠地区，没有适当防护的路基及其两侧地面均可遭受风蚀。路基遭受风蚀会出现削低、掏空和坍塌等现象，从而造成路基的宽度和高度不足。两侧地面遭受风蚀，将引起路基不稳固和沙埋等不良后果。

2. 风沙地区修建公路应注意的问题

（1）路线设计应注意的问题

路线穿过沙漠地区时，宜尽量绕避严重的流沙地段，并尽可能选择在沙害较轻的地带通过。属于沙害较轻的地带有：①河岸、湖岸以及盐渍土分布的地带；②沙漠前沿的固定、半固定沙丘地带；③沙地下伏古河床的地带以及地下水溢出带；④大山或高地前缘的背风地带。

路线必须穿过流沙地区时，则应注意以下几点：①在经沙区最短的地方通过；②在沙丘起伏不大的地段通过；③在沙丘间的中立地带通过；④路线走向宜与当地的主风向大致平行；⑤尽量少用曲线，特别不宜用小半径曲线；⑥必须设置曲线时，只宜用在路堤地段并将凸弧朝向主风向。

（2）路基设计应注意的问题

为防治风沙危害，路基防护不仅应包括主体部分，还应包括路侧相当宽度的地带，因此需要有总体的规划与布置。

流沙地区的路基主体，无论路堤或路堑皆为疏松沙所组成，因此均需进行全面的固沙防护，以防止风蚀和保证路基的稳固。

植物固沙是防治沙害的根本措施。为防止破坏原有植被，引起新的沙源，路侧应设封沙育草带，禁止不合理的开垦、放牧与樵采。

为防治沙害，无论哪种情况，工程防护措施都是不可缺少的，在不宜采用植物固沙的地区工程防护措施即为唯一措施；在采用植物固沙的地区，修路初期为防治沙害并为植物固沙创造条件，工程防护措施也是不可缺少的过渡性措施。公路常用的工程防护措施有"固""阻""输"和"导"四种类型，可单独使用，也可配合使用，根据因地制宜、就地取材的原则加以选择。

任务实施

新疆沙漠公路升级改造工程穿越塔克拉玛干沙漠，其中419.6km属沙漠地段，以流动沙丘为主。拟建路线范围内的主要微地貌形态有新月形沙丘，沙梁及复合型沙丘等，众多单体沙丘沙梁相连形成新月形沙丘链，其延伸方向与起沙风方向垂直，运移方向与主导风向平行，沙丘链的长度为数百米至数千米，高数米至数十米不等，具有活动性强，危害性大的特点。在沙丘或沙丘链之间往往出现丘间或垅间低地，地势较开阔平缓，为流沙带间低地走廊，其上有小型新月形沙丘零星分布。

新疆沙漠公路通过流动沙丘区长度较大，存在沙埋路面的不利因素，因此固沙是保证道路通畅的重要环节，建议采取以下措施：①在路线两侧设置防风林及固沙草方格(宽度60～140m不等)，固沙效果较好，建议尽量加以保护，并采取国内外先进的固沙工艺，加强固沙效果。②固沙重点应放在线路迎主风一侧，做到两面兼顾。③K285+400～K289+300段采用草方格固沙体系，固沙效果较差，建议设计采取必要的固沙措施，以减小风沙对道路的危害。

回 拓展内容 ‖‖‖‖‖▶

世界上最长的沙漠高速公路

当今世界上最长的沙漠高速公路——京新高速的总里程约2 800km，京新高速的临白段要连续穿越巴丹吉林沙漠、腾格里沙漠以及乌兰布和沙漠三大沙漠，全长930km，其中500km路段为无人区。

工程人员是如何克服缺水、风沙和移动沙丘等困难，在沙漠中完成这项超级工程的呢？请观看《经济半小时》京新高速：穿越沙漠的巨龙，链接网址：https://tv.cctv.com/2017/03/02/VIDEvIbIVQM8ZxcX0lJwa6r8170302.shtml。

《走遍中国》20160831荒漠变通途

链接网址：https://tv.cctv.com/2016/08/31/VIDE6ZtkHIXHvY3EVPvnUGX4160831.shtml。

思考 与 练习

1. 什么是崩塌？崩塌给公路工程造成哪些危害？

2. 崩塌的形成必须具备哪些基本条件？简述崩塌的防治原则和措施。

3. 什么是岩堆？防治措施有哪些？

4. 滑坡的发生必须具备哪些条件？在野外路线测设中，怎样识别滑坡的存在？

5. 工程上对滑坡的防治措施常用"绕、排、挡、减、固"，请说明这五字措施的含义。

6. 什么是泥石流？泥石流的形成必须具备哪些条件？

7. 在可能发生泥石流的地段，应采取哪些措施？

8. 简述岩溶形成的基本条件。

9. 岩溶地区可能遇到哪些工程地质问题？应采取哪些防治措施？

10. 风成地貌的常见类型有哪些？风沙运动及常见的运动形式有哪些？

11. 风沙对公路会产生哪些危害？应采取哪些措施？

公路工程地质勘察

项目三

任务一　明确公路工程地质勘察方法与勘察阶段

学习目标	● 知识目标	❶ 掌握公路工程地质勘察阶段的划分和勘察内容。 ❷ 熟悉公路工程地质主要勘察方法。 ❸ 了解勘察资料的整理。
	● 能力目标	能阅读公路工程地质勘察报告。
	● 素质目标	培养安全生产意识、环境保护意识、突发事件处置与应急管理能力和法律意识。

任务描述

阅读某公路项目勘察报告，明确项目勘察阶段、勘察内容及勘察方法。

相关知识

公路工程建筑在地壳表面，是一种延伸很长的线性建筑物，通常要穿越许多自然地质条件十分不同的地区。它不仅受地质因素的影响，也受许多地理因素的影响，因此，公路工程地质勘察无论在内容、要求和方法上及广度、深度和重点等方面都有其自己的特点。

为了正确处理公路工程建筑与自然条件的关系，充分利用有利条件，避免或改造不利条件，需要进行公路工程地质勘察。即运用工程地质学的理论和方法，认识公路通过地带的工程地质条件，为公路工程的规划、设计和施工提供依据和指导。

《公路工程地质勘察规范》(JTG C20—2011)中对工程地质勘察的定义，是指为满足工程设计施工、特殊性岩土和不良地质处治的需要，采用各种勘察技术、方法，对建筑场地的工程地质条件进行综合调查、研究、分析、评价以及编制工程地质勘察报告的全过程。

工程地质勘察是一项综合性的地质工作，应结合工程设计按一定的程序开展工作，其程序应该是先进行工程地质调绘，再进行工程地质勘探、测试，最后综合分析，整理资料，编制工程地质勘察报告。

一、公路工程地质勘察的工作方法

（一）工程地质调绘

工程地质调绘是指通过现场观察、量测和描述，对工程建设场地的工程地质条件进行调查研究，并将有关的地质要素以图例、符号表示在地形图上的勘察方法。

工程地质调绘是工程地质勘察的一项基础性工作，应与路线及沿线工程结构相结合，为路线方案比选、工程场地选址以及勘探、测试工作量的拟定等提供依据。

工程地质调绘应沿路线及其两侧的带状范围进行，调绘宽度应满足工程方案比选及工程地质分析评价的要求。路线工程地质调查测绘一般沿路线中线或导线进行，测绘宽度多限定在中线两侧各 200～300m 的范围。在测绘范围内，各种观测点的位置都应与路线中线取得联系。实际工作中，路线工程地质调查测绘的主要任务之一，就是把已经绘好的路线带状地形图编制成路线带状工程地质图。工程地质调绘底图的比例尺不应小于工程地质图成图的比例尺。

工程地质调绘应充分收集、分析勘察区既有的各种地质资料，结合必要的遥感解译及勘探手段进行。对控制路线方案或影响工程结构设置的地质界线，应采用追索法、穿越法进行工程地质调绘。

工程地质调绘应包括以下主要内容：

（1）地形地貌的成因、类型、分布、规模、形态特征等；

（2）地层的成因、年代、层序、厚度、岩性和岩石的风化程度等；

（3）地质构造的类型 、产状、规模、分布范围等；

（4）地下水的类型、埋深、赋存、补给、排泄和径流条件，以及水系、井、泉的分布位置、高程和动态特征等；

（5）特殊性岩土的类型、分布范围及工程地质性质等；

（6）不良地质的类型、分布范围、规模、形成条件、发生与发展的规律等；

微课：
公路工程地质勘察概述

（7）既有工程的使用情况等。

需判明环境水、土的腐蚀性以及岩土的性质时，应采集样品进行分析。

工程地质调绘点在图上的密度每 100mm×100mm 不得少于 4 个。

工程地质调绘点应布置在地貌单元的边界、地层接触线、断层、地下水出露点、特殊性岩土及不良地质体的界线、具有代表性的节理和岩层露头及大桥、特大桥、长隧道、特长隧道、高填深挖路段等部位。

工程地质图上的地质界线与实际地质界线的误差在图上的距离不应大于 3mm。对控制路线位置、工程设计方案、工程结构设置的不良地质和特殊性岩土地段，地质点和地质界线应采用仪器测绘。

图上宽度大于 2mm 的地质现象应予以调绘。对公路工程有影响的滑坡、崩塌、断层、软弱夹层等地质现象，在图上的宽度不足 2mm 时，宜采用扩大比例尺表示，并标注其实际数据。

（二）工程地质勘探

1. 一般规定

当地表缺乏足够和良好的露头，不能对地下一定深度内的地质情况做出有充足根据的判断时，就必须进行适当的地质勘探工作。勘探是工程地质勘察的重要方法，是获取深部地质资料必不可少的手段。勘探工作必须在调绘的基础上进行，在进行勘探时，应充分利用地面调绘资料，合理布置勘探点，以减少不必要的工作量；同时，一方面利用地面调绘资料，分析勘探成果，以避免判断的错误；另一方面用勘探工作成果补充、检验和修改调绘工作的成果。

在初勘阶段，勘探点的位置与数量，应在工程可行性研究阶段的勘探基础上，视地质条件的复杂程度及实际需要而定。在详勘阶段，勘探点的数量，应满足各类工程施工图设计对工程地质资料的需要。具体要求可查阅有关规程和手册等。

2. 勘探方法

工程地质勘探方法很多，各有其优缺点和适用条件。应当结合不同工程对勘探目的、勘探深度的要求，勘探地点的地质条件，以及现有的技术和设备能力，合理地选用勘探方法。应开展综合勘探，互相验证，互相补充，提高质量。有条件时，应先进行物探，以指导布置钻探。下面简要叙述道路工程常用的勘探方法。

常用且简易的勘探方法有剥土、槽探和坑探。其优点是成本低，工具简单，进度快，能取得直观资料和原状土样；缺点是劳动强度大，勘探深度浅。因此，其只适用于一般工业及民用建筑、小桥涵、隧道进出口及大、中桥两侧桥台地基的勘探，也可用于了解覆盖层厚度和性质、追索构造等。

使用轻便工具如洛阳铲、锥具及小螺纹钻等进行轻便勘探。轻便勘探的优点是工具轻便，简单，容易操作，进尺快，成本低，劳动强度不大；缺点是不能取得原状土样，在密实或坚硬的地层中，一般不能使用。因此，轻便勘探适用于较疏松的地层。

当勘探深度较大，或地层不适宜采用简易勘探时，都可以用钻探。钻探基本不受地形、地层软硬及地下水深浅等条件限制，可以克服各种困难，直接从地下深处取出土石试样，满足对勘探的多种要求。因此，钻探仍是目前道路工程地质勘探的主要手段。但是钻探需要大量设备、经费和较多的人力，劳动强度较大，工期较长，往往成为野外工程地质工作控制工期的因素。此外，钻探工作必须在充分的地面测绘基础上，根据钻探技术的要求，选择合适的钻机类型，采用合理的钻进方法，安全操作，提高岩芯采取率，保证钻探质量，为工程设计提供可靠的依据。

地球物理勘探，简称物探，是以观测地质体的天然物理场或人工物理场的空间或时间分布状态，来研究地层物理性质和地质构造的方法。物探是一种先进的勘探方法，它的优点是效率高、成本低、装备轻便、能从较大范围勘察地质构造和测定地层各种物理参数等。合理有效地使用物探可以提高地质工作质量、加快勘探进度、节省勘探费用。因此，在勘探工作中应积极采用物探。

但是，物探是一种非直观的勘探方法，物探资料往往具有多解性，而且物探方法的有效性，取决于探测对象是否具备某些基本条件。限于目前的科技水平，还不能对任意形状、位置和大小的地质体进行物探解释。

当前工程地质工作中常用的物探方法主要有：电法勘探、地震勘探、声波探测、磁法勘探、触探和测井。其他的物探方法还有重力勘探、放射性勘探、电磁波探测、钻孔电视和地质雷达探测等，目前在工程地质勘测中已开始使用。

（三）试验及长期观测

1. 工程地质试验

工程地质试验是工程地质勘察中的重要工作之一，通过对所取土、石和水样进行各种试验及化验，取得各种必需的数据，用以验证、补充测绘和勘探工作的结论，并使这些结论定量化，作为设计和施工的依据。因此，取什么试样，做哪些试验和化验，都必须紧密结合勘察和设计工作的需要。此外，应当积极推行现场原位测试，以便更紧密地结合现场实际情况，同时做好室内外试验的对比工作。

（1）土、石试验

根据不同工程的要求，对原状土及扰动土样进行试验，求得土的各种物理－力学性质指标，如相对密度、重度、含水率、液塑限和抗剪强度等。进行岩石物理力学试验则是为了求得岩石的相对密度、重度、吸水率、抗压强度、抗拉强度、弹性模量和抗剪强度等指标。

这些试验为全面评价土、石工程性质及土、岩体的稳定性，为有关的工程设计打下基础。

（2）现场原位测试

现场原位测试包括静力触探、动力触探、十字板剪切、大面积剪切和载荷试验等。原位测试结果比室内试验结果更接近现场实际情况。

（3）水质化验和抽水试验

水质化验可以确定水中所含各种成分，从而正确确定水的种类和性质，以判定水的侵蚀性。对施工用水和生活用水做出评价，并联系不良地质现象说明水在其形成和发展过程中所起的作用。抽水试验是一种现场水文地质试验，主要目的是确定地下水的渗透系数，计算涌水量及采取供化验用的地下水水样。

2. 长期观测

在工程地质勘察工作中，常会遇到一些特殊问题，对这些问题的调查测绘往往不能在短时间内迅速得到正确而全面的答案，必须在全面调查测绘的基础上，有目的、有计划地安排长期观测工作，以便积累原始实际资料，为设计和施工提供切合实际的依据。长期观测工作根据其目的不同，既可在建筑物设计之前进行，也可在施工过程中同时进行，或在施工之后的使用过程中进行。

常遇到的长期观测问题有：

（1）已有建筑物变形观测

主要是观测建筑物基础下沉和建筑物裂缝的发展情况，常见的有对房屋、桥梁和隧道等建筑物变形的观测。取得的数据可用于分析建筑物变形的原因及建筑物稳定性，并采取适当的措施等。

（2）不良地质现象发展过程观测

各种不良地质现象的发展过程多是比较长期的逐渐变化的过程，例如滑坡的发展、泥石流的形成和活动以及岩溶的发展等。观测数据对了解各种不良地质现象的形成条件和发展规律有着重要意义。

（3）地表水及地下水活动的长期观测

地表水及地下水活动的长期观测主要是观测水的动态变化及其对工程的影响。常见的地表水活动观测是对河岸冲刷库坍岸的观测，为分析岸坡破坏形式和速度及修建防护工程的可能性提供可靠资料。地下水变化规律的长期观测资料则有多方面的用途。

此外，黄土地区地表及土体沉陷的长期观测和为控制软土地区工程施工进行的长期观测也是需要进行的工作。

由于长期观测的对象和目的不同，使用的方法、设备和观测内容等也有很大差别。

（四）勘察资料的整理与文件编制

公路工程地质勘察报告是勘察的主要成果，纳入设计文件的基础资料内。公路工程地质勘察报告包括总报告和工点报告，总报告和工点报告均应由文字说明和图表部分组成。

总报告文字说明应包括下列内容：

（1）前言：任务依据、目的与任务、工程概况、执行的技术标准、勘察方法及勘察工作量布置情况、勘察工作过程等；

（2）自然地理概况：项目所处的地理位置、气象、水文和交通条件等；

（3）工程地质条件：地形地貌、地层岩性、地质构造、岩土的类型和性质及物理力学参数、新构造运动、水文地质条件、地震与地震动参数、不良地质和特殊性岩土的发育情况、建筑材料等；

（4）工程地质评价与建议：包括公路沿线水文地质及工程地质条件评价、工程建设场地的稳定性和适宜性评价、不良地质与特殊性岩土及其对公路工程的危害和影响程度评价、环境水或土的腐蚀性评价、岩土物理力学性质及其设计参数评价、工程地质结论与建议等。

总报告图表应包括路线综合工程地质平面图、路线综合工程地质纵断面图、不良地质和特殊性岩土一览表等。

对于路基、桥梁、涵洞、隧道、路线交叉、料场、沿线设施等独立勘察对象，应编制工点报告。工点报告文字说明应对总报告的前言、自然地理概况和工程地质条件的内容进行简要叙述，并针对工点工程地质条件、存在的工程地质问题与建议等进行说明。工点报告应按工程结构的类型进行归类，综合考虑其建设规模和里程桩号等按序编排、分册装订。

二、公路工程地质勘察的阶段

公路工程地质勘察工作应按照公路建设规定的基本程序分阶段进行。基本建设程序是指基本建设项目在整个建设过程中各项工作的先后顺序，可划分为规划论证、设计、施工和竣工交付四个阶段。其中，最后一个阶段的工作是竣工验收和交付使用；在其余三个阶段中，对工程地质勘察工作有不同的要求，在广度、深度和重点等方面都是有差别的。

公路工程地质勘察可分为预可行性研究阶段工程地质勘察（简称预可勘察）、工程可行性研究阶段工程地质勘察（简称工可勘察）、初步设计阶段工程地质勘察（简称初步勘察）和施工图设计阶段工程地质勘察（简称详细勘察）四个阶段。

工程地质勘察一般不应超越阶段的要求，也不应将工作遗留到下一阶段去完成。不同阶段的公路工程地质勘察工作及其基本任务分述如下。

（一）预可勘察

预可行性研究是公路建设项目前期工作的重要组成部分，是建设项目立项和决策的重要依据。根据《公路建设项目可行性研究报告编制办法》的有关规定，预可行性研究阶段要求通过实地踏勘和调查，重点研究项目建设的必要性，初步确定建设项目的通道或走廊带，并对项目的建设规模、技术标准、建设资金、经济效益等进行分析论证，编制预可行性研究报告，为编制项目建议书提供依据。

预可勘察应采用资料分析、遥感图像解译和现场踏勘调查相结合的工作方法，对通道（或走廊带）的工程地质条件进行研究。

在预可行性研究阶段，路线方案的研究主要是路线的起终点、中间控制点（如城镇、规划区、重要的垭口等）为主的路线总体走向及走廊方案研究，以及跨越大江大河及重要垭口（可能出现特大型桥梁、特长大隧道）的位置的选择。

路线方案通常在1∶10 000～1∶50 000的地形图上进行研究，由于工作深度有限，具体线位难以确定，对一些方案的比选结果有时还难以取舍，有待工可阶段继续研究。

在预可行性研究阶段，对项目建设区域的工程地质条件更侧重于宏观地质条件的把握。

项目的工程投资主要根据工程建设经验所获得的指标进行类比估算。由于这类估算指标体现了一个地区某一级公路在特定地形条件下每公里的工程量或造价，隐含了地质条件对工程量或造价的影响，通过勘探测试获取岩土参数的工程结构设计通常不在预可行性研究阶段进行。

（二）工可勘察

工可勘察应初步查明公路沿线的工程地质条件和对公路建设规模有影响的工程地质问题，为编制工程可行性研究报告提供工程地质资料。

工可勘察应以资料收集和工程地质调绘为主，辅以必要的勘探手段，对项目建设各工程方案的工程地质条件进行研究，完成下列各项工作内容：

（1）了解各路线走廊或通道的地形地貌、地层岩性、地质构造、水文地质条件、地震动参数、不良地质和特殊性岩土的类型、性质、分布范围及发育规律。

（2）初步查明沿线水库、矿区的分布情况及其与路线的关系。

（3）初步查明控制路线及工程方案的不良地质和特殊性岩土的类型、性质、分布范围及发育规律。

（4）初步查明技术复杂大桥桥位的地层岩性、地质构造、河床及岸坡的稳定性、不良地质和特殊性岩土的类型、性质、分布范围及发育规律。

（5）初步查明长隧道及特长隧道隧址的地层岩性、地质构造、水文地质条件、隧道围岩分级、进出口地带斜坡的稳定性、不良地质和特殊性岩土的类型、性质、分布范围及发育规律。

（6）了解控制路线方案的越岭地段、区域性断裂通过的峡谷、区域性储水构造，初步查明其地层岩性、地质构造、水文地质条件及潜在不良地质的类型、规模、发育条件。

（7）初步查明筑路材料的分布、开采、运输条件以及工程用水的水质、水源情况。

（8）评价各路线走廊或通道的工程地质条件，分析存在的工程地质问题。

（9）编制工程可行性研究阶段工程地质勘察报告。

工程地质调绘应符合下列规定：

（1）应对区域地质、水文地质以及当地采矿资料等进行复核，对区域地层界线、断层线、不良地质和特殊性岩土发育地带、地下水排泄区等应进行实地踏勘，并做好复核记录。

（2）工程地质调绘的比例尺为 1：10 000 ～ 1：50 000，范围应包括各路线走廊或通道所处的带状区域。

遇有下列情况，当通过资料收集、工程地质调绘不能初步查明其工程地质条件时，应进行工程地质勘探：

（1）控制路线及工程方案的不良地质和特殊性岩土路段；

（2）特大桥、特长隧道、地质条件复杂的大桥及长隧道等控制性工程；

（3）控制路线方案的越岭路段、区域性断裂通过的峡谷、区域性储水构造；

（4）跨江、海独立公路工程建设项目。

工可勘察报告应提供下列资料：

（1）文字说明：应对公路沿线的地形地貌、地层岩性、地质构造、水文地质条件、新构造运动、地震动参数等基本地质条件进行说明；对不良地质和特殊性岩土应阐明其类型、性质、分布范围、发育规律及其对公路工程的影响和避开的可能性；若路线通过区域性储水构造或地下水排泄区，应对路线方案有重大影响的水文地质及工程地质问题进行充分论证、评价；特大桥及大桥、特长隧道及长隧道等控制性工程，应结合工程方案的论证、比选，对工程地质条件进行说明、评价，提供工程方案论证、比选所需的岩土参数。

（2）图表资料：1∶10 000～1∶50 000 路线工程地质平面图；1∶10 000～1∶50 000 路线工程地质纵断面图；1∶2 000～1∶10 000 重要工点工程地质平面图；1∶2 000～1∶10 000 重要工点工程地质断面图；附图、附表和照片等。

在工程可行性研究阶段，路线方案的研究要求在 1∶10 000 或更大比例尺的地形图上进行，路线及工程方案虽较预可阶段更明确，但鉴于研究的比例尺仍比较小，且工作深度有限，具体线位有待进一步研究，公路沿线的构筑物设置和路线上的纵向填挖情况等随着后续设计工作的深入均可能出现一定的变化，从工程方案的研究总体来看还是粗线条的。在工程可行性研究阶段，对公路沿线工程地质条件的勘察更侧重于对宏观地质条件的把握，地质勘察虽较预可阶段有所加深，但仍然是概略的、初步的。

（三）初步勘察

初步设计是工程的方案设计。根据《公路工程基本建设项目设计文件编制办法》的有关规定，在初步设计阶段，要求基本确定路线、路基、桥梁、隧道、交叉工程及沿线设施等工程的设计方案，计算各项工程数量，初步拟定施工方案，编制设计概算。

初步勘察应基本查明公路沿线及各类构筑物建设场地的工程地质条件，为工程方案比选及初步设计文件编制提供工程地质资料。提供设计使用的工程地质资料必须满足工程方案论证、比选的需要，基于地质资料做出的工程设计在施工图阶段不得由于本阶段地勘工作的深度不够而出现重大变更，工程造价不得突破设计概算。

初步勘察工作内容主要包括：

（1）基本查明公路沿线的区域地质、水文地质和工程地质条件，为路线方案比选及重要工程选址提供水文地质及工程地质资料。

（2）基本查明各类构筑物建设场地和地基的地质条件，为选择构筑物的结构类型和地基基础方案设计提供地质资料。

（3）基本查明不良地质的类型、规模、分布、诱因、发展趋势，评价其对公路工程的影响程度和绕避的可能性，提供工程方案设计所需的地质资料。

（4）基本查明特殊性岩土的成因、类型、分布范围、厚度、地层结构，评价其对公路工程的影响程度和绕避的可能性，提供工程方案设计所需的地质资料。

（5）收集公路沿线地震动参数及地震安全性评价资料。

（6）对工程项目实施有可能诱发的地质灾害进行预测，研究其对公路工程的影响程度，并对重大地质问题开展专题研究。

（7）对工程建设场地的适宜性和优劣进行评价、比选，并提出工程地质意见和建议。

（8）基本查明沿线筑路材料的类别、料场位置、储量及开采条件。

（9）编制初步勘察报告。

公路工程涉及的地质问题具有面广、复杂的特点，采用单一的手段往往难以取得各类工程方案比选、设计所需的地质资料。在初步设计阶段，应结合路线及各类构筑物的工程方案设计，根据现场地形地质条件，采用遥感解译、工程地质调绘、钻探、物探、原位测试等手段相结合的综合勘察方法，对路线及各类构筑物工程建设场地的工程地质条件进行勘察。

公路工程是在特定的地质环境中进行建设的，公路工程的施工、运营必然会对地质环境造成影响，并受到地质环境的制约和作用。在进行公路建设的过程中，由山体开挖造成的工程滑坡，由隧道修建造成的地表水源干涸等地质问题较多，初步勘察应对工程项目建设可能诱发的地质灾害和地质问题进行分析、预测，评估其对公路工程和环境的影响。

（四）详细勘察

根据《公路工程基本建设项目设计文件编制办法》的有关规定，在施工图设计阶段，要求确定路线具体位置，确定路基、桥梁、隧道、交叉工程以及沿线设施等各类构筑物的结构形式、尺寸，绘制设计详图，计算各项工程数量，提出施工组织计划，编制施工图预算。

详细勘察应查明公路沿线及各类构筑物建设场地的工程地质条件，为施工图设计提供工程地质资料。提供设计使用的工程地质资料必须满足施工图设计的需要，基于地质资料做出的工程设计在项目实施过程中不得由于地勘工作的深度不够而出现重大变更，工程造价不得突破设计预算。

详细勘察工作内容主要包括：

（1）查明公路沿线的水文地质及工程地质条件，为确定路线和沿线各类构筑物的具体位置提供地质依据。

（2）查明各类构筑物建设场地和地基的工程地质条件，为确定各类构筑物的结构类型、尺寸和地基基础的施工图设计提供地质资料。

（3）查明不良地质的分布、类型、规模、诱因、发展趋势，为确定路线通过的位置或整治工程的施工图设计提供地质资料。

（4）查明特殊性岩土的类型、分布范围、厚度、性质，为确定路线的位置或地基处置工程的施工图设计提供地质资料。

（5）查明地下水的类型、分布、埋藏条件及动态变化规律，评价环境水的腐蚀性。

（6）查明沿线筑路材料的类别、料场位置、储量及开采条件。

（7）对各类构筑物建设场地的工程地质条件进行评价，分析存在的工程地质问题，提出工程地质意见和建议。

（8）编制详细工程地质勘察报告。

详细勘察应充分利用初勘取得的各项地质资料，采用以钻探、测试为主，调绘、物探、简易勘探等手段为辅的综合勘察方法，对路线及各类构筑物建设场地的工程地质条件进行勘察。

任务实施

阅读某大桥工程地质勘察说明（图 3-1-1、图 3-1-2），明确此桥工程勘察阶段、内容和方法。

某大桥工程地质勘察说明

1. 勘察概况

（1）桥梁概况

某大桥顺黄河西岸布设于黄河河谷，桥梁起讫桩号为 K171+650～K172+070，中心桩号为 K171+860，桥长 420m，上部结构预采用 14×30m 跨径的预应力混凝土连续箱梁，下部桥台预采用桩式台，桥墩预采用柱式墩，基础均预采用桩基础。依照相关规范对该桥进行勘察，勘察阶段为详勘。

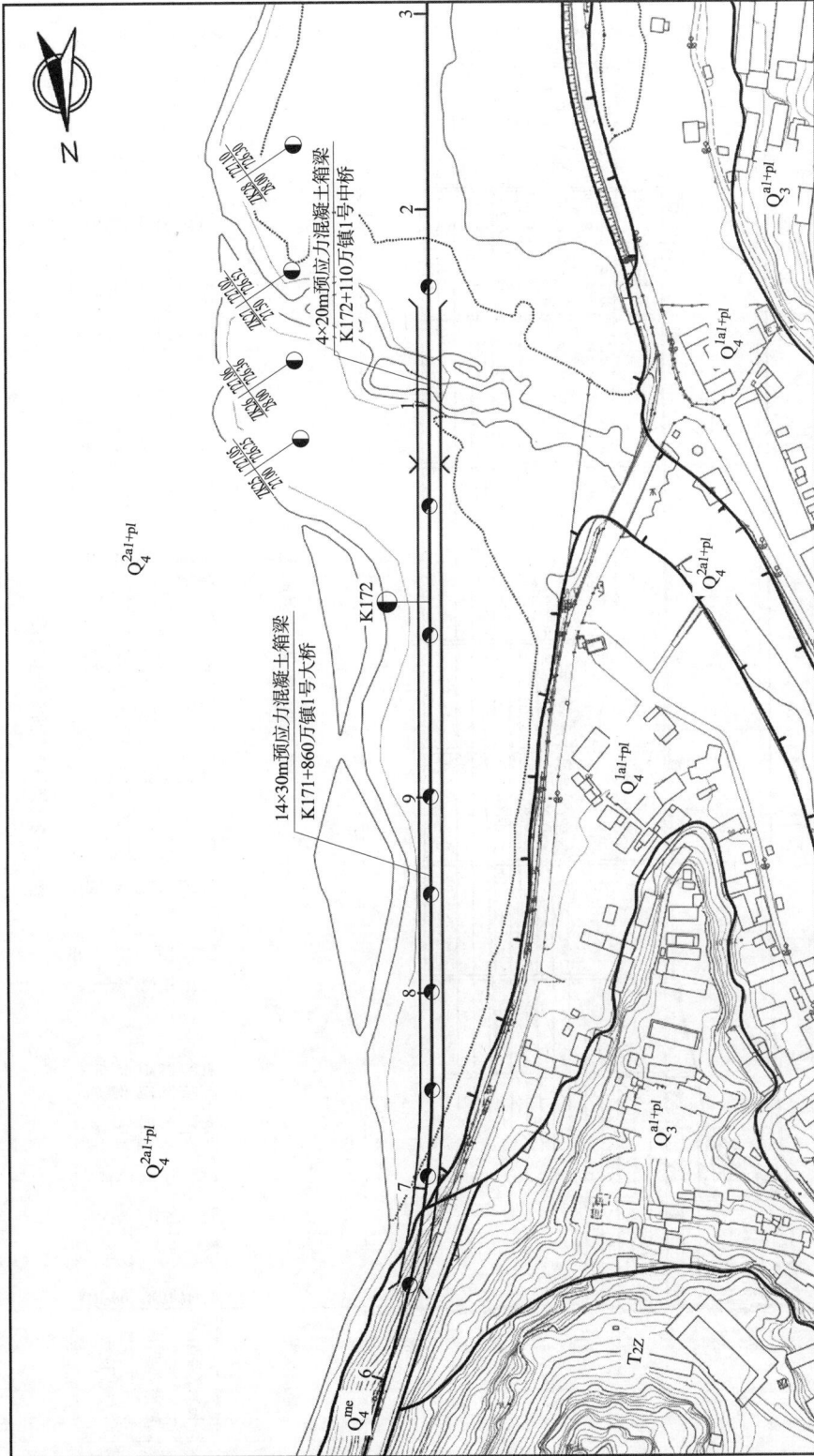

图 3-1-1　桥位工程地质平面图

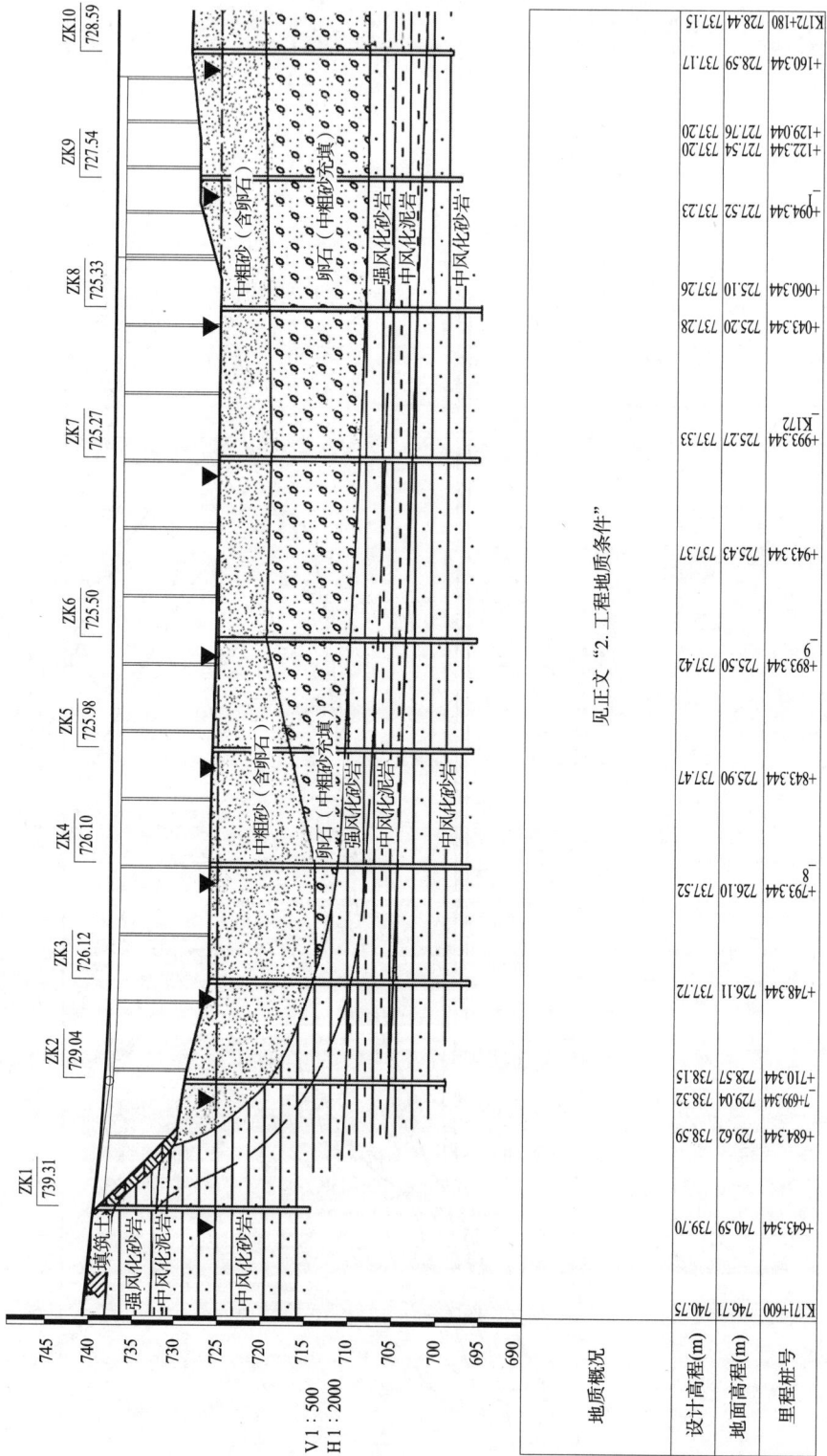

图 3-1-2 桥位工程地质纵断面图

里程桩号	K171+600	+643.344	+684.344 +699.344 +710.344	+748.344 +793.344	+843.344	+893.344	+943.344	+993.344	+043.344 +060.344	+094.344 +122.344 +129.044	+160.344 +172+180
地面高程(m)	740.75	740.59	738.59 738.32 738.57	737.72 726.11	726.10	725.50	725.43	725.27	725.20 725.10	727.52 727.54 727.76	728.59 728.44
设计高程(m)	746.71	739.70	738.15 729.04 729.62	737.72 726.11	737.52	737.42	737.37	737.33	737.28 737.26	737.23 727.54 737.20	737.17 737.15
地质概况	见正文 "2. 工程地质条件"										

（2）目的与任务

本次依据详细工程地质勘察技术要求，参照相关技术规范，查明桥址区的工程地质条件及重要工程地质问题，并作出评价，为施工图设计提供必要的工程地质资料及相关设计参数。具体任务是：

①详细查明桥址区地貌的成因、类型、形态特征、河流及沟谷岸坡稳定状况和地震动参数；

②详细查明桥址区地质构造类型、规模、产状、活动性，破碎带宽度、物质组成、胶结程度及其与桥位的关系；

③详细查明桥址区覆盖层的厚度、土质类型、分布范围、地层结构，密实度和含水状态；

④详细查明桥址区基岩的埋深、起伏，地层及其岩性组合，岩石风化程度及节理发育程度；

⑤详细查明桥址区地基岩土的物理力学性质及桥基土承载力和桩侧土摩阻力；

⑥详细查明桥址区特殊性岩土和不良地质的类型、分布及性质；

⑦详细查明桥址区地下水的类型、分布、水质和环境水的腐蚀性；

⑧编制桥梁详细工程地质勘察报告。

（3）技术依据

本次工作依据的主要技术规范、规程：

①《公路工程地质勘察规范》（JTG C20—2011）；

②《公路工程技术标准》（JTG B01—2014）；

③《公路桥涵设计通用规范》（JTG D60—2015）；

④《公路桥涵地基与基础设计规范》（JTG 3363—2019）；

⑤《公路桥梁抗震设计规范》（JTG/T 2231-01—2020）；

⑥《公路工程岩石试验规程》（JTJ E41—2005）；

⑦《公路土工试验规程》（JTG 3430—2020）；

⑧《公路工程集料试验规程》（JTG E42—2005）。

（4）勘察工作方法、日期及完成工作量

本次采用工程地质测绘、工程钻探、原位测试、室内岩土试验等综合手段进行了工程地质勘察工作。本次工程地质勘察外业于2021年05月03日开始，2021年05月08日结束，随后进入室内试验及资料整理阶段。本次完成工作量见表3-1-1。

勘察完成工作量统计表 表 3-1-1

项　　目		单　　位	工 作 量	备　　注
测量	勘探点测量	点/次	10	
地质调绘	比例尺 1：2000	km²	0.28	
钻探	钻孔	m/孔	295/10	
	岩土取样 原状样	件	—	
	岩土取样 扰动样	件	19	
	岩土取样 岩样	件	18	
	岩土取样 水样	件	—	
岩土试验	原位测试 标准贯入试验(SPT)	次	24	
	原位测试 重型动力触探试验(DPT)	m	1.5	
	室内试验 土样常规试验	件		
	室内试验 扰动样筛分试验	件	19	
	室内试验 岩石抗压试验	件	6	
水文地质观测	钻孔地下水位观测	次	10	

2. 工程地质条件

(1)地形、地貌

拟建桥梁布设于黄河西岸河滩上,地形平缓,河滩宽阔,由河床及漫滩构成,漫滩高出河床约 0.4～0.6m。出露第四系全新统冲洪积砂卵石,下伏三叠系中统纸坊组砂泥岩。桥址区地形及地貌较为简单。

(2)地层岩性

桥址区及附近出露第四系人工堆积层、全新统现代河床冲洪积层及三叠系中统纸坊组砂泥岩层。根据地面调绘和钻孔揭露,现将桥址区的地层由老至新分述如下:

①三叠系中统纸坊组(T_2Z):岩性为砂泥岩,青灰色及红褐色,风化裂隙发育,岩芯呈碎块状及柱状,出露于小里程桥台或下伏于整个桥址区。

②第四系全新统现代河床冲洪积层(Q_4^{2al+pl}):岩性主要为砂卵石,灰褐色,稍密至中密,饱和,磨圆度较好,分选性较差,砂土充填,覆盖于整个桥址区。

③第四系全新统人工堆积层(Q_4^{me}):岩性主要为填筑土,为近年来修路堆填,深褐色,稍湿,主要为粉质黏土及碎块石,土质不均匀。

（3）水文地质条件

桥址区地表水系主要为黄河河水，河床宽300～500m，水深流急，河流比降0.794‰。

桥址区内地下水主要为基岩裂隙水和松散层孔隙水两类。松散岩类孔隙水主要赋存在黄河河滩出露的砂卵石层内，含水层结构松散，水量丰富，水位埋深一般0.1～3.6m；基岩裂隙水，主要赋存在桥址区下伏的三叠系中统纸坊组砂泥岩裂隙中，岩层裂隙发育，富水性良好。

地下水的补给、径流和排泄主要受气候、地形、含水层组类型及地质构造等因素的制约。松散岩类孔隙水以大气降水、地表水的渗入补给为主。基岩裂隙水主要为地表水下渗补给和地表水侧向补给，通过基岩面并在节理裂隙内汇集。

桥址区地下水及地表水对对钢筋混凝土具微腐蚀性。

（4）新构造运动及地震

桥址区地质构造单元属华北陆台鄂尔多斯台地（陕北构造盆地）的一部分，在构造上是一个台向斜，地质构造相对稳定，地层简单。出露三叠系青灰色 - 红色砂岩、紫红色 - 灰绿色泥岩岩层，一般岩层倾角2°～5°，无明显大型褶皱构造，断层不发育，历史记载未发生过破坏性地震。

第四纪以来，区内新构造运动表现为间歇性上升，西部地壳上升幅度大于东部，在地势上表现为西高东低，北高南低，在地貌上表现为以流水作用为主的侵蚀地貌，地壳震荡性上升伴随河流下切，沿大河形成了多级高阶地和基岩斜坡。

依据《中国地震动参数区划图》（GB 18306—2015）及《陕西省一般建设工程地震动参数表》，桥址区地震基本烈度为Ⅵ度，地震动峰值加速度$a=0.05g$（g为重力加速度），反应谱特征周期$T=0.35s$。

（5）不良地质与特殊性岩土

桥址区布设于黄河河滩上，地形平坦、地势开阔，无不良地质现象发育，工程地质条件较好。

桥址区地层岩性主要为第四系全新统现代河床冲洪积砂卵石及三叠系纸坊组砂泥岩，无影响桥基稳定的特殊性岩土分布，桥基岩土条件较好。

3.桥址区工程地质问题与评价

（1）区域稳定性评价

桥址区构造简单，未发现有影响桥位稳定的地质构造，桥梁墩台处地层稳定，适宜建桥。

根据《公路桥梁抗震设计规范》(JTG/T 2231-01—2020)相关规定，结合桥址区岩土工程性质、地形地貌等特点，桥址区建筑场地属抗震有利地段，土的类型属中硬土，建筑场地类别为Ⅱ类。

(2)桥基岩土工程地质分层

根据钻探揭示的地层岩性，结合原位测试、室内物理力学试验及工程地质调绘等成果，将桥基岩土体可划分为7个工程地质层。现自上而下将桥址区地层岩性及其物理力学指标性质描述如下：

① 1填筑土(Q_4^{me})：主要为近年来修路碾压的堆填土，深褐色，稍湿，成分主要为粉质黏土及碎块石，土质不均匀。承载力基本容许值$[f_{a0}]$=180kPa，摩阻力标准值q_{ik}=45kPa，土石工程分级为Ⅱ级。

② 5中粗砂(Q_4^{2al+pl})：灰褐色，松散-稍密，饱和，砂质不均匀，含大量卵砾石，含量约占20%～30%。承载力基本容许值$[f_{a0}]$=200kPa，摩阻力标准值q_{ik}=45kPa，土石工程分级为Ⅰ级。

③ 6-2卵石(Q_4^{2al+pl})：灰褐色，松散-稍密，饱和，砂质不均匀，含大量卵砾石，含量约占20%～30%。承载力基本容许值$[f_{a0}]$=500kPa，摩阻力标准值q_{ik}=120kPa，土石工程分级为Ⅲ级。

④ 1-1强风化泥岩(T_2Z)：褐红色，泥质结构，厚层理构造，风化裂隙发育，岩芯呈碎块状、短柱状，岩质软，饱和状态用手可以掰断。承载力基本容许值$[f_{a0}]$=400kPa，摩阻力标准值q_{ik}=80kPa，土石工程分级为Ⅲ级。

⑤ 1-2中风化泥岩(T_2Z)：褐红色，泥质结构，厚层理构造，风化裂隙不发育，岩芯呈长柱状，岩质较软，锤击易碎。承载力基本容许值$[f_{a0}]$=600kPa，摩阻力标准值q_{ik}=100kPa，土石工程分级为Ⅳ级。

⑥ 2-1强风化砂岩(T_2Z)：青灰色，细粒结构，水平层理构造，矿物以长石石英为主，风化裂隙发育，岩芯呈短柱，岩质软，锤击易碎。承载力基本容许值$[f_{a0}]$=500kPa，摩阻力标准值q_{ik}=120kPa，土石工程分级为Ⅳ级。

⑦ 2-2中风化砂岩(T_2Z)：青灰色，细粒结构，水平层理构造，矿物以长石石英为主，风化裂隙不发育，岩芯呈长柱状，一般柱长大于20cm，岩质较硬。承载力基本容许值$[f_{a0}]$=800kPa，土石工程分级为Ⅴ级。

(3)墩台稳定性评价及基础类型选取

拟建桥梁的小里程桥台位于黄河西岸基岩斜坡处，地形较起伏，河岸较陡峭，出露三叠系中统纸坊组砂泥岩。桥台处岩层水平，层位稳定，桥台较稳定。

桥墩及大里程桥台均位于黄河河滩上，地形平坦，岩层稳定，墩台稳定性良好。

桥梁建成后墩台均会遭受河流冲刷侵蚀，建议对桥梁墩台进行临河防护。

根据桥址区地层结构，小里程桥台处覆盖薄层填筑土，结构松散，将其清除后宜采用扩大基础。大里程桥台及桥墩布设于河滩上，墩台处上部分布砂卵石层，下伏三叠系砂泥岩，基础类型宜采用嵌岩桩基础，桩端应伸入中风化砂岩一定深度。

4. 结论及建议

（1）通过勘探，详细查明了桥址区工程地质、水文地质条件，取得的资料可以满足施工图设计要求。

（2）桥址区处于河谷阶地工程区，未发现重大不良地质现象，适宜桥梁建设。

（3）根据桥址区桥基岩土工程特征，建议拟建小里程桥台采用扩大基础，大里程桥台及桥墩采用嵌岩桩基础，桩端应伸入中风化砂岩一定深度。

（4）桥址区所在区地震动反应谱特征周期为 0.35s，地震动峰值加速度 0.05g，对应地震基本烈度Ⅵ度。

（5）拟建桥梁布设于河漫滩上，桥梁墩台易被流水冲刷侵蚀，影响墩台稳定，建议对临河处桥梁墩台做临河防护措施。

（6）桥址区地表水、地下水对混凝土及混凝土中的钢筋具微腐蚀性。

任务二 明确公路工程地质勘察工作内容及要求

学习目标	● 知识目标	❶ 熟悉公路工程地质勘察内容。 ❷ 熟悉公路工程地质勘察要求。
	● 能力目标	能下达公路工程地质勘察任务。
	● 素质目标	培养安全生产意识、环境保护意识、突发事件处置与应急管理能力和法律意识。

任 务 描 述

通过公路工程地质勘察相关知识的学习，查阅技术规范以及相关文献资料，编写公路工程地质勘察任务委托书。

相关知识

微课：
公路工程地质问题
与勘察

一、路线工程地质勘察

（一）路线初勘

路线方案比选是初步设计阶段重要的工作内容。沿线的地形地貌、地层岩性、地质构造、水文地质条件对路线方案的比选具有重要意义，而不良地质及特殊性岩土的分布范围和性质、区域性活动断裂、区域含水构造、有可能形成滑坡等地质灾害的不良地质体、控制斜坡或路堑边坡稳定的地质结构以及对路堤稳定性有影响的软弱地层的发育情况等，在路线方案比选和大型桥隧工程选址方面往往是起控制作用的地质因素。对上述各类地质条件，结合路线方案比选和构筑物的选址予以查明十分必要。

路线初勘应基本查明下列内容：

（1）地形地貌、地层岩性、地质构造、水文地质条件；

（2）不良地质和特殊性岩土的成因、类型、性质和分布范围；

（3）区域性断裂、活动性断层、区域性储水构造、水库及河流等地表水体、可供开采和利用的矿体的发育情况；

（4）斜坡或挖方路段的地质结构，有无控制边坡稳定的外倾结构面，工程项目实施有无诱发或加剧不良地质的可能性；

（5）陡坡路堤、高填路段的地质结构，有无影响基底稳定的软弱地层；

（6）大桥及特大桥、长隧道及特长隧道等控制性工程通过地段的工程地质条件和主要工程地质问题。

鉴于在初步设计阶段，路线方案的比选通常在工可确定的路线走廊内进行，对特殊性岩土和不良地质，尤其是大面积分布、性质复杂的特殊性岩土和不良地质，工程地质选线以避让为主，路线设计侧重于对其在平面上分布情况的了解和把握，采用以工程地质调绘为主，辅以必要的勘探、测试手段，对沿线的工程地质条件进行勘察。

工程地质调绘应符合下列规定：

（1）二级及二级以上公路，应进行路线工程地质调绘。三级及三级以下公路，当工程地质条件简单时，可仅作路线工程地质调查；当工程地质条件复杂或较复杂时，宜进行路线工程地质调绘。

（2）路线工程地质调绘的比例尺为 $1:2\,000\sim1:10\,000$，视地质条件的复杂程度选用。

（3）路线工程地质调绘应沿路线及其两侧的带状范围进行，调绘宽度沿线左右两侧的距离各不宜小于200m。

（4）对有比较价值的工程方案应进行同等深度的工程地质调绘。

工程地质勘探、测试应符合下列规定：

（1）隐伏于覆盖层下的地层接触线、断层、软土等对填图质量或工程设置有影响的地质界线、地质体，应辅以钻探、挖探、物探等予以探明。

（2）特殊性岩土应选取代表性试样测试其工程地质性质。

路线初勘应提供下列资料：

（1）文字说明：应对各路线方案的水文地质及工程地质条件进行说明，并进行分析、评价，结合工程方案的论证、比选提出工程地质意见和建议。

（2）图表资料：$1:2\,000\sim1:10\,000$ 路线工程地质平面图；$1:2\,000\sim1:10\,000$ 路线工程地质纵断面图；勘探、测试资料；附图、附表和工程照片等。

（二）路线详勘

路线详勘应查明公路沿线的工程地质条件，为确定路线和构筑物的位置提供地质资料。路线详勘应对初勘资料进行复核，勘察内容同初勘。当路线偏离初步设计线位较远或地质条件需进一步查明时，应进行补充工程地质调绘，补充工程地质调绘的比例尺为1:2 000。

路线详勘应提供下列资料：

（1）文字说明：应对路线上的水文地质及工程地质条件进行说明，并对其进行分析、评价。

（2）图表资料：1:2 000～1:10 000 路线工程地质平面图；1:2 000～1:10 000 路线工程地质纵断面图；勘探、测试资料；附图、附表和工程照片等。

二、一般路基

（一）一般路基初勘

一般路基是指在正常的地质与水文条件下，填方高度和挖方深度小于规范规定的高度及深度的路基。

一般路基初勘应根据现场地形地质条件，结合路线填挖设计，划分工程地质区段，分段基本查明下列内容：

（1）地形地貌的成因、类型、分布、形态特征和地表植被情况；

（2）地层岩性、地质构造、岩石的风化程度、边坡的岩体类型和结构类型；

（3）层理、节理、断裂、软弱夹层等结构面的产状、规模、倾向于路基的情况；

（4）覆盖层的厚度、土质类型、密实度、含水状态和物理力学性质；

（5）不良地质和特殊性岩土的分布范围、性质；

（6）地下水和地表水发育情况及腐蚀性。

一般路基工程地质调绘可与路线工程地质调绘一并进行；工程地质条件较复杂或复杂，填挖变化较大的路段，应进行补充工程地质调绘，工程地质调绘的比例尺宜为1:2 000。

一般路基的填挖高度较小，地质条件相对比较简单，采用挖探、螺纹钻等简易勘探手段即可满足勘察要求。但对挖方深度较深或路基填筑高度较高、地基软弱或有软弱下卧层发育、半填半挖路基的下伏基岩面横坡较陡，对路堤的稳定性有不良影响等需进一步探明地质情况时，挖探、螺纹钻等简易勘探手段有时难以满足勘探要求，应根据现场情况选用静力触探、钻探、物探等探明深部地质情况。

工程地质勘探、测试应符合下列规定：

（1）勘探测试点的数量：工程地质条件简单时，每千米不得少于 2 个，做代表性勘探；工程地质条件较复杂或复杂时，应增加勘探测试点数量。

（2）勘探深度小于 2.0m 时，可选择挖探、螺纹钻进行勘探。当深部地质情况需进一步探明时，可采用静力触探、钻探、物探等进行综合勘探。

（3）勘探应分层取样。粉土、黏性土应取原状样，取样间距 1.0m；砂土、碎石土取扰动样，取样间距 1.0m，可通过野外鉴定或原位测试判明其密实度。

（4）地下水发育时，应量测地下水的初见水位和稳定水位。

（5）室内测试项目可按表 3-2-1 选用。

一般路基室内测试项目表　　　　　表 3-2-1

测 试 项 目		粉土、黏性土	砂　　土	碎 石 土
颗粒分析		(+)	+	+
天然含水率 w（%）		+	(+)	(+)
密度 ρ（g/cm³）		(+)	(+)	(+)
塑限 w_P（%）		+		
液限 w_L（%）		+		
压缩系数 a（MPa⁻¹）		(+)		
剪切试验	黏聚力 c（kPa）	(+)	(+)	(+)
	内摩擦角 φ（°）			

注："+"为必做项目；"(+)"为选做项目。

（6）特殊性岩土应选取代表性试样测试其工程地质性质。

一般路基初勘应提供下列资料：

（1）一般路基可列表分段说明工程地质条件。当列表不能说明工程地质条件时，应编写文字说明和图表。

（2）文字说明：应分段说明填、挖路段的工程地质条件。基底有软弱层发育的填方路段，应评价路堤产生过量沉降、不均匀沉降及剪切滑移的可能性。挖方路段有外倾结构面时，应评价边坡产生滑动的可能性。

（3）图表资料：1：2 000 工程地质平面图；1：2 000 工程地质纵断面图；1：100 ～

1:400 工程地质横断面图；1:50～1:200 挖探(钻探)柱状图；岩土物理力学指标汇总表；水质分析资料；物探解释成果资料；附图、附表和照片等。

(二)一般路基详勘

一般路基详勘应在确定的路线上查明各填方、挖方路段的工程地质条件，详勘内容同初勘，应对初勘调绘资料进行复核。

当路线偏离初步设计线位或地质条件需进一步查明时，应进行补充工程地质调绘，补充工程地质调绘的比例尺为1:2 000。

勘探测试点宜沿确定的路线中线布置，每段填、挖路基勘探测试点的数量不宜少于1个，做代表性勘探；地质条件变化大时，应增加勘探测试点数量。勘探深度、取样、测试等应符合初勘规定。

三、高路堤

(一)高路堤初勘

填土高度大于20m，或填土高度虽未达到20m但基底有软弱地层发育，填筑的路堤有可能失稳、产生过量沉降及不均匀沉降时，应按高路堤进行勘察。其特点是填筑工程数量大，占地面积大，对地基的承载力和稳定性要求较高。从工程实践来看，高路堤出现的稳定性问题较多。

高路堤勘察应基本查明下列内容：

(1)高填路段的地貌类型、地形的起伏变化情况及横向坡度；

(2)地基的土层结构、厚度、状态、密实度及软弱地层的发育情况；

(3)基岩的埋深和起伏变化情况；

(4)岩层产状岩石的风化程度和岩体的节理发育程度；

(5)地基岩土的物理力学性质和地基承载力；

(6)地表水的类型、埋深、分布和水质；

(7)基底的稳定性。

应沿拟定的线位及其两侧的带状范围进行1:2 000工程地质调绘，调绘宽度不宜小于两倍路基宽度。

工程地质勘探、测试应符合下列规定：

(1)应根据现场地形地质条件选择代表性位置布置横向勘探断面，每段高路堤的横向勘探断面数量不得少于1条。

（2）每条勘探横断面上的钻孔数量不得少于1个。勘探深度宜至持力层或岩面以下3m，并满足沉降稳定计算要求。

（3）粉土、黏性土应取原状样，在0～10m的深度范围内，取样间距宜为1.0m；10m以下，取样间距宜为1.5m，变层应立即取样。砂土、碎石土可取扰动样，取样间距宜为2.0m，变层应立即取样。层厚大于5m的同一土层，可在上、中、下取样，取样后应立即做动力触探试验。

（4）室内测试项目可按表3-2-2选用。

高路堤室内测试项目表　　　　　　　　　　表3-2-2

测试项目		粉土、黏性土	砂　　土	碎　石　土
颗粒分析		(+)	+	+
天然含水率 w (%)		+	(+)	(+)
密度 ρ (g/cm³)		+	(+)	(+)
塑限 w_P (%)		+		
液限 w_L (%)		+		
压缩系数 a (MPa⁻¹)		+		
剪切试验	黏聚力 c (kPa)	+	(+)	(+)
	内摩擦角 φ (°)			

注："+"为必做项目；"(+)"为选做项目。

高路堤初勘应提供下列资料：

（1）文字说明：应对高填路段的工程地质条件进行说明，对工程建设场地的适宜性进行评价，分析、评估高路堤产生过量沉降、不均匀沉降及地基失效导致路堤产生滑动的可能性。

（2）图表资料：1∶2 000工程地质平面图；1∶2 000工程地质纵断面图；1∶100～1∶400工程地质横断面图；1∶50～1∶200挖探（钻探）柱状图；岩土物理力学指标汇总表；水质分析资料；物探解释成果资料；附图、附表和照片等。

（二）高路堤详勘

高路堤详勘应在确定的路线上查明高路堤路段的工程地质条件，其内容同初勘。工程地质调绘应对初勘调绘资料进行复核。当路线偏离初步设计线位或地质条件需进一步查明时，应进行补充工程地质调绘，工程地质调绘的比例尺为 1：2 000。

每段高路堤横向勘探断面的数量不得少于 1 条，做代表性勘探，每条勘探断面上的钻孔或探坑(井)数量不得少于 1 个，必要时，与静力触探等原位测试手段结合进行综合勘探。地质条件复杂时，应增加勘探断面数量。勘探深度、取样、测试和资料要求等应符合初勘规定。

四、陡坡路堤

（一）陡坡路堤初勘

陡坡路堤通常是指地面横坡坡度超过 1：2.5 的路堤。其特点是：地面横坡陡，填筑工程数量大，对稳定性要求高。

从工程实践来看，陡坡路堤出现横向滑移稳定性的问题较多。结合这一情况，陡坡路堤的稳定性除与路堤的填筑质量和高度有关外，也与陡坡地段的地形地质条件密切关联。陡坡路堤的失稳破坏主要有以下几种形式：①基底为稳定山坡或基岩面，但因地面横坡较陡，路堤沿基底接触面或基岩面产生滑动；②基底为覆盖层，但覆盖层下卧基岩面倾向路基，倾角较陡，路堤连同基底覆盖层沿倾斜的基岩面产生滑动；③基底覆盖层土质软弱(地下水丰富或有地表积水入渗)，路堤连同基底软弱土层沿基底某一圆弧滑动面产生滑动；④路堤坡脚受地表水流冲刷，引起路堤牵引滑动破坏；⑤斜坡岩体内存在倾向路基的软弱结构面(如层理、片理、泥化夹层等)，路堤连同基底岩土层沿岩体内的软弱结构面产生滑动。

陡坡路堤勘察应基本查明下列内容：

（1）陡坡路段的地形地貌、地面横向坡度及变化情况；

（2）覆盖层的厚度、土质类型、地层结构、密实程度和胶结状况；

（3）覆盖层下伏基岩面的横向坡度和起伏形态；

（4）陡坡路段的地质构造、层理、节理、软弱夹层等结构面的产状；

（5）岩石的风化程度和边坡岩体的结构类型；

（6）岩、土的物理力学性质及其抗剪强度参数；

（7）地表水和地下水发育情况；

（8）陡坡路堤沿基底滑动面或潜在滑动面产生滑动的可能性。

陡坡路段应沿拟定的线位及其两侧的带状范围进行 1：2 000 工程地质调绘，调绘宽度不宜小于 2 倍路基宽度。

工程地质勘探、测试应符合下列规定：

（1）每段陡坡路堤的横向勘探断面数量不宜少于1条，做代表性勘探，工程地质条件复杂时，应增加勘探断面的数量。

（2）每条勘探横断面上的勘探点数量不宜少于2个，宜采用挖探、物探、钻探等进行综合勘探。勘探深度应至持力层或稳定的基岩面以下3m。

（3）勘探应采取岩土试样，取样测试要求应符合表3-2-3规定。

（4）有地下水发育时，应量测地下水的初见水位和稳定水位，采取水样做水质分析。

（5）室内测试项目可按表3-2-3选用。

陡坡路堤室内测试项目表　　　　表3-2-3

测试项目		粉土、黏性土	砂　土	碎　石　土
颗粒分析		（+）	+	+
天然含水率 w（%）		+	（+）	（+）
密度 ρ（g/cm³）		+	（+）	（+）
塑限 w_P（%）		+		
液限 w_L（%）		+		
剪切试验	黏聚力 c（kPa）	+	（+）	（+）
	内摩擦角 φ（°）			

注："+"为必做项目；"（+）"为选做项目。

（6）勘探断面上的地形、岩石露头、地下水出露点、勘探测试点等应实测。

陡坡路堤初勘应提供下列资料：

（1）文字说明：应对陡坡路段的工程地质条件进行说明，对工程建设场地的适宜性进行评价，分析、评估陡坡路堤沿斜坡产生滑动的可能性。

（2）图表资料：1∶2 000工程地质平面图；1∶2 000工程地质纵断面图；1∶100～1∶400工程地质横断面图；1∶50～1∶200挖探（钻探）柱状图；岩土物理力学指标汇总表；水质分析资料；物探解释成果资料；附图、附表和照片等。

（二）陡坡路堤详勘

陡坡路堤详勘应在确定的路线上查明陡坡路段的工程地质条件，其内容应符合初勘规定。

陡坡路堤详勘工程地质调绘应对初勘调绘资料进行复核。当路线偏离初步设计线位或地质条件需进一步查明时，应进行补充工程地质调绘，补充工程地质调绘的比例尺 1∶2 000。

勘探、取样、测试和资料要求应符合初勘规定。

五、深路堑

(一)深路堑初勘

深路堑通常指土质边坡垂直挖方高度超过 20m，岩质边坡垂直挖方高度超过 30m 的路基工程。由于其开挖工程量大，容易造成斜坡岩土体失稳，引起滑坡等地质病害，要求在稳定性分析的基础上进行工程方案设计。从工程实践情况来看，造成斜坡失稳的原因比较复杂，垂直挖方高度未超过 20m 的土质边坡和垂直挖方高度未超过 30m 的岩质边坡发生大型滑坡的情况时有发生，斜坡的失稳除与边坡高度有关外，尚与斜坡的地质结构和地下水的发育情况等密切关联。

深路堑初勘应基本查明以下内容：

(1)挖方路段的地貌类型、地形起伏变化情况及横向坡度斜坡的自然稳定状况；

(2)斜坡上覆盖层厚度、土质类型、地层结构、含水状态、胶结程度和密实度；

(3)覆盖层与基岩接触面的形态特征及起伏变化情况；

(4)基岩的岩性及其组合情况、岩石的风化程度和边坡岩体的结构类型；

(5)层理、节理、断层、软弱夹层等结构面的产状、规模及其倾向路基的情况；

(6)岩、土的物理力学性质，控制边坡稳定的结构面的抗剪强度；

(7)地下水的出露位置、流量、动态特征及对边坡稳定的影响；

(8)地表水的类型 、分布、径流及对边坡稳定性的影响；

(9)深路堑边坡的稳定性。

深挖路段应进行 1∶2 000 工程地质调绘，并应符合下列规定：

(1)工程地质调绘应沿拟定的线位及其两侧的带状范围进行，调绘宽度不宜小于边坡高度的 3 倍。对地质构造复杂、岩体破碎、风化严重、有外倾结构面或堆积层发育、上方汇水区域较大以及地下水发育的边坡，应扩大调绘范围。

(2)有岩石露头时，岩质边坡路段应进行节理统计，调查边坡岩体类型和结构类型。

工程地质勘探 、测试应符合下列规定：

(1)应根据现场地形地质条件选择代表性位置布置横向勘探断面，每段深路堑横向勘探断面的数量不得少于 1 条。

（2）每条勘探横断面上的勘探点数量不宜少于 2 个，宜采用挖探、钻探、物探等方法进行综合勘探。控制性钻孔深度应至设计高程以下稳定地层中不小于 3m。地下水发育路段，应根据排水工程需要确定。

（3）岩体宜采取代表性岩样，做密度和单轴饱和抗压强度试验。土层应分层采取土样，其测试项目可按表 3-2-4 选用。

深路堑室内测试项目表　　　　　　　　表 3-2-4

测 试 项 目		粉土、黏性土	砂　　土	碎 石 土
颗粒分析		（+）	+	+
天然含水率 w（%）		+	（+）	（+）
密度 ρ（g/cm³）		+	（+）	（+）
塑限 w_P（%）		+		
液限 w_L（%）		+		
剪切试验	黏聚力 c（kPa）	+	（+）	（+）
	内摩擦角 φ（°）			

注："+" 为必做项目；"（+）" 为选做项目。

（4）露头不良地段，可采用声波测井确定岩体的完整性。

（5）有地下水发育时，应量测地下水的初见水位和稳定水位，取样做水质分析。

（6）勘探断面上的地形、岩石露头、地下水出露点、勘探测试点等应实测。

（7）基岩出露良好，地质条件清楚，可通过调绘查明深路堑工程地质条件。

深路堑初勘应提供下列资料：

（1）文字说明：应对深挖路段的工程地质条件进行说明，对工程建设场地的适宜性进行评价，分析深路堑边坡的稳定性。

（2）图表资料：1∶2 000 工程地质平面图；1∶2 000 工程地质纵断面图；1∶100 ～ 1∶400 工程地质横断面图；1∶50 ～ 1∶200 挖探（钻探）柱状图；岩土物理力学指标汇总表；水质分析资料；物探解释成果资料；附图、附表和照片等。

（二）深路堑详勘

深路堑详勘应在确定的路线上查明深挖路段的工程地质条件，其内容应符合初勘规定。

工程地质调绘应对初勘调绘资料进行复核。当路线偏离初步设计线位或地质条件需进一步查明时,应进行补充工程地质调绘,补充工程地质调绘的比例尺为1∶2 000。

每段深路堑横向勘探断面的数量不得少于1条,做代表性勘探,地质条件变化复杂时,应增加勘探断面数量。每条勘探断面上的钻孔或探坑(井)数量不宜少于2个。

勘探、取样、测试和资料要求等应符合初勘规定。

六、桥梁

(一)桥梁初勘

桥梁初勘应根据现场地形地质条件,结合拟定的桥型、桥跨、基础形式和桥梁的建设规模等确定勘察方案,基本查明下列内容:

(1)地貌的成因类型、形态特征、河流及沟谷岸坡的稳定状况和地震动参数;

(2)褶皱的类型、规模、形态特征、产状及其与桥位的关系;

(3)断裂的类型、分布、规模、产状、活动性,破碎带宽度、物质组成及胶结程度;

(4)覆盖层的厚度、土质类型、分布范围、地层结构、密实度和含水状态;

(5)基岩的埋深、起伏形态,地层及其岩性组合,岩石的风化程度及节理发育程度;

(6)地基岩土的物理力学性质及承载力;

(7)特殊性岩土和不良地质的类型、分布及性质;

(8)地下水的类型、分布、水质和环境水的腐蚀性;

(9)水下地形的起伏形态、冲刷和淤积情况以及河床的稳定性;

(10)深基坑开挖对周围环境可能产生的不利影响;

(11)桥梁通过气田、煤层、采空区时,有害气体对工程建设的影响。

根据地质条件选择桥位应符合下列原则:

(1)桥位应选择在河道顺直、岸坡稳定、地质构造简单、基底地质条件良好的地段。

(2)桥位应避开区域性断裂及活动性断裂。无法避开时,应垂直断裂构造线走向,以最短的距离通过。

(3)桥位应避开岩溶、滑坡、泥石流等不良地质及软土、膨胀性岩土等特殊性岩土发育的地带。

工程地质调绘应符合下列规定:

(1)跨江、海大桥及特大桥应进行1∶10 000区域工程地质调绘,调绘的范围应包

括桥轴线、引线及两侧各不小于 1 000m 的带状区域。存在可能影响桥位或工程方案比选的隐伏活动性断裂及岩溶、泥石流等不良地质时，应根据实际情况确定调绘范围，并辅以必要的物探等手段探明。

（2）工程地质条件较复杂或复杂的桥位应进行 1∶2 000 工程地质调绘，调绘的宽度沿路线两侧各不宜小于 100m。当桥位附近存在岩溶、泥石流、滑坡、危岩、崩塌等可能危及桥梁安全的不良地质时，应根据实际情况确定调绘范围。

（3）工程地质条件简单的桥位，可对路线工程地质调绘资料进行复核，不进行专项 1∶2 000 工程地质调绘。

工程地质勘探 、测试应符合下列规定：

（1）桥梁初勘应以钻探 、原位测试为主，遇有下列情况时，应结合物探、挖探等进行综合勘探：

①桥位有隐伏的断裂、岩溶、土洞、采空区、沼气层等不良地质发育；

②基岩面或桩端持力层起伏变化较大，用钻探资料难以判明；

③水下地形的起伏与变化情况需探明；

④控制斜坡稳定的卸荷裂隙、软弱夹层等结构面用钻探难以探明。

（2）勘探测试点的布置应符合下列规定：

①勘探测试点应结合桥梁的墩台位置和地貌地质单元沿桥梁轴线或在其两侧交错布置，数量和深度应能控制地层、断裂等重要的地质界线和说明桥位工程地质条件。

②特大桥、大桥和中桥的钻孔数量可按表 3-2-5 确定。小桥的钻孔数量每座不宜少于 1 个；深水、大跨桥梁基础及锚碇基础，其钻孔数量应根据实际地质情况及基础工程方案确定。

桥位钻孔数量表　　　　　　　　　　　　　　表 3-2-5

桥 梁 类 型	工程地质条件简单	工程地质条件较复杂或复杂
中桥	2～3	3～4
大桥	3～5	5～7
特大桥	≥5	≥7

③基础施工有可能诱发滑坡等地质灾害的边坡，应结合桥梁墩台布置和边坡稳定性分析进行勘探。

④当桥位基岩裸露、岩体完整、岩质新鲜、无不良地质发育时，可通过工程地质调绘基本查明工程地质条件。

（3）勘探深度应符合下列规定：

①基础置于覆盖层内时，勘探深度应至持力层或桩端以下不小于3m；在此深度内遇有软弱地层发育时，应穿过软弱地层至坚硬土层内不小于1.0m。

②覆盖层较薄，下伏基岩风化层不厚时，对于较坚硬岩或坚硬岩，钻孔钻入微风化基岩内不宜小于3m；极软岩、软岩或较软岩，钻入未风化基岩内不宜小于5m。

③覆盖层较薄，下伏基岩风化层较厚时，对于较坚硬岩或坚硬岩，钻孔钻入中风化基岩内不宜小于3m；极软岩、软岩或较软岩，钻入微风化基岩内不宜小于5m。

④地层变化复杂的桥位，应布置加深控制性钻孔，探明桥位地质情况。

⑤深水、大跨桥梁基础和锚碇基础勘探，钻孔深度应按设计要求专门研究后确定。

（4）钻探应采取岩、土、水试样，并符合下列规定：

①在粉土、黏性土地层中，每1.0～1.5m应取原状样1个；土层厚度大于或等于5.0m时，可每2.0m取原状样1个；遇土层变化时，应立即取样。

②在砂土和碎石土地层中，应分层采取扰动样，取样间距一般为1.0～3.0m；遇土层变化时，应立即取样。取样后应立即做动力触探试验。

③在基岩地层中，应根据岩石的风化等级，分层采取代表性岩样。

④当需要进行冲刷计算时，应在河床一定深度内取样做颗粒分析试验。

⑤遇有地下水时，应进行水位观测和记录，量测初见水位和稳定水位，并采取水样做水质分析。

（5）应根据地基岩土类型、性质和桥梁的基础形式选择岩土试验项目和原位测试方法，并符合下列规定：

①砂土应做标准贯入试验，碎石土应做重型动力触探试验。

②有成熟经验的地区，可采用静力触探、旁压试验、扁铲侧胀试验等方法评价地基岩土的工程地质性质。

③室内测试项目可按表3-2-6选用。

④钻探取芯、取样困难的钻孔，可采用孔内电视、物探综合测井等方法探明孔内地质情况。

⑤遇有害气体时，应取样测试。

⑥对于悬索桥、斜拉桥的锚碇基础，地下水发育时，应进行抽水试验。

桥梁工程室内测试项目表   表 3-2-6

测试项目	粉土、黏性土		砂土、碎石土		岩 石	
	桩基	扩大基础	桩基	扩大基础	桩基	扩大基础
颗粒分析	+	+	+	+		
天然含水率 w（%）	+	+	(+)	(+)		
密度 ρ（g/cm³）	+	+	(+)	(+)		
塑限 w_P（%）	+	+				
液限 w_L（%）	+	+				
有机质含量（%）	(+)	(+)	(+)	(+)		
酸碱度 pH 值	(+)	(+)	(+)	(+)		
压缩系数 a（MPa⁻¹）	(+)	+				
渗透系数 k（cm/s）		(+)	(+)	(+)		
剪切试验 黏聚力 c（kPa）	(+)	+	(+)	(+)		
剪切试验 内摩擦角 φ（°）	(+)	+	(+)	(+)		
抗压强度 R（MPa）					+	+

注：1."+"为必做项目；"（+）"为选做项目。

2.对黏土质岩，做天然湿度单轴抗压强度试验，其他岩石做单轴饱和抗压强度试验。

桥梁初勘应提供下列资料：

（1）地质条件简单的小桥可列表说明其工程地质条件；特大桥、大桥、中桥、地质条件较复杂和复杂的小桥应按工点编写文字说明和图表。

（2）文字说明：应对桥位的工程地质条件进行说明，对工程建设场地的适宜性进行评价；受水库水位变化及潮汐和河流冲刷影响的桥位，应分析岸坡、河床的稳定性；含煤地层、采空区、气田等地区的桥位，应分析、评估有害气体对工程建设的影响；应分析、评价锚碇基础施工对环境的影响。

（3）图表资料：1∶10 000 桥位区域工程地质平面图；1∶2 000 桥位工程地质平面图；1∶2 000 桥位工程地质断面图；1∶50～1∶200 钻孔柱状图；原位测试图表；岩、土测试资料；物探资料；有害气体测试资料；水质分析资料；附图、附表和照片等。

（二）桥梁详勘

桥梁详勘应根据现场地形地质条件和桥型、桥跨、基础形式制订勘察方案，查明桥位工程地质条件,其内容应符合初勘规定。

应对初勘工程地质调绘资料进行复核。当桥位偏离初步设计桥位或地质条件需进一步查明时,应进行补充工程地质调绘,补充工程地质调绘的比例尺为1∶2 000。

工程地质勘探应符合下列要求:

(1)桥梁墩、台的勘探钻孔应根据地质条件按图3-2-1在基础的周边或中心布置。当有特殊性岩土、不良地质或基础设计施工需进一步探明地质情况时,可在轮廓线外围布孔,或与原位测试、物探结合进行综合勘探。

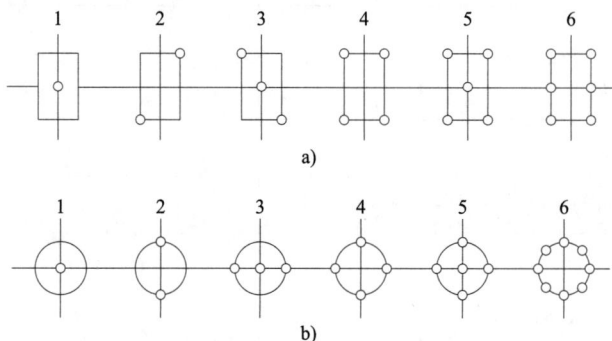

图3-2-1 勘探钻孔布置图

a)方形布置;b)圆形布置

(2)工程地质条件简单的桥位,每个墩(台)宜布置1个钻孔;工程地质条件较复杂的桥位,每个墩台的钻孔数量不得少于1个。遇有断裂带、软弱夹层等不良地质或工程地质条件复杂时,应结合现场地质条件及基础工程设计要求确定每个墩台的钻孔数量。

(3)沉井基础或采用钢围堰施工的基础,当基岩面起伏变化较大或遇涌砂、大漂石、树干、老桥基等情况时,应在基础周围加密钻孔,确定基岩顶面、沉井或钢围堰埋置深度。

(4)悬索桥及斜拉桥的桥塔、锚碇基础、高墩基础,其勘探钻孔宜按图3-2-1中的4、5、6布置,或按设计要求研究后布置。

(5)桥梁墩台位于沟谷岸坡或陡坡地段时,宜采用井下电视、硐探等探明控制斜坡稳定的结构面。

(6)钻孔深度应根据基础类型和地基的地质条件确定,并符合下列要求:

①天然地基或浅基础:钻孔钻入持力层以下的深度不得小于3m。

②桩基、沉井、锚碇基础:钻孔钻入持力层以下的深度不得小于5m。持力层下有

软弱地层分布时，钻孔深度应加深。

取样、测试和资料要求应符合初勘的规定。

七、隧道

我国是一个多山的国家，山地面积占国土面积的 2/3 以上，在山区进行公路建设，隧道工程往往占有很大比重。公路沿线的隧道工程，或深埋，或傍山，或穿越岩溶、断裂带等不良地质地段，涉及的地质问题复杂多样，工程地质勘察应查明隧址水文地质及工程地质条件，为隧道工程设计提供所需的地质资料。隧道的围岩等级、进出口边坡的稳定性、地下水涌水量、有害气体及矿体的分布和发育情况、傍山隧道存在偏压的可能性及其危害、地应力和围岩产生岩爆及大变形的可能性、隧道工程建设可能对环境产生的不利影响等问题是工程地质勘察的重要内容。

微课：
隧道工程地质问题
与勘察

（一）隧道初勘

1. 初勘内容

隧道初勘应根据现场地形地质条件，结合隧道的建设规模、标准和方案比选，确定勘察的范围、内容和重点，并应基本查明以下内容：

（1）地形地貌、地层岩性、水文地质条件、地震动参数；

（2）褶皱的类型、规模、形态特征；

（3）断裂的类型、规模、产状，破碎带宽度、物质组成、胶结程度、活动性；

（4）隧道围岩岩体的完整性、风化程度、围岩等级；

（5）隧道进出口地带的地质结构、自然稳定状况、隧道施工诱发滑坡等地质灾害的可能性；

（6）隧道浅埋段覆盖层的厚度、岩体的风化程度、含水状态及稳定性；

（7）水库、河流、煤层、采空区、气田、含盐地层、膨胀性地层、有害矿体及富含放射性物质的地层的发育情况；

（8）不良地质和特殊性岩土的类型、分布、性质；

（9）深埋隧道及构造应力集中地段的地温、围岩产生岩爆或大变形的可能性；

（10）岩溶、断裂、地表水体发育地段产生突水、突泥及塌方冒顶的可能性；

（11）傍山隧道存在偏压的可能性及其危害；

（12）洞门基底的地质条件、地基岩土的物理力学性质和承载力；

（13）地下水的类型、分布、水质、涌水量；

（14）平行导洞斜井、竖井等辅助坑道的工程地质条件。

2. 根据地质条件选择隧道的位置

（1）隧道应选择在地层稳定、构造简单、地下水不发育、进出口条件有利的位置，隧道轴线宜与岩层、区域构造线的走向垂直。

（2）隧道应避免沿褶皱轴部、平行于区域性大断裂以及在断裂交汇部位通过。

（3）隧道应避开高应力区，无法避开时洞轴线宜平行最大主应力方向。

（4）隧道应避免通过岩溶发育区、地下水富集区和地层松软地带。

（5）隧道洞口应避开滑坡、崩塌、岩堆、危岩、泥石流等不良地质，以及排水困难的沟谷低洼地带。

（6）傍山隧道，洞轴线宜向山体一侧内移，避开外侧构造复杂、岩体卸荷开裂、风化严重以及堆积层和不良地质的地段。

3. 工程地质及水文地质调绘规定

（1）工程地质调绘应沿拟定的隧道轴线及其两侧各不小于200m的带状区域进行，调绘比例尺为1：2 000。

（2）当两个及以上特长隧道、长隧道方案进行比选时，应进行隧址区域工程地质调绘，调绘比例尺为1：10 000～1：50 000。

（3）特长隧道及长隧道应结合隧道涌水量分析评价进行专项区域水文地质调绘，调绘比例尺为1：10 000～1：50 000。

（4）工程地质调绘及水文地质调绘采用的地层单位宜结合水文地质及工程地质评价的需要划分至岩性段。

（5）有岩石露头时，应进行节理调查统计。节理调查统计点应靠近洞轴线，在隧道洞身及进出口地段选择代表性位置布设，同一围岩分段的节理调查统计点数量不宜少于2个。

4. 工程地质勘探规定

（1）隧道勘探应以钻探为主，结合必要的物探、挖探等手段进行综合勘探。钻孔宜沿隧道中心线，并在洞壁外侧不小于5m的下列位置布置：

①地层分界线、断层、物探异常点、储水构造或地下水发育地段；

②高应力区围岩可能产生岩爆或大变形的地段；

③膨胀性岩土、岩盐等特殊性岩土分布地段；

④岩溶、采空区、隧道浅埋段及可能产生突泥、突水部位；

⑤煤系地层、含放射性物质的地层；

⑥覆盖层发育或地质条件复杂的隧道进出口。

（2）勘探深度应至路线设计高程以下不小于5m。遇采空区、岩溶、地下暗河等不良地质时，勘探深度应至稳定底板以下不小于8m。

（3）洞身段钻孔，在设计高程以上3～5倍的洞径范围内应采取岩、土试样，同一地层中，岩、土试样的数量不宜少于6组；进出口段钻孔，应分层采取岩、土试样。

（4）遇有地下水时，应进行水位观测和记录，量测初见水位和稳定水位，判明含水层位置、厚度和地下水的类型、流量等。

（5）在钻探过程中，遇到有害气体、放射性矿床时，应做好详细记录，探明其位置、厚度，采集试样进行测试分析。

（6）对岩性单一、露头清楚、地质构造简单的短隧道，可通过调绘查明隧址工程地质条件。

5. 工程地质及水文地质测试规定

（1）地下水发育时，应进行抽（注）水试验，分层获取各含水层水文地质参数并评价其富水性和涌水量。水文地质条件复杂时，应进行地下水动态观测。

（2）在孔底或路线设计高程以上3～5倍的洞径范围内应进行孔内波速测试，采取岩石试样做岩块波速测试，获取围岩岩体的完整性指标。

（3）当岩芯采集困难或采用钻探难以判明孔内的地质情况时，宜在方法试验的基础上选择物探方法，进行孔内综合物探测井。

（4）深埋隧道及高应力区隧道应进行地应力测试。隧道的地应力测试应结合地貌地质单元选择在代表性钻孔中进行，地应力测试宜采用水压致裂法。

（5）有害气体、放射性矿体等应按相关规定进行测试、分析。

（6）高寒地区应进行地温测试，提供隧道洞门和排水设计所需的地温资料。

（7）室内测试项目可按表3-2-7选用。

隧道工程室内测试项目表　　　　　　　　　表 3-2-7

测 试 项 目	土　体	岩　体
颗粒分析	（+）	
天然含水率 w（%）	+	

续上表

测试项目		土　体	岩　体
密度 ρ（g/cm³）		+	+
塑限 w_P（%）		+	
液限 w_L（%）		+	
压缩系数 a（MPa⁻¹）		(+)	
剪切试验	黏聚力 c（kPa）	(+)	(+)
	内摩擦角 φ（°）		
自由膨胀率 F_s（%）		(+)	(+)
孔内波速 v_P（km/s）			+
岩石单轴饱和抗压强度 R_c（MPa）			+
矿物成分分析		(+)	(+)

注："+"为必做项目；"(+)"为选做项目。

（8）采取地表水和地下水样，做水质分析，评价水的腐蚀性。

6. 隧道围岩分级

隧道围岩基本质量指标 BQ 应按式（3-2-1）计算。

$$BQ=90+3R_c+250K_v \tag{3-2-1}$$

式中：R_c——岩石单轴饱和抗压强度（MPa）；

K_v——岩体完整性系数。

（1）当 $R_c>90K_v+30$ 时，应取 $R_c=90K_v+30$，将 K_v 代入计算 BQ 值。

（2）当 $K_v>0.04R_c+0.4$ 时，应取 $K_v=0.04R_c+0.4$，将 R_c 代入计算 BQ 值。

（3）R_c 应采用实测值。当无条件取得实测值时，可采用实测的岩石点荷载强度指数 $I_{s(50)}$ 的换算值，并按式（3-2-2）换算：

$$R_c=22.82I_{s(50)}^{0.75} \tag{3-2-2}$$

遇下列情况之一，应对岩体基本质量指标 BQ 进行修正。

（1）有地下水；

（2）围岩稳定性受软弱结构面影响，且由一组起控制作用；

（3）存在高初始应力现象。

围岩基本质量指标修正值 $[BQ]$ 可按式（3-2-3）计算。

$$[BQ]=BQ-100(K_1+K_2+K_3) \tag{3-2-3}$$

式中：$[BQ]$——围岩基本质量指标修正值；

　　　BQ——围岩基本质量指标；

　　　K_1——地下水修正系数；

　　　K_2——主要软弱结构面产状影响修正系数；

　　　K_3——初始应力状态影响修正系数。

K_1、K_2、K_3 值可分别按《公路工程地质勘察规范》(JTG C20—2011) 附录 E 中表 E-1、表 E-2、表 E-3 确定。无表中所列情况时，修正系数取零。$[BQ]$ 出现负值时，应按特殊情况处理。

隧道围岩分级应按表 3-2-8 确定。

公路隧道围岩分级　　　　　　　　　表 3-2-8

围岩级别	围岩或土体主要定性特征	BQ 或 $[BQ]$
I	坚硬岩，岩体完整，整体状或巨厚层状结构	>550
II	坚硬岩，岩体较完整，块状或厚层状结构；较坚硬岩，岩体完整，块状整体结构	550～451
III	坚硬岩，岩体较破碎，巨块(石)碎(石)状镶嵌结构；较坚硬岩或较软硬岩层，岩体较完整，块体状或中厚层结构	450～351
IV	坚硬岩，岩体破碎，碎裂结构；较坚硬岩，岩体较破碎～破碎，镶嵌碎裂结构；较软岩或软硬岩互层，且以软岩为主，岩体较完整～较破碎，中薄层状结构	350～251
IV	压密或成岩作用的黏性土及砂土；黄土(Q_1、Q_2)；钙质、铁质胶结的碎石土(碎石、卵石、块石等)	350～251
V	较软岩，岩体破碎；软岩，岩体较破碎～破碎；极破碎各类岩体，碎裂状松散结构	≤250
V	半坚硬～硬塑状黏性土及稍湿～潮湿的碎石土；黄土(Q_3、Q_4)；非黏性土呈松散结构，黏性土及黄土呈松软结构	≤250
VI	软塑状黏性土及潮湿饱和的粉细砂、软土等	

注：本表不适用于特殊条件的围岩分级，如膨胀性围岩、多年冻土等。

7. 隧道初勘资料

(1) 地质条件简单的短隧道可列表说明其工程地质条件，特长隧道、长隧道、中隧道和地质条件复杂的短隧道应按工点编制文字说明和图表资料。

(2) 文字说明：应对隧道工程建设场地的水文地质及工程地质条件进行说明，分段评价隧道的围岩等级；分析隧道进出口地段边坡的稳定性及形成滑坡等地质灾害的可能性；分析高应力区岩石产生岩爆和软质岩产生围岩大变形的可能性；对傍山隧道产生偏压的可能性进行评估；分析隧道通过储水构造、断裂带、岩溶等不良地质地段时产生突水、突泥塌方的可能性；隧道通过煤层、气田、含盐地层、膨胀性地层、有害矿体、富含放射性物质的地层时，分析有害气体(物质)对工程建设的影响；对隧道的地下水涌水量进行分析计算；评估隧道工程建设对当地环境可能造成的不良影响及隧道工程建设场地的适宜性。

（3）图表资料：1:10 000隧址区域水文地质平面图；1:10 000隧址区域工程地质平面图；1:2 000隧道工程地质平面图；1:2 000隧道工程地质纵断面图；1:100 ~ 1:2 000隧道洞口工程地质平面图；1:100 ~ 1:200隧道洞口工程地质断面图；1:50 ~ 1:200钻孔柱状图；物探、测井资料；原位测试、地应力测量资料；水文地质测试资料；岩、土、水测试资料；有害气体、放射性矿体、地温测试资料；附图、附表和照片。

（二）隧道详勘

隧道详勘应根据现场地形地质条件和隧道类型、规模制订勘察方案，查明隧址的水文地质及工程地质条件，其内容应符合初勘的规定。

隧道详勘应对初勘工程地质调绘资料进行核实。当隧道偏离初步设计位置或地质条件需进一步查明时，应进行补充工程地质调绘，补充工程地质调绘的比例尺为1:2 000。

详勘探测试点应在初步勘察的基础上，根据现场地形地质条件，及水文地质、工程地质评价的要求进行加密。隧道围岩分级、地下水涌水量分析评价、勘探、取样、测试和资料要求应符合初勘规定。

除了以上勘察内容，还有支挡工程、河岸防护工程、改河(沟、渠)工程、涵洞、路线交叉、沿线设施工程和沿线筑路材料料场勘察，本教材不再赘述，详见《公路工程地质勘察规范》(JTG C20—2011)

任务实施

微课：
不良地质现象的
勘察

结合学习内容，查阅技术规范以及相关文献资料，编写公路勘察委托书。勘察阶段：详细勘察。工程概况：甲地至乙地二级公路，全长30km，1座小桥，其余为一般路基。

回 拓展内容 ⅠⅠⅠⅠⅠⅠⅠ▶

"中国梦·大国工匠篇"——"问诊地球"张天友

"读懂了地球语言"的正高级工程师张天友，自1989年参加工作至今，多次被评为重庆市地勘局先进工作者、优秀共产党员。还被评为十大"巴渝工匠"之一。

勘察工作除了工程勘察，还有矿产、水文、环境等，这些大多与经济社会发展、人民生命财产安全，以及生态环境和生活品质的提升息息相关。

2008年5月12日汶川地震后第二天，张天友即冒着余震的危险，跟随重庆地勘局第二批支援队进入北川龙潭沟。他们主要任务是找到危险区域，检测地质状态，进行风险评估，为防治次生灾害提供技术支持。

张天友在2014年奉节"8·31"特大暴雨抗洪抢险救灾中担任总指挥，及时、准确的预判和果断的处置，确保了槽木村、阳北村共161户637人的生命及财产安全。因"8·31"抢险让更多的人认识到地质工作的重要性。

此外，他组织完成了江津白沙镇、巴南区东泉镇等17个镇的地质灾害风险集镇调（勘）查工作，查明了地质灾害隐患点102处，确保了10多万人的生命财产安全；解决了奉节县安坪镇因藕塘滑坡搬迁新址问题，规划安置15万人；积极参与了巫山等区县的建成区及拓展区城市地质环境容量论证等工作，为城市规划建设提供科学依据等。

在重庆城市基础建设方面，张天友指导完成了重庆市首次开展的城市地下空间调查工作，查明了渝中区、九龙坡两区地下空间资源分布情况，为重庆市可持续发展与长远规划提供了基础地质数据和科学决策依据。

"国家大力推进精准扶贫，我们地质队员也能发挥大作用。大多贫困地区尤其是极贫地区严重缺水，生产生活受到严重影响，我们的长处就是——找水！"从2006年开始，张天友参与、指导彭水、城口、武隆等岩溶石山地区找水工程，解决了上万人及牲畜的饮水问题。"山有多高，水就有多高。"

此外，为了解决城镇化建设中，建设用地与耕地用地的矛盾，他主持完成了涪陵、梁平等地土地整治800亩（1亩=666.67m²），切实提高了土地节约集约利用水平，保障土地可持续利用。为了切实贯彻"绿水青山就是金山银山"的生态发展理念，他参与完成了矿山环境恢复治理及污染场地修复，积极参加土壤及地下水等地质环境污染问题研究，已完成了重庆钢铁厂搬迁后土壤污染调查课题及巴南区花溪河流域地下水污染调查课题研究。

抗险救灾有他们，基础建设有他们，民生发展有他们，生态发展有他们……国家发展战略离不开他们。总有人在你看不见的地方，默默付出，执着守护。

来源：央视网 作者：张莉

思考 与 练习

1. 公路工程地质勘察划分为几个阶段？

2. 试说明公路工程地质勘察的主要任务。

3. 公路工程地质勘察的主要方法有哪些？

4. 桥梁工程地质问题有哪些？

5. 隧道工程地质问题有哪些？

参 考 文 献

[1] 中华人民共和国行业标准. 公路工程地质勘察规范：JTG C20—2011 [S]. 北京：人民
交通出版社, 2011.

[2] 中华人民共和国国家标准. 岩土工程勘察规范：GB 50021—2001 [S]. 北京：中国建
筑工业出版社, 2002.

[3] 常士骠, 张苏民. 工程地质手册 [M]. 4 版. 北京：中国建筑工业出版社, 2007.

[4] 中华人民共和国行业标准. 公路桥涵地基与基础设计规范：JTG 3363—2019 [S]. 北
京：人民交通出版社股份有限公司, 2020.

[5] 中华人民共和国行业标准. 公路土工试验规程：JTG 3430—2020 [S]. 北京：人民交
通出版社股份有限公司, 2020.

[6] 中华人民共和国国家标准. 湿陷性黄土地区建筑规范：GB 50025—2018 [S]. 北京：
中国建筑工业出版社, 2019.

[7] 中华人民共和国行业标准. 公路隧道设计规范：JTG 3370.1—2018 [S]. 北京：人民交
通出版社股份有限公司, 2019.

[8] 中华人民共和国国家标准. 盐渍土地区建筑技术规范：GB/T 50942—2014 [S]. 北
京：中国计划出版社, 2015.

[9] 中华人民共和国行业标准. 冻土地区建筑地基基础设计规范：JGJ 118—2011 [S]. 北
京：中国建筑工业出版社, 2012.

[10] 杨帆. 工程地质 [M]. 上海：上海交通大学出版社, 2017.

[11] 王亮, 傅明春. 工程地质与水文地质 [M]. 北京：北京邮电大学出版社, 2017.

[12] 盛海洋. 工程地质 [M]. 北京：北京邮电大学出版社, 2017.

[13] 张宝政, 陈琦. 地质学原理 [M]. 北京：地质出版社, 1982.

[14] 李亚美, 陈国勋. 地质学基础 [M]. 北京：地质出版社, 1993.

[15] 张建国. 工程地质与水文地质 [M]. 3 版. 北京：中国水利水电出版社, 2002.

[16] 尚岳全. 地质工程学 [M]. 北京：清华大学出版社, 2006.